BIBLIOTHÈQUE

SCIENTIFIQUE INTERNATIONALE

PUBLIÉE SOUS LA DIRECTION

DE M. ÉM. ALGLAVE

LV

BIBLIOTHÈQUE

SCIENTIFIQUE INTERNATIONALE

PUBLIÉE SOUS LA DIRECTION

DE M. ÉM. ALGLAVE

Volumes in-8, reliés en toile anglaise. — Prix : 6 fr.

Avec reliure d'amateur, tranche sup. dorée, dos et coins en veau, 10 fr.

La *Bibliothèque scientifique internationale* n'est pas une entreprise de librairie ordinaire. C'est une œuvre dirigée par les auteurs mêmes, en vue des intérêts de la science, pour la populariser sous toutes ses formes, et faire connaître immédiatement dans le monde entier les idées originales, les directions nouvelles, les découvertes importantes qui se font chaque jour dans tous les pays. Chaque savant expose les idées qu'il a introduites dans la science et condense pour ainsi dire ses doctrines les plus originales. On peut ainsi, sans quitter la France, assister et participer au mouvement des esprits en Angleterre, en Allemagne, en Amérique, en Italie, tout aussi bien que les savants mêmes de chacun de ces pays.

La *Bibliothèque scientifique internationale* ne comprend pas seulement des ouvrages consacrés aux sciences physiques et naturelles, elle aborde aussi les sciences morales, comme la philosophie, l'histoire, la politique et l'économie sociale, la haute législation, etc. ; mais les livres traitant des sujets de ce genre se rattacheront encore aux sciences naturelles, en leur empruntant les méthodes d'observation et d'expérience qui les ont rendues si fécondes depuis deux siècles.

VOLUMES PARUS

J. Tyndall. LES GLACIERS ET LES TRANSFORMATIONS DE L'EAU, suivis d'une étude de M. *Helmholtz* sur le même sujet, avec 8 planches tirées à part et nombreuses figures dans le texte. 4ᵉ édition . . . . 6 fr.

Bagehot. LOIS SCIENTIFIQUES DU DÉVELOPPEMENT DES NATIONS. 5ᵉ édition . . . . 6 fr.

J. Marey. LA MACHINE ANIMALE, locomotion terrestre et aérienne, avec 132 figures. 4ᵉ édit. augmentée . . . 6 fr.

A. Bain. L'ESPRIT ET LE CORPS considérés au point de vue de leurs relations, avec figures. 4ᵉ édition. . . . . . 6 fr.

Pettigrew. LA LOCOMOTION CHEZ LES ANIMAUX, avec 130 fig. 6 fr.

Herbert Spencer. INTRODUCTION A LA SCIENCE SOCIALE. 8ᵉ édition . . . . 6 fr.

Oscar Schmidt. DESCENDANCE ET DARWINISME, avec figures. 5ᵉ édition.. . . . . 6 fr.

H. Maudsley. LE CRIME ET LA FOLIE. 5ᵉ édition . . . 6 fr.

P.-J. Van Beneden. LES COMMENSAUX ET LES PARASITES dans le règne animal, avec 83 figures dans le texte. 3ᵉ édit. 6 fr.

Balfour Stewart. LA CONSERVATION DE L'ÉNERGIE, suivie d'une étude sur LA NATURE DE LA FORCE, par *P. de Saint-Robert.* 4ᵉ édition . . . . 6 fr.

Draper. LES CONFLITS DE LA SCIENCE ET DE LA RELIGION. 7ᵘ édition . . . . 6 fr.

Léon Dumont. THÉORIE SCIENTIFIQUE DE LA SENSIBILITÉ. 3ᵉ édition . . . . 6 fr.

Schutzenberger. LES FERMENTATIONS, av. 28 fig, 4ᵉ édit. 6 fr.

Whitney. LA VIE DU LANGAGE. 3ᵉ édition. . . . . . 6 fr.

Cooke et Berkeley. LES CHAMPIGNONS, av. 110 fig. 3ᵉ édit. 6 fr.

Bernstein. LES SENS, avec 91 figures dans le texte. 4ᵉ édit. 6 fr.

Berthelot. LA SYNTHÈSE CHIMIQUE. 5ᵉ édition . . . . 6 fr.

Vogel. LA PHOTOGRAPHIE ET LA CHIMIE DE LA LUMIÈRE, avec 95 figures dans le texte et un frontispice tiré en photoglyptie. 4ᵘ édition . . . . 6 fr.

Luys. LE CERVEAU ET SES FONCTIONS, avec figures. 5ᵉ éd. 6 fr.

W. Stanley Jevons. LA MONNAIE ET LE MÉCANISME DE L'ÉCHANGE. 4ᵉ édition . . . . 6 fr.

Fuchs. LES VOLCANS ET LES TREMBLEMENTS DE TERRE, avec 36 figures dans le texte et une carte en couleurs. 4ᵘ édit. 6 fr.

Général Brialmont. LA DÉFENSE DES ÉTATS ET LES CAMPS RETRANCHÉS, avec nombreuses figures et deux planches hors texte. 3ᵉ édition. . . . . 6 fr.

A. de Quatrefages. L'ESPÈCE HUMAINE. 8ᵉ édition. . 6 fr.

Blaserna et Helmholtz. LE SON ET LA MUSIQUE, avec 50 figures dans le texte. 4ᵉ édition. . . . . 6 fr.

Rosenthal. LES MUSCLES ET LES NERFS, avec 75 figures dans le texte. 3ᵉ édition. . . . . 6 fr.

Brucke et Helmholtz. PRINCIPES SCIENTIFIQUES DES BEAUX-ARTS, suivis de L'OPTIQUE ET LA PEINTURE, avec 41 figures. 3ᵉ édition . . . . 6 fr.

Wurtz. LA THÉORIE ATOMIQUE, avec une planche hors texte. 4ᵉ édition . . . . 6 fr.

Secchi. LES ÉTOILES. 2 vol., avec 60 figures dans le texte et 17 planches en noir et en couleurs, tirées hors texte. 2ᵉ édition . . . . 12 fr.

N. Joly. L'HOMME AVANT LES MÉTAUX, avec 150 fig. 4ᵉ éd. 6 fr.

A. Bain. LA SCIENCE DE L'ÉDUCATION. 5ᵉ édition . . . 6 fr.

Thurston. HISTOIRE DE LA MACHINE A VAPEUR, revue, annotée et augmentée d'une introduction par *J. Hirsch.* 2 vol., avec 140 figures dans le texte, 16 planches tirées à part et nombreux culs-de-lampe . . . . 12 fr.

R. Hartmann. LES PEUPLES DE L'AFRIQUE, avec 91 figures et une carte des races africaines. 2ᵘ édition. . . . . 6 fr.

Herbert Spencer. LES BASES DE LA MORALE ÉVOLUTIONNISTE. 3⁰ édition . . . . 6 fr.

Th.-H. Huxley. L'ÉCREVISSE, introduction à l'étude de la zoologie, avec 82 figures . . . . 6 fr.

De Roberty. LA SOCIOLOGIE. 2ᵉ édit. . . . . . . 6 fr.

O.-N. Rood. THÉORIE SCIENTIFIQUE DES COULEURS et leurs applications à l'art et à l'industrie, avec 130 figures dans le texte et une planche en couleurs. . . . . 6 fr.

G. de Saporta et Marion. L'ÉVOLUTION DU RÈGNE VÉGÉTAL. *Les Cryptogames.* 1 vol., avec 85 figures dans le texte. 6 fr.

G. de Saporta et Marion. L'ÉVOLUTION DU RÈGNE VÉGÉTAL. *Les Phanérogames.* 2 vol. avec nombreuses figures. 12 fr.

Charlton Bastian. LE SYSTÈME NERVEUX ET LA PENSÉE. 2 vol., avec 184 figures dans le texte. . . . . 12 fr.

James Sully. LES ILLUSIONS DES SENS ET DE L'ESPRIT. . 6 fr.

Alph. de Candolle. L'ORIGINE DES PLANTES CULTIVÉES. 2ᵉ édition . . . . 6 fr.

Young. LE SOLEIL, avec 86 gravures . . . . 6 fr.

Sir John Lubbock. LES FOURMIS, LES ABEILLES ET LES GUÊPES. 2 vol., avec 65 figures dans le texte et 13 planches hors texte dont 5 en couleurs. . . . . 12 fr.

Ed. Perrier. LA PHILOSOPHIE ZOOLOGIQUE AVANT DARWIN. 2ᵉ édition . . . . 6 fr.

Stallo. LA MATIÈRE ET LA PHYSIQUE MODERNE . . . . 6 fr.

Mantegazza. LA PHYSIONOMIE ET L'EXPRESSION DES SENTIMENTS. 1 vol., avec planc. hors texte et nombreuses figures. 6 fr.

De Meyer. LES ORGANES DE LA PAROLE, avec 50 figures. 6 fr.

J.-L. de Lanessan. INTRODUCTION A LA BOTANIQUE. *Le Sapin,* avec 103 figures dans le texte . . . . 6 fr.

E. Trouessart. LES MICROBES, LES FERMENTS ET LES MOISISSURES, avec 107 fig. dans le texte.

R. Hartmann. LES SINGES ANTHROPOÏDES, avec 63 figures dans le texte. . . . . 6 fr.

VOLUMES SUR LE POINT DE PARAITRE

O. Schmidt. LES MAMMIFÈRES PRIMITIFS, avec fig.

Binet et Féré. LE MAGNÉTISME ANIMAL, avec fig.

Romanes. L'INTELLIGENCE DES ANIMAUX. 2 vol. avec fig.

Berthelot. LA PHILOSOPHIE CHIMIQUE.

Beaunis. LES SENSATIONS INTERNES, avec fig.

De Mortillet. L'ORIGINE DE L'HOMME, avec fig.

Edm. Perrier. L'EMBRYOGÉNIE GÉNÉRALE, avec fig.

Lacassagne. LES CRIMINELS, avec fig.

Gorille mâle vieux.

LES
SINGES ANTHROPOÏDES

ET

LEUR ORGANISATION

COMPARÉE A CELLE DE L'HOMME

PAR

R. HARTMANN

Professeur à l'Université de Berlin

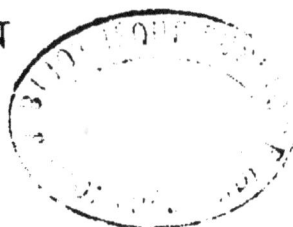

Avec 63 figures gravées sur bois

PARIS

ANCIENNE LIBRAIRIE GERMER BAILLIÈRE ET Cⁱᵉ

FÉLIX ALCAN, ÉDITEUR

108, BOULEVARD SAINT—GERMAIN, 108

—

1886

LES SINGES ANTHROPOÏDES

LIVRE PREMIER

INTRODUCTION HISTORIQUE

DÉVELOPPEMENT DE NOS CONNAISSANCES TOUCHANT LES SINGES ANTHROPOÏDES (1)

Nos premières connaissances sur de grands singes semblables à l'homme (anthropomorphes ou mieux anthropoïdes) datent de l'antiquité la plus reculée. La côte occidentale de l'Afrique, habitée par ces animaux, paraît avoir été connue des Carthaginois environ 500 ans avant notre ère. Dès l'année 470 avant J.-C., le suffète Hannon entreprit, avec 60 galères à cinquante rameurs, avec un attirail complet et des colons, etc., une grande expédition commerciale au-delà du Maroc dans la Guinée supérieure, avec l'intention d'y établir des colonies. Il paraît qu'alors déjà on s'était renseigné, par des explorations antérieures, sur la nature des côtes de la région à coloniser. Dans les contreforts du Char des dieux (île Scherbro) dans les montagnes de Serra Leôa (Sierra Leona) (1), les Carthaginois rencontrèrent des *gorillai* [2] C'étaient des habitants des forêts, couverts de poils, qui se défen-

---

(1) Toutes les indications bibliographiques sont réunies à la fin du chapitre, p. 8.

HARTMANN. — Les Singes.   1

dirent en lançant des pierres aux navigateurs. Trois de ces
monstres du sexe féminin furent capturés, mais ils mordirent et
égratignèrent leurs agresseurs avec tant de rage qu'on préféra
les tuer sur les lieux mêmes. Pline raconte que deux d'entre les
peaux acquises en cette occasion étaient encore conservées, du
temps de l'invasion romaine (146 ans avant J.-C.), dans le temple
d'Astarté à Carthage. Plus tard on a reconnu avec évidence que
ces « gorillai » étaient des chimpanzés, mais non de véritables
gorilles. Ces derniers n'existent pas dans des régions aussi
septentrionales.

C'est également aux chimpanzés qu'on rapporta un dessin d'une
ancienne mosaïque du plancher du temple de la Fortune à
Préneste (Palestrina). Cette mosaïque, actuellement dans un
musée de Rome, a été décrite par différents auteurs. Elle représente une région de l'Afrique tropicale, appartenant probablement
aux contrées du Nil supérieur. Le chimpanzé est figuré, dans
cette mosaïque, d'une manière très reconnaissable, à mon avis,
parmi des girafes, des hippopotames, des crocodiles et d'autres
représentants de la faune de l'Afrique tropicale [3]. On sait, en
effet, que ce grand singe existe dans certaines contrées baignées
par les cours supérieurs du Nil (pays des Niam-Niams, Uganda).
Pline parle également de certains animaux de ce genre : « Dans
les montagnes indiennes, situées au levant équinoxial — le pays
est dit des Catharcludes — il existe des *satyres*. Ces créatures
sont très agiles, elles marchent tantôt à quatre pattes, tantôt
debout comme l'homme, et leur agilité fait qu'on ne peut les
prendre que vieilles ou malades [4]. » On a prétendu reconnaître les
orangs-outans dans ces satyres; mais c'étaient peut-être des
gibbons ; car ces derniers marchent plus facilement et plus vite
debout que les orangs.

A partir de ces époques reculées il ne fut pendant longtemps
plus question de ces remarquables animaux. C'est seulement à
l'époque où les Portugais tombèrent sous la domination espagnole
que nous en recevons des renseignements du Congo et d'Angola.
Le marin Edouard Lopez donne à cette époque des indications
sur le chimpanzé. Elles ont été publiées en 1598 par Ph. Piga-
fetta [5]. Plus tard nous trouvons des renseignements sur de très
grands singes dans les écrits de Pedro de Cintra [6], du père
Merolla de Sorrente [7], de Froger [8], et de William Smith [9].

W. Smith a mal figuré, mais assez fidèlement décrit, un chimpanzé sous le nom erroné de Mandrill (*Cynocephalus Maimon
Less.*). Une description plus exacte de ce singe anthropoïde fut
donnée en 1641, par l'anatomiste H. van Tulpe (Tulpius), d'Ams-

terdam (1). Le savant hollandais dit que cet animal est l'*homo
sylvestris* ou orang-outan (*Satyrus indicus*) et que les Africains
appellent quojas morrou. Une anatomie du chimpanzé, qui possède
encore de nos jours une grande valeur, fut publiée en 1699 par
E. Tyson [11]. Les figures (anatomiques) qui accompagnent le texte
sont très bien exécutées pour l'époque.

Nos connaissances biologiques sur les anthropoïdes de l'Afrique
occidentale furent considérablement accrues, dès le xvi⁰ siècle,
par l'aventurier A. Battel, de Leigh, dans le comté d'Essex. Cet
homme parcourut les régions boisées de la Guinée inférieure, en
qualité de sergent des troupes portugaises, sous les ordres du
capitaine-général d'Angola, Dom Manuel Silveira Pereira. Les
données fournies par Battel furent plus tard récapitulées par son
voisin Purchas dans ses *Pilgrims* (première édition en 1613) [12].
Battel parle de deux sortes de grands singes, de l'engeco et du
pongo, qui, selon lui, habitent les forêts des bords du fleuve
Banya et de Mayombe. L'engeco correspond au ndjéko ou nschégo
ou *chimpanzé;* le pongo, au contraire, au n'pungu des nègres
Fiodhs du Loango, ou *gorille.* Battel décrit le genre de vie de ces
animaux et en reproduit quelques traits caractéristiques; nous
reviendrons plus loin sur sa description. Nous pouvons dater nos
premières notions sur le plus grand des singes anthropoïdes de
l'époque à laquelle vécut cet aventurier.

Le médecin hollandais Olivier Dapper donna, en 1668, une
description de l'Afrique, plusieurs fois éditée depuis [13], renfermant beaucoup de faits intéressants, et dans laquelle il mentionne
également les grands singes appelés quojas morrau ou morrou [14],
qui habitent le royaume du Congo. Il semble qu'il entend par
là le chimpanzé.

On trouve plus récemment de nouveaux renseignements, malheureusement vagues, sur le gorille dans l'ouvrage si attrayant de
E. Bowdich : « Mission de la Compagnie anglo-africaine dans le
pays des Ashantis » [15]. Dans le bassin du Gabon, y est-il dit, il
existe un grand nombre d'espèces remarquables de singes parmi
lesquels l'ingena (gorilla) est le plus rare. Au dire des indigènes
il deviendrait plus grand que l'orang-outan (?), atteindrait en
général une taille de cinq pieds et une largeur de quatre pieds d'une
épaule à l'autre, etc.

En 1847, le docteur Savage, missionnaire protestant au Gabon,

---

(1) *Observations médicales* (Amsterdam), § 56. Récemment je me suis pris à
douter si Tulpin n'avait pas pris pour modèle de la figure qu'il donne celle d'un
orang-outan de taille moyenne. La tête de l'animal représentée par cette anatomiste me rappelle plutôt celle d'un orang que celle d'un chimpanzé.

écrivit au célèbre naturaliste R. Owen, de Londres, au sujet d'un
singe qui était plus grand, disait-il, que le chimpanzé. Ces renseignements étaient accompagnés de quelques dessins, exécutés par
Mme Prince, la femme d'un missionnaire anglais, qui représen-
taient des crânes dont les arcades sus-orbitaires étaient très fortement développées. Savage donna à cet animal le nom de *Troglodytes gorilla*, par opposition au *Troglodytes niger* ou chimpanzé.
Owen décrivit ensuite deux véritables têtes de gorilles qu'on lui
avait expédiées du Gabon [16]. Une tête de gorille envoyée à Boston
par le missionnaire Wilson, fut figurée par le professeur Jeffreys
Wyman et sa description publiée avec les notes du donateur [17].
En 1851, un squelette arriva à Philadelphie par l'intermédiaire de
H.-A. Ford, médecin des missions, qui publia également des
documents sur le nouvel anthropoïde [18]. En 1849 on reçut à Paris
des restes de gorilles par l'entremise du docteur Gautier-Laboulaye.
D. de Blainville et Is. Geoffroy Saint-Hilaire s'occupèrent de ces
objets précieux. Des pièces plus complètes furent livrées au
Muséum de Paris, en 1851 et 1852, par le docteur Franquet et par
l'amiral Penaud. Elles ont été portées avec grand soin à notre
connaissance par les travaux si bien illustrés de de Blainville [19],
d'Is. Geoffroy Saint-Hilaire [20] et de Duvernoy [21]. Une figure
magnifique d'un de ces exemplaires bien empaillés, représentant
un mâle adulte, orne la *Photographie zoologique*, par L. Rousseau
et A. Devéria parue, autant que je sais, sans texte explicatif [22].
Cette figure étant absolument conforme à la nature, je l'ai utilisée
pour une de mes publications antérieures [23].

Un voyageur, né dans l'Amérique septentrionale de parents
français, et élevé dans le comptoir commercial que son père
possédait au Gabon, Paul Belloni du Chaillu, parcourut de 1855 à
1865 les pays du bassin du Gabon, de l'Ogôwé et de Fernão Vaz.
Il prit part, à ce qu'il relate, à des chasses au gorille et publia sur
ses voyages plusieurs livres [24], dont le texte, accompagné de
figures défectueuses, et semé de récits d'aventures, fut soumis à
une critique sévère par A.-E. Brehm et Winwood Reede [25]. Les
communications de du Chaillu sur les anthropomorphes de
l'Afrique équatoriale furent publiées dans les *Proceedings* de la
Société zoologique de Londres [26]. Ses collections très considérables de restes de singes furent décrites par Jeffreys Wyman.
C'est également à ce dernier naturaliste [27] que nous devons une
revision des matériaux recueillis par Savage.

Outre la monographie déjà citée plus haut, nous devons encore à
R. Owen des publications anatomiques très instructives sur le
gorille et le chimpanzé. Le professeur anglais eut l'occasion de

disséquer un gorille mâle jeune, mal conservé dans de l'alcool [28]. Les voyageurs R. Burton [29], A. de Compiègne [30], Savorgnau de Brazza [31], O. Lenz [32], les membres de l'expédition allemande au Loango [33], et H. von Koppenfels [34] ont encore fourni quelques renseignements sur la vie du gorille en liberté. D'autres travaux (non en langue allemande) zoologiques et anatomiques sur cet animal nous ont été donnés par Duvernoy dans le mémoire déjà cité plus haut, par Dahlbom [35], Heckel [36], Flower [37], Issel [38], Giglioli [39], Chapman [40], Saint-Georges Mivart [41], Macalister [41 a], etc. En Allemagne, parurent des travaux du même genre par Aeby [42], Lucae [43], Ecker [44], Bolau [45], Pansch [46], H. Lenz [47], A.-B. Meyer [48], R. Meyer [49], Bischoff [50], Ehlers [51], Virchow [52], K.-E. von Baer [53], par l'auteur du présent livre [54], etc. Duvernoy, Chapman, Bischoff, Bolau, Ehlers et moi, nous pûmes comme Owen disséquer des *cadavres de gorilles* complets. Deux des spécimens tombés entre mes mains se trouvaient en parfait état, car je les eus à ma disposition immédiatement après leur mort qui eut lieu à Berlin. Le plus grand, une femelle haute d'environ un mètre, était, il est vrai, assez mal conservé, mais néanmoins encore très utilisable. D'ailleurs avec la citation de ces travaux la liste des données anatomiques publiées sur le gorille n'est pas épuisée. Ainsi l'on trouve d'autres communications, dignes de remarque, dans les ouvrages d'anthropologie de C. Vogt [55], dans les *Mémoires* de Pruner-bey [56], de Magitot [57], dans les *Œuvres* de Darwin [58], dans l'*Histoire naturelle des Mammifères* de P. Gervais [59], dans l'*Ostéologie des Mammifères* de Flower [60], dans l'*Odontographie* de Giebel [61] et dans une foule d'autres traités et publications d'histoire naturelle que je ne puis indiquer toutes ici faute de place.

Le premier gorille *vivant* parvint, autant que j'ai pu m'en assurer, en 1869 en Angleterre. Il y vécut sept mois et a été très bien figuré et brièvement décrit il y a quelque temps seulement dans les « Proceedings » de la Société zoologique de Londres [63]. Le second gorille vivant fut apporté du Loango à Berlin à la fin de juin 1876, par le docteur Falkenstein. Il avait vécu au Loango, dans la station allemande de Chinchoxo, depuis 1874 et ne mourut dans l'Aquarium de Berlin que le 13 novembre 1877. Un troisième spécimen fut acquis par le docteur Hermes au mois de septembre 1881. Celui-ci mourut peu de temps après son arrivée à Berlin. Un quatrième vit actuellement dans l'Aquarium de cette ville.

Le *chimpanzé* a été, plus tôt et plus souvent que le gorille, l'objet de recherches zoologiques et anatomiques, car son aire d'extension est plus grande que celle de son gigantesque parent,

sa capture est aussi moins difficile que celle de ce dernier. J'ai
déjà parlé plus haut des indications de Hannon et de l'animal
décrit par van Tulpe. Buffon avait pu examiner en 1740 un individu jeune de cette espèce, pendant qu'à la même époque on tirait
parti à Londres d'un autre spécimen. Sur la pl. II du 35ᵉ volume
de son *Histoire naturelle*, Buffon représente un chimpanzé ; sur
la pl. III un orang-outan. Ces figures ne sont pas très fidèles à
la nature, mais les animaux sont cependant reconnaissables [64].
On admet généralement que le voyageur hollandais, Bosman,
également cité par Buffon, avait déjà connu le gorille et le chimpanzé. Ce voyageur parle d'un singe haut d'environ 5 pieds, de
couleur fauve, vivant aux environs du fort de Wimba [65]. Bien que
Buffon connût les noms de chimpanzé et chimpezé, ainsi que les
indications de Battel sur le pongo et l'engéco, il regardait néanmoins les jockos, les pongos et les orangs comme des animaux
appartenant tous à la même espèce. Plus tard ce grand naturaliste
modifia son opinion, en admettant que les orangs formaient une
espèce de taille peu élevée, à savoir le pongo de Battel et une
espèce plus petite, le jocko indien (orang-outan). Les jeunes
singes africains (chimpanzés) observés par Tulpius et aussi par
lui-même étaient, pensait-il, de jeunes pongos [66]. Plus tard le nom
de pongo fut appliqué à l'orang-outan adulte. La peau et le squelette du chimpanzé adulte, observé vivant par Buffon, se trouvaient encore en 1812, dit-on, dans les collections zoologiques
du Muséum de Paris [67]. Une jeune femelle qui avait vécu, vers
1838, dans la ménagerie du Jardin des plantes de cette ville, est
très bien figurée dans le recueil splendide consacré à ce grandiose
établissement [68]. Cette figure (de l'animal marchant à quatre
pattes) a été très souvent copiée dans la suite. Il en fut de même
des dessins représentant le même individu sans doute, marchant
debout et se balançant suspendu à un bras, qui furent d'abord
conservés dans la célèbre collection des vélins du Muséum de
Paris. De bonnes figures [69] de la tête et du corps du chimpanzé
mâle vieux ont été données par Is. Geoffroy Saint-Hilaire et
Dahlbom. Actuellement on trouve de nombreux dessins du chimpanzé, pour la plupart assez bien faits, dans différents ouvrages [70]
et sur des feuilles volantes. Les meilleures sans contredit que l'on
connaisse, parce qu'elles sont dessinées d'après des photographies après décès, accompagnent mon ouvrage sur l'ostéologie du
gorille [71], paru en 1880, ainsi que le présent livre. La forme extérieure et le genre de vie de cette espèce ont été suffisamment
bien décrits par Bischoff [72], ainsi que dans les ouvrages déjà
mentionnés plus haut, surtout dans ceux de Temminck [73],

Gervais, Reichenbach et Brehm. De nos jours on a souvent l'occasion de disséquer des chimpanzés. On trouve des notions sur l'anatomie de cet animal dans Tyson, dans Vrolik [74], dans Champneys [75], Brühl [76], Schroeder van der Kolk et Vrolik [77] ; de plus dans les mémoires déjà cités d'Owen, Duvernoy, Bischoff, Issel, Giglioli, H. Lenz, Ehlers, etc., où il est généralement aussi question du gorille. La forme extérieure et la structure anatomique de nouvelles espèces d'anthropoïdes et de nouvelles variétés du chimpanzé ont été décrites par du Chaillu [26], Duvernoy [78], Bischoff [50], Gratiolet et Alix [79], A.-B. Meyer [80] et par l'auteur de ce livre [81].

On a beaucoup écrit sur l'*orang-outan* depuis A. Vosmaer [82] ; on peut citer entre autres les travaux de Rademacher [83], Wurmb [84], E. Griffith [85], Temminck [86], Schlegel et S. Müller [87], Is. Geoffroy Saint-Hilaire [88], Brooke [89], Abel [90], Wallace [91] et beaucoup d'autres. P. Camper [92], Owen [93]. J. Müller [94], Schlegel et S. Müller [95], Heusinger [96], Dumortier [97], Brühl [98], Bischoff, Langer [99], etc., se sont occupés de l'anatomie de cet animal. De bonnes figures de l'orang-outan se trouvent dans les vélins de Paris, reproduites par Chenu [100], P. Gervais [101] ; dans Wallace, parmi les dessins de Mützel [102] et de G. Max [103], ainsi que dans mon ouvrage sur le gorille déjà cité plus haut.

Tilesius [104] et G. Cuvier [105] avaient déjà montré que le jeune du pongo de Wurmb est l'orang de Linné. Aujourd'hui nous savons d'une manière certaine que le nom de pongo (n'pungu des Fiodhs du Loango) ne doit être appliqué qu'au gorille (p. 3).

Le quatrième genre des singes anthropoïdes (plus petits) comprend les *singes à longs bras* ou *gibbons*. Leurs formes extérieures et leur genre de vie ont été décrits par différents voyageurs et naturalistes des temps modernes ; par Duvaucel [106], Bennet [107], Martin [108], Lewis [109], S. Müller [110], Diard [111] ; et antérieurement par Buffon [112], Is. Geoffroy Saint-Hilaire [113], Blyth [114], etc. Gulliver [115], Bischoff [116], l'auteur du présent livre, etc., se sont occupés de l'anatomie de ces êtres.

BIBLIOGRAPHIE

DE L'INTRODUCTION HISTORIQUE

1. « Hinc (sc. Théôn ochema, (Θεῶν ὄχημα) tridui navigatione torrentes igneos prætervecti in sinum venimus, qui Noti Ceras dicitur (Νότου Κέρας). In sinu recessu insula erat priori, illi similis; nam lacum habebat, in quo insula erat altera referta hominibus sylvestribus. Erant autem multo plures mulieres hirsutis corporibus, quas interpretes gorillas (Γορίλλας) vocabant. Nos persequentes viros quidem capere non potuimus, omnes enim effugiebant quum per præcipitia scanderent et saxis se defenderent; sed feminas cepimus tres, quæ mordentes et lacerantes ductores sequi nolebant. Atque occidimus eas et pelles detractas apportavimus Carthaginem. Neque enim ulterius navigavimus, quum annona deficeret. » (Hannonis Carthaginiensis Periplus, *Geographi Græci minores*, editio C. Mirelleri, vol. I.)

2. V. Temminck, *Esquisses zoologiques sur la côte de Guinée* (Ley de 1853 p. 3.

3. Marc. de Serres a le premier appelé l'attention des naturalistes sur cette mosaïque. V. Froriep, *Notizen zur Natur und Heilkunde*, bd. 42. On prétend souvent que l'original de cette mosaïque se trouve au musée des antiquités à Berlin. La mosaïque que nous avons ici représente, il est vrai, également une campagne avec des hippopotames, des crocodiles, etc.; mais elle n'est pas comparable à celle de Palestrino, qui, je crois, existe au palais Barberini à Rome.

4. C. Plinius Secundus, *Naturgeschichte*, übers. von G. Grosse: Frankfurt a M., 1782, II, 172, lib. VII, § 2.

5. Regnum Congo: hoc est vera descriptio regni africani quod tam ab incolis quam Lusitanis Congus appellatur, per Philippum Pigafettam, olim ex Edoardo Lopez acromatis lingua italica excerpta, nunc latio sermone donata ab Aug. Cassiod. Reinio. Iconibus et imaginibus rerum memorabilium quasi vivis, opera et industria Ioan. Theod. et Ioan, Israelis de Bry, fratrum exornatu. (Francofurti, MDXCVIII.)

6. *Abhandlungen der Königl. Bayrischen Akademie der Wissenschaften*, III, el. IX, bd., 1, abth.

7. *A Voyage to Congo and several other countries in the southern Africa in Church collection of voyages and travels;* London, 1744, I, 615.

8. *Relation d'un voyage fait en 1695-97 aux côtes d'Afrique*, etc. (Paris, 1599).

9. *Nouveau voyage en Guinée*, p. 74.

11. *The anatomy of a Pygmy compared with that of a monkey, an ape and a man. With an essay concerning the Pygmies etc. of the Ancients.* (I. edit., London, 1699; II edit., London, 1751.

12. Purchas, *His Pilgrims*. J'ai consulté l'édition parue à Londres en 1625 vol. II, 982).

13. *Beschryvinge des afrikaensche gewesten van Egypten, Barbaryen, Lybien, Biledulgerid, Negrosland, Ethiopien, Abyssinie, etc.:* Amsterdam 1688; 2 Aufl., 1679; traduit en allemand, ibid., 1760. Je me suis servi de l'édition allemande de 1750 (Amsterdam), p. 393.

14. Le nom de Guojas Morron se trouve également dans Tulpius (V. plus haut p. 3). D'après Dapper, un de ces singes aurait été présenté vivant au prince Frédéric Henri d'Orange. Peut-être était-ce là le spécimen décrit par Tulpius.

15. *Mission from Cape Coast Castle to Ashantee* (London, 1819; en allemand

Weimar 1820, Vienne 1826). J'ai consulté la dernière traduction allemande, fasc. II, p. 122.

16. *Transactions of the Zoological Society*, vol. III, 1848. *Proceedings of the Zoological Society of London*, 1848, p. 16: *On a new species of Chimpanzee*, by. Prof. R. Owen.

17. *A description of the external characters and habits of Troglodites Gorilla*, by Ph. S. Savage, and of the *Osteology* of the same, by Jeffries Wyman. (*Journal of the Natural History*, Boston, 1847, vol. V.)

18. Th. Savage, *Notice of Troglodites Gorilla a new species of brany of Gaboon River* (Boston 1847). V. Kneeland in *Proceedings of the Boston Society of Natural History*, 1850, p. 259; 1852, p. 209.

19. *Ostéographie* (Paris, 1839-64), atlas, t. IV, *Mammifères*, pl. 1 (*bis*).

20. *Archices du Muséum* d'histoire naturelle de Paris, t. X.

21. *Ibid.*, t. VIII.

22. Gravée sur acier. C'est, comme on sait, un procédé de reproduction photographique employé déjà par Nièpce de Saint-Victor et considérablement perfectionné plus tard.

23. *Der Gorilla*, etc. Voir la figure, pl. 1, chromolithographiée par G. Mützel.

24. *Adventures and explorations in Equatorial Africa* (London, 1861). *A Journey to Ashangoland* (London, 1867). *The Country of the Dwarfs* (London, 1872). *Stories of the gorilla Country, Wild life under the Equator, My Apingi Kingdom*, ibid.

25. Reade, Savage Life: *being the narrative of a tour in Equatorial, South-Western, and Nord-Western Africa*. (London, 1863). Brehm, *Thierleben*, 1 anfl., I, 16 ; 2 anfl., 1, 60. Voir aussi Hartmann, *Der Gorilla*, p. 4.

26. *Observationes on Mr. du Chaillur's papers on the new species of mammals discocered by im hin Equatorial Africa*. *Proceedings of the Zoological Society of London*, 1861.

27. *Proceedings of the Boston Society of Natural History*, 1860. Voir aussi Du Chaillur's, *Adventures and explorations*, chap. xxii, et H. S. R. Reichenbach, *Die collständigste Naturgeschichte der Affen* (Dresden und Leipzig), p. 196.

28. *Descriptions of the cranium of an adult male Gorilla from the river Danger, indicative of a variety of the great Chimpanzee* (Troglodites gorilla). *Transactions of the Zoolog. Society of London*, vol. IV, 1853, part. III, p. 75. *Memoir on the Gorilla ;* London, 1865, avec de belles figures ; *Odontography* (London, 1840-45), texte p. 413, atlas, pl. 117 et suiv. article *Dents :* in *Todd and Bowmann, cyclopedia of anatomy and physiology*, vol. IV, part. II, p. 918. *Lecture of the comparatice anatomy and physiology of the Vertebrata* (London, 1866-68, vol. III).

29. *Two trips to the Gorilla Land ant the cataracts of the Congo* (2 vol. London, 1875).

30. *L'Afrique équatoriale* (Paris, 1875 ; Gabonais, p. 260).

31. *Le Tour du Monde*. Année 1878, n° 936.

32. *Skizzen ans West Afrika* (Berlin, 1878). p. 171.

33. *Die Loango-Expedition*, II, abtheilung von F. Falkenstein, p. 149.

34. *Die Gartenlaube*, 1877, numéro 25.

35. *Zoologiska Studier*. Andra Haftet (Londres, 1857).

36. *Recue d'antropologie*, 1876, p. 1.

37. *The medical Times*, 1872.

38. *Descrizione di una scimmia antropomorfa proveniente dall'Africa centrale, in Annali del Museo civico di Genora*, 1, 53.

39. *Studii craniologici sui cimpanzé*, ibid. II, 3.

40. *Proceedings of the Academy of natural sciences of Philadelphia*, part. III, 1879, p. 385.

41. *On the Appendicular Skeleton of the Primates. Philosophical transactions*, 1867, 299.

41 a. A. Macalister, *The muscular anatomy of the Gorilla. Proceedings of the Royal Irish Academy (science)*, sér. II, vol. 1.

42. *Ueber die Schädelform des Menschen und der Affen* (Leipzig, 1867.)

43. *Die Hand und der Fuss. Abhandl. der Senckenbergischen Naturforsch. Gesellschaft*, bd. 5.

44. *Archie für Anthopologie*, VIII, 67.

45. *Abhandlungen aus dem Gabiete der Naturwissenschaften, herausgeg. vom Naturwissenschaftlichen Verein zu Hambourg-Altona* (Hambourg 1876), p. 74-83.

46. Ibid, p. 84

47. *Die anthropomorphen Affen der lübecker Museums* (Lübeck, 1876).

48. *Mitheilungen aus den Königl. Zoologischen Museum zu Dresden*, Heft 2, 1877, p. 225.

49. *Der Gorilla, mit Berücksichtigung des Unterschiedes zwischen Menschen und Affen*, etc. *Denkschrift des Offenbacher Vereins für Naturkunde*, (Offenbach, 1863).

50. *Ueber die Verschiedenheit in der Schädelbildung der Gorilla, Chimpanse und Orang-Utan*, etc. (München, 1867). *Vergleichende anatomische Untersuchungen über die äussern weiblichen Geschlechts und Begattungsorgane des Menschen und der Affen. Abhanlungen der Königl. bayrischen Akad. der Wissensch.*, II, cl., XIII. bd., 2 libth. *Beiträge zur Anatomie des Gorilla*, ibid., II. cl. XII. bd., 3, abth.

51. *Beiträge zur Kentniss der Gorilla und Chimpanse. Abhandl. der K. Gesellschaft der Wissensch.* zu Göttingen, bd. 28.

52. *Ueber den Schädel der jurigen Gorilla. Monatsberichte der Königl. Akademie der Wissenschaften zu Berlin*, 7 juin 1880, p. 516.

53. *Studien aus dem Gebiete der Naturwissenschaften* II. Theil (Petersburg, 1876), V, 235.

54. *Der Gorilla*, etc. Divers mémoires sous le titre: *Beiträge zur Kenntniss der sogen. anthropomorphen Affen in der Leitschrift für Ethnologie*, jahrgange IV, 198 ; VIII, 129 ; IX. 117. — *Ueber das Hüftgelenk der anthropoiden Affen. Sitzungsber der Gesellschaft naturforschender Freunde zu Berlin* vom 17. April 1877. — *Ueber den Torus occipitalis tranversus am Hinterhauptbeine des Menschen*, ibid., vom 26 nov. 1880. — *Die menschenähnlichen Affen*, Heft 247, *der Sammlung gemeinverständlicher wissenschaftlicher Vorträge*, von R. Virchow und Holtzendorff, p. 11.

55. *Vorlesungen über den Menschen* (Giessen, 1863).

56. *L'Homme et les Singes. Bulletin de la Société d'antropologie*, t. IV, 2e sér., 1870.

57. Magitot dans *Bulletin de la Société d'Ethnographie de Paris*, 1872.

58. *Gesammelte Werke*. Traduit de l'anglais par J. V. Carus, V, 1. 2 (Stuttgart, 1875).

59. Paris, MDCCLIV, vol. I, p. 27.

60. *A Manual of the anatomy of vertebrated animals* (London, 1871).

61. *An introduction to the osteology of the mammalia* (London, 1870).

62. *Odontographie. Vergleichende Darstellun der Lahnsystems der lebenden und fossilen Wirbelthiere* (Leipzig), p. 1.

63. *Proceedings of the Zoological Society of London*, 1876.

64. *Histoire naturelle générale et particuliere*, tome 35 (Paris, an IX).

65. Je cite le passage en question de Bosman d'après Buffon (l. c. p. 89) et Temminck (*Esquisses zoologiques sur les côtes de Guinée*, première partie, Leyde 1853, p. 5). « Les singes que l'on appelle *smitten* (forgerons) en flamand, sont de *couleur fauve*, et deviennent extrêmement grands; j'en ai vu un de mes propres yeux qui avait cinq pieds de haut et de bien moins grands que l'homme. Ils sont méchants et très forts; un marchand m'a conté que dans le voisinage du fort de Wimba, le pays est occupé par un très grand nombre de ces singes, qui sont de force à attaquer l'homme, ce dont on citait des exemples. » Bosman parle ensuite d'une autre espèce de singes de la même contrée, qui, d'après lui, sont aussi laids que ceux de l'autre espèce, mais à peu près quatre fois plus petits. (*Beschrijving van Guiné*, 1737, p. 34. *Voyage de Guinée*, p. 258.)

66. Voir à ce sujet les réflexions critiques très claires de Huxley, dans son ouvrage : *De la place de l'homme dans la nature*. Edition française (Paris 1868, p. 115.

67. *Le jardin des Plantes* par Bernard, Couaillhac, Gervais et Lemaoul (Paris 1842), I, 82, remarque.

68. Ibid., p. 83: avec une photographie.

69. Reproduites par exemple dans Chenu, *Encyclopédie d'histoire naturelle, quadrumanes* (Paris 1815, pl. 1 et fig. 36.). — P. Gervais, *Histoire naturelle des mammifères* (Paris 1854, I, 16, 22). — A. B. Reichenbach, *Praktische naturgeschichte des Menschen und der Säugethiere.* Neue Ausgabe (Leipzig, pl. I, fig. 4). — H. G. L. Reichenbach, *Die vollständigste naturgeschichte der Affen* (Dresden und Leipzig, pl. XXXIV, fig. 466) etc.

70. J. B. Brehm's *Thierleben* (Leipzig, 1876), I, 46, 68.

71. Hartmann, *Der Gorilla*, etc. Gravure numéro IV (tête du chimpanzé femelle et non mâle comme on l'a imprimé à tort), numéros VII, VIII, XIII.

72. *Beobachtungen an zwei lebenden Chimpanzé*, von H. Tiedmann in Philadelphia. Nach brieflichen Mittheilungen bearbeitet von L. Bischoff (Bonn, 1879).

73. Temminck, *Esquisse zoologique*, p. 1.

74. Vrolik, *Recherches d'anatomie comparée sur le Chimpansé* (Amsterdam, 1841).

75. *On the muscles and nerves of a chimpanzee*, etc. (Journal of anatomy and physiology. Deuxième série, 1871, p. 176).

76. Brühl, *Myologisches über dei Extremitäten des Chimpanse* (Wiener medicin. Wochenschrift, Jahrg. 1877).

77. *Ontleedkundige nasporingen over de hersenen van den Chimpansé* (Amsterdam, 1849).

78. *Des caractères anatomiques des grands singes pseudo-anthropomorphes, Archives* du Muséum, t. VIII. *Comparaison de l'anatomie du Gorille avec celle du Chimpansé*, avec de très belles figures.

79. *Recherches sur l'anatomie du Troglodytes Aubryi.* (*Nouvelles Archives* du Muséum d'histoire naturelle. Mémoires, t. II).

80. *Mittheilungen aus den königl. zoologischen Museum* zu Dresden (Heft 2, Dresden, 1876).

81. Voir les travaux cités à la note 54; en outre Hartmann, *Beiträge zur Zoologischen Anatomie, Physiologie und Zootomischen Kenntniss der sogenannten anthropomorphen Affen. Archiv für u. s. w.*, von Reichert und du Bois-Reymond. Années 1872-76. Avec beaucoup de planches en partie lithographiées.

82. *Description de l'espèce de singe aussi singulier que très rare, nommé orang-outang, de l'isle de Bornéo. Apporté vivant dans la ménagerie de M. le prince d'Orange. Description d'un recueil exquis d'animaux rares, etc.* (Amsterdam, 1804). Les planches qui accompagnent le texte et représentent des orangsoutans sont assez bonnes.

83. *Verhandelingen van het Bataviaasch Genootschap.* Tweede Deel. (Derde Druk, 1826).

84. *Beschrijving van der groote Borneosche Orang-Outang of de Oostindische Pongo.* Ibid. De plus *Briefe des Herrn von Wurmb und des Herrn Baron von Wollzogen* (Gotha, 1791).

85. *General and particular descriptions of the vertebrated animals. Order Quadrumana* (London, 1831), avec des planches coloriées.

86. *Monographies de mammalogie*, t. II.

87. *Verhandelingen over de natuurlijke geschiedenis der Nederlandsche overzeesche besittingen* (1839-45), Zoologie, p. 1.

88. *Description des mammifères nouveaux ou imparfaitement connus de la collection du muséum d'histoire naturelle.* Nouvelles archives du muséum, etc. II, 485.

89. *Annals and Magazine of natural history* (1842), IX, 54.

90. *Calcutta Government Gazette*, 13. Jan. 1853, traduit en allemand dans *Froriep's Notizen a. d. Geb. der Natur-und Heilkunde*, XI, 17. *Asiatic Researches*, XV, 489, 491.

91. *Der Malaiische Archipel. Dei Heimat des Orang-Utan und des Paradiesvogels* (Braunschweig, 1869), I, 56 et seq.

92. *Naturgeschichte des Orang-Utan und einiger anderer Affenarten, etc.*, traduit par Herbell (Dusseldorf, 1791).

93. *On the comparative osteology of the Oran-Utan and Chimpanzee in London and Edinburgh Philosoph. Magazine*, VI, 457; ibid. X, 259. — *Transactions of the Zoological Society of London*, I, part IV.

94. *Archiv für Anat., Physiologie u. s. v.* Jahrgang, 1836. p. XLVI ; 1839, p. CCIX.

95. L. s. cit.

96. *Vier Abbildungen des Schädels der Simia Satyrus von verschiedenem Alter zur Aufklärung der Fabel vom Oran-Utan* (Marburg, 1838).

97. *Note sur les métamorphoses du crâne de l'Orang-Outan dans les bulletins de l'Académie de Bruxelles* (1858). Annales des sciences naturelles (1839). p. 56.

98. *Zur Kenntniss des Orangkopfes und der Orangarten* (Wien, 1856).

99. *Die Muskulatur der Extremitäten als Grundlage einer vergleichend-myologischen Untersuchung.*

100. L. s. c., fig. 42, pl. 7.

101. L. s. c., pl. 1, p. 30 (figure de gauche).

102. *Zeitschrift für Ethnologie*, Jahrg. 1876, Bd. 15. — Brehm's Thierleben. I, 83.

103. Reproduit dans: *Natural history* de Cassell, I, 8 (52), sous la désignation fausse de « Sick Chimpanzee ».

104. *Naturhistorische Früchte der ersten Kais. russischen Erdumsegelung* (Petersburg, 1813), p. 130.

105. *Le règne animal*, nouv. édit., I, 88.

106. Et. Geoffroy Saint-Hilaire et F. Cuvier, *Histoire naturelle des mammifères* (Paris, 1819-35). pl. 3, 4 et seq.

107. *Vanderings in New South Wales* (London, 1834), vol. II, chapitre VIII.

108. *Man and Monkies* (London, 1840), p. 423.

109. *Boston Journal of natural history*, I.

110. V. note 83.

111. V. note 63, p. 140 seq.

112. *Histoire naturelle des singes* (Paris, an IX), p. 154 seq.

113. *Archives du Muséum d'histoire naturelle*, V. p. 529.

114. *Blyth in Journal of the Asiatic Society*, 1846, XV, 172; ibid, 1847, XVI. 730.

115. *Proceedings of the Zoological Society of London*, XIV, 11.

116. *Beiträge zur Anatomie des Hylobates leuciscus. Abhandlungen der Königl. bayr. Akademie der Wissenschaften*, IIe cl., X, bd., IIIe abth.

LIVRE II

FORME EXTÉRIEURE DES SINGES ANTHROPOIDES

Chez le gorille, le chimpanzé et l'orang-outan la forme extérieure varie sensiblement avec l'âge et le sexe. Les différences
sexuelles surtout sont plus prononcées chez le gorille que chez
les autres. Ce sont les gibbons qui varient le moins sous ce
rapport.

Quand on compare un *gorille mâle jeune* avec un animal *adulte*
et *vieux*, de la même espèce, on pourrait être tenté de croire
qu'on a affaire à deux êtres entièrement différents. Tandis que le
mâle jeune offre encore des traits qui le rapprochent plus nettement de l'homme, avec la physionomie et le maintien qui caractérisent la plupart des singes à courte queue de l'Ancien Monde,
à l'exception des babouins, le gorille mâle vieux se montre
conformé différemment. Celui-ci est bien moins comparable au
type humain ; c'est un singe gigantesque, dont la main et le pied
ont bien conservé ce qui les caractérise dans la famille des
primates, mais dont la tête prognathe présente quelque chose
d'intermédiaire entre la conformation du museau du babouin, de
l'ours et du sanglier. Ces modifications frappantes dans la forme
extérieure sont de plus accompagnées de modifications dans le
développement de la charpente osseuse. Le crâne du gorille mâle
vieux est devenu plus prognathe, ses canines ont presque atteint
la longueur de celles du lion ou du tigre. Sur la voûte du crâne,
arrondie pendant le jeune âge, se développent, suivant la ligne
sagittale et sur l'occiput, les puissantes crêtes osseuses, qui,
renforcées par les apophyses épineuses des vertèbres cervicales,
relevées obliquement, servent d'appui à des muscles mastica-

teurs et cervicaux énormes. Les arcades osseuses, fortement
voûtées au-dessus des orbites, se recouvrent d'une peau ridée et
augmentent encore l'expression déjà par elle-même sauvage et
hideuse de la physionomie de l'animal adulte. Il suffit de comparer
les figures respectives (fig. 1-3), qui accompagnent ce texte. Dans
le gorille femelle les différences sexuelles ne deviennent pas aussi
frappantes que dans le mâle. Bien que la femelle vieille ait sans
contredit un aspect très bestial, elle présente ni les crêtes, saillies
et arcades osseuses, si développées chez le mâle, ni les puissantes
masses musculaires, ni le prognathisme, ni la longueur et la grosseur des canines de ce dernier. Dans l'ensemble de sa conformation la femelle vieille ne s'écarte pas autant que le mâle vieux de
l'état jeune de son sexe. Celle-là conserve, somme toute, une forme
plus humaine que celui-ci. Autrefois des naturalistes, dont l'autorité avait même beaucoup de poids, ont prétendu que, dans l'étude
des formes animales, le *type féminin* devait être surtout mis en
relief dans les descriptions, comme étant le plus général. Mais
H. de Nathusius désire que, dans l'étude des animaux domestiques, on considère toujours les deux sexes, parce que les deux
ensemble peuvent seuls caractériser la *race* (1). J'adopte cette proposition pour l'examen et la description scientifiques des animaux
sauvages mêmes, à quelque genre et quelque espèce qu'ils appartiennent. Ce verbiage du type universel de la femelle est et restera
toujours à mes yeux une simple phrase. Car la considération
exacte du mâle, de la femelle et des individus jeunes des deux
sexes d'une espèce peut seule nous procurer des éclaircissements
suffisants sur leur phylogénie (histoire généalogique). Le *mâle* est
généralement plus fort, certaines particularités de la forme de
l'organisme *spécifique* atteignent chez lui un développement plus
complet, tandis que chez la femelle adulte elles ne se traduisent
que d'une manière plus indécise et que chez les jeunes impubères
elles n'existent pas encore du tout ou seulement à l'état d'ébauche
plus primitive.

Considérons donc d'abord le prototype de l'espèce, le *gorille mâle
vieux* dans la plénitude de son développement corporel (frontispice).
L'animal, en station droite, atteint une taille excédant 6 pieds ou
2 mètres. La tête atteint jusqu'à 300 ᵐᵐ de longueur. L'occiput
est plus large en bas qu'en haut où il se rétrécit vers la forte
crête longitudinale du vertex, à la manière d'un toit à pignon.
Les arcades, étendues en voûte au-dessus des orbites, s'élèvent
très hautes et très épaisses sur la partie supérieure et médiane du

(1) *Vorträge über Viehzucht und Rassenkenntniss* (Berlin, 1872). I, 61.

contour de la tête. Ici comme chez d'autres singes, comme d'ailleurs chez les mammifères en général, mais surtout chez les carnivores, les ruminants et les multongulés, il existe également des sourcils. Ceux-ci forment chez le gorille une rangée clairsemée de poils rigides, d'un noir foncé, qui atteignent jusqu'à 40^{mm}. Sous les arcades orbitaires, si proéminentes, s'ouvrent des yeux qui ne sont pas très largement fendus et dont les paupières présentent de nombreuses et profondes rides longitudinales. Sur la paupière supérieure les cils sont plus longs et plus rapprochés que sur la paupière inférieure. L'œil, de couleur foncée, brille avec une expression terrible entre les deux paupières. Entre les angles internes des yeux, le dos du nez s'élève graduellement en descendant. Celui-ci est caréné suivant la ligne médiane. Cette partie de la face atteint une longueur de 70 à 80^{mm}, devient d'ailleurs plus longue et plus étroite chez certains individus, plus courte et plus large chez d'autres. Des rides transversales de différente grosseur parcourent la peau qui recouvre cette région. Le bout et les ailes du nez sont hauts, coniques et fortement élargis vers la base. On dirait que cette partie du nez est comme surajoutée à la face qui par elle-même est déjà très prognathe, très proéminente; elle ressemble à une sorte de boutoir particulier. Elle présente un sillon longitudinal médian qui partage le bout du nez en deux moitiés symétriques. Chez les animaux adultes ce sillon est plus marqué que chez les jeunes. Les ailes du nez sont formées par des cartilages triangulaires hauts et larges, dont la pointe est dirigée en haut et dont les bords tournés vers le dos du nez et les joues sont un peu retroussés en arrière. Leurs bords latéraux, suivant d'abord un trajet arqué, divergent en bas et en dehors, puis, convergeant de nouveau, s'effacent vers la lèvre supérieure. Celle-ci n'est que peu élevée. Le nez fort avec la lèvre supérieure basse fait à peu près l'impression d'un museau de bœuf. Cela peut se dire d'autant mieux que toute cette région est revêtue d'une peau lisse, noir foncé, très glanduleuse il est vrai, mais pourvue seulement de petites papilles plates et de poils très rares et disséminés. Dans leur partie supérieure, au-dessous des yeux les joues sont larges et rebondies ; vers le bas elles se rétrécissent beaucoup et deviennent même creuses. Elles montrent des rides transversales plus ou moins profondes, qui descendent en lignes courbes et se continuent directement dans les rides transversales de la paupière inférieure. La lèvre supérieure est basse et présente de chaque côté des plis transversaux convergeant un peu vers la partie médiane et inférieure. Les canines, très fortes, atteignent chez beaucoup d'individus une longueur de 38 à 40^{mm}

et une grosseur de 20^{mm}. Leurs pointes divergent un peu et la
lèvre supérieure s'étend transversalement entre elles, de manière
que cette portion de la face prenne la forme d'une surface triangulaire plane dont la base va d'une canine à l'autre. Faisons
remarquer d'ailleurs dès maintenant que dans beaucoup de spécimens de cette espèce de singes le nez n'empiète pas trop sur la
lèvre supérieure ; que cette dernière peut avoir une hauteur plus
grande que chez d'autres individus, où la lèvre supérieure ne
forme plus au-dessous du nez qu'un rebord étroit. Lorsque
cette dernière condition se trouve réalisée la partie faciale de la
tête est dans beaucoup de cas excessivement prognathe et
ressemble à celle d'un babouin. Toutefois il existe aussi des
spécimens chez lesquels, malgré le peu d'élévation de cette partie,
le prognathisme n'est pas aussi manifeste.

Si l'on regarde de face un *crâne de gorille* mâle vieux on voit
que, à partir des bords supérieurs des arcades sus-orbitaires,
cette région est un peu aplatie sur les côtés et vers le bas. Cet
aplatissement du côté antérieur se prolonge même sur les larges
os zygomatiques qui sont également dirigés en avant. Cela fait

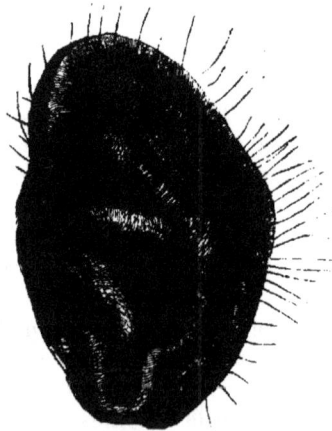

Fig. 2. — Oreille d'un gorille mâle adulte.

paraître le crâne et même la tête entière vue de face comme
entourée d'une sorte de cadre particulier, dirigé droit en avant,
qui devient encore plus marqué grâce aux bouffissures latérales
adipeuses des joues. La mâchoire inférieure avec son menton
effacé est inclinée en arrière dans sa partie médiane, et se rétrécit
vers le bas en forme de triangle. C'est là un trait caractéristique
chez ses animaux. La peau entière de la face, peu poilue, est
luisante et colorée en noir foncé.

L'oreille (fig. 2) atteint une hauteur moyenne de 60ᵐᵐ et une largeur de 36 à 40ᵐᵐ. Elle est rejetée en arrière et vers le haut de la tête. Sa forme générale est ovale arrondie et son bourrelet est très marqué. L'hélix commence sur l'oreille par un pilier plus ou moins large suivant les individus et présente souvent aussi l'excroissance pointue, proéminant à son bord interne, qui a été décrite par Darwin et dont nous reparlerons plus loin. L'anthélix, le tragus et l'antitragus, l'échancrure existant entre ces deux dernières parties (incisura intertragica), sont le plus souvent développés; le lobule l'est plus rarement. On constate très fréquemment des différences individuelles dans la conformation spéciale de ces diverses parties.

Sur le devant du cou on remarque de prime abord les puissants muscles abaisseurs de la tête qui, lorsque celle-ci est relevée, se détachent comme des piliers sur les côtés du cou. Grâce au grand développement des apophyses épineuses des vertèbres cervicales et des muscles qui les recouvrent et s'étendent jusqu'aux crêtes osseuses postérieures du crâne, la nuque est puissamment développée comme celle du taureau. Les épaules sont remarquables par leur largeur, les muscles de la poitrine sont très marqués et rebondis. Les mamelons ne sont pas entourés d'une aréole nette, ils paraissent érectiles dans le jeune âge; un peu plus tard ils se racornissent légèrement à la surface et proéminent alors comme des tronçons rigides. Un animal rassasié, de cette espèce, a l'abdomen bombé en forme de tonneau avec un nombril encore distinct; mais, dans l'état de vacuité des intestins, les flancs du ventre s'affaissent de nouveau. Sur les bras et les avant-bras on remarque la forme plastique des principaux muscles fléchisseurs et extenseurs, qui témoignent de la force prodigieuse des extrémités supérieures. Les mains sont grandes, larges surtout; les doigts courts et gros. Le pouce, terminé coniquement, est court; il ne dépasse que fort peu le milieu du deuxième métacarpien. Les phalanges terminales des autres doigts sont un peu comprimées latéralement, mais dans le reste de leur étendue les doigts sont larges. L'index est assez court par rapport au médius. Le quatrième doigt a tantôt la longueur du premier, mais tantôt il est un peu plus court que celui-ci. Le petit doigt est sensiblement plus court que le quatrième. Le poignet présente de grosses rides transversales sur son côté dorsal. Un grand nombre de rides transversales et croisées entre elles et d'autres ayant un trajet courbe s'étendent sur la peau du côté dorsal des doigts dont les premières phalanges sont recouvertes par d'épaisses callosités. Le gorille, en effet quand il marche à quatre pattes, fléchit les doigts et tourne le dos de la main vers le sol. Il se forme par conséquent des épaississements épidermiques sur les phalanges. Assez souvent on voit de semblables callosités (mais un peu moins étendues) même sur les dernières phalanges. La paume de la main est recouverte par une peau dure, calleuse avec des rangées de papilles généralement très nettes, surtout au bout des doigts. Ces trainées de papilles, en partie très sinueuses, sont encore bien reconnaissables même sur le fond noir de la peau de ces phalanges.

Du deuxième au cinquième, les doigts sont reliés par de fortes membranes interdigitales, qui rappellent la palmure des loutres, etc., et s'étendent jusque près de la première articulation des doigts. La main est couverte de poils denses jusqu'à la base des doigts, le côté dorsal de ceux-ci est au contraire garni de poils plus clairsemés.

Le dos du tronc montre à peu près la forme fondamentale d'un trapèze, dont le grand côté parallèle s'étend en haut entre les épaules et le petit côté parallèle entre les deux moitiés du bassin ; les côtés longitudinaux non parallèles coïncident avec les côtés du dos. Toute la partie inférieure du tronc, où les os iliaques apparaissent hauts, taillés à pic et tournés en dehors, possède à peu près la forme générale d'une pyramide quadrangulaire renversée. Les muscles fessiers ne sont pas très développés. Les tubérosités ischiatiques font une légère saillie anguleuse.

L'appareil sexuel externe du mâle est recouvert par un repli de la peau du ventre, de sorte que dans l'état de repos il ne proémine que faiblement ; celui de la femelle, au contraire, se voit assez nettement ; il présente de grandes lèvres apparentes seulement pendant le rut, avec des nymphes très grandes et un clitoris volumineux.

Les cuisses sont recouvertes par de forts muscles. Elles sont aplaties de dehors en dedans, un peu bombées du côté antérieur et externe, plus aplanies du côté interne. La jambe est également musculeuse, à section transversale ovale allongé ; la région du mollet se montre plus fortement marquée que chez les autres anthropoïdes. La cheville du pied ne forme qu'une légère saillie ; le même caractère s'observe au poignet. Le pied est long et large ; son côté dorsal est plat ; la plante est convexe, recouverte de puissants muscles et de coussinets adipeux. Lorsque l'animal pose la plante du pied sur le sol ces revêtements charnus proéminent en arrière dans la région du talon et au côté interne du pied ; c'est ici que nous voyons pour la première fois un talon.

Le gros orteil est, de même que chez tous les singes, écarté des autres orteils, comme un pouce, et peut aussi servir aux mêmes usages que celui-ci. La base de son métatarsien forme une saillie analogue à celle que montre le pouce au contour antérieur du poignet. Le gros orteil atteint tantôt le milieu de la première articulation phalangienne du deuxième orteil, ou bien il la dépasse même un peu, mais sans atteindre tout à fait le milieu de la deuxième phalange. Il existe en cela des différences individuelles. A l'articulation du premier métatarsien avec l'extrémité postérieure de la première phalange du gros orteil il existe également une éminence qui proémine en forme de pelote à l'extrémité interne du pied. Le gros orteil est très large à la base, se rétrécit ensuite et s'élargit de nouveau dans sa phalange terminale. Avec ses grands rebords cutanés latéraux, ses tendons et ses coussinets adipeux situés sous la peau, toute cette partie du pied apparaît large et aplatie de haut en bas.

Du deuxième au cinquième les orteils sont moins larges que le premier. Le deuxième est dans la plupart des cas un peu plus court que le troisième; le quatrième a presque la même longueur que ce dernier et n'est qu'un tant soit peu plus long que le deuxième. Toutefois il arrive aussi que le quatrième n'atteigne pas la longueur du deuxième (1). Le cinquième est beaucoup plus court que le quatrième. Les phalanges terminales s'amincissent vers l'extrémité antérieure et possèdent au côté inférieur, sur la face plantaire, des bourrelets allongés comprimés latéralement. La section transversale d'une semblable phalange est par suite presque un trapézoïde (avec un grand côté parallèle *supérieur*). Le dos du pied, bien que plat d'une manière générale (p. 18), montre sa plus grande élévation dans la région du premier métatarsien et s'en va en déclivité à partir de ce point vers le bord externe.

Le dos du pied est couvert de poils serrés jusqu'aux extrémités des métatarsiens; le dessus des orteils, au contraire, est moins velu. Ces dernières parties présentent de forts sillons transversaux, surtout aux articulations, et sont assez souvent couvertes aussi de callosités épaisses, parce que l'animal replie les orteils et marche sur le côté dorsal de ceux-ci (p. 17). Les ongles des mains et des pieds sont noirs, comme le revêtement cutané tout entier. Ils sont pourvus à leur base d'une rainure nette, fortement bombés et généralement un peu plus larges à la base qu'à l'extrémité.

(1) V. Is. Geoffroy Saint-Hilaire, l. I, c., pl. V. De plus, Hartmann, *Der Gorilla*, p. 14, rem. 4.

A la plante du pied, la région du talon, la pelote du gros orteil
(analogue ici à un thénar), les bases et les extrémités des orteils

Fig. 3. — Gorille mâle jeune, d'après le spécimen qui vécut en 1876-77 dans
l'Aquarium de Berlin.

sont garnies de bourrelets formés de muscles, de tendons et de
peau. Les différentes parties de ces pelotes sont séparées les unes
des autres par des sillons longitudinaux, transversaux ou obliques plus ou moins profonds. La peau noire de la plante est
grossière et calleuse, mais présente néanmoins des rangées de
papilles bien visibles.

Toute la peau de l'animal adulte est noir foncé, un peu luisante
et couverte d'un grand nombre de rides entre-croisées.

Le gorille *mâle jeune*, considéré dans l'ensemble, diffère beaucoup du mâle vieux. Le crâne n'a pas encore les crêtes qui caractérisent ce dernier. Cette partie de la tête apparait par suite
encore arrondie dans les régions pariétale et occipitale. A cet
âge la tête ne s'élève pas autant en arrière que chez les individus
adultes. Les arcades orbitaires ne sont pas si proéminentes, la
région faciale n'est pas aussi prognathe, le dos du nez moins
long que chez l'adulte. Les formes corporelles des jeunes sont

plus molles, moins plastiques; l'expression de la physionomie est moins féroce que chez les vieux. Aux mains et aux pieds, dont les doigts et les orteils n'ont nullement encore atteint le puissant développement qu'ils ont chez l'adulte, il n'existe pas

Fig. 4. — Le même Gorille encore plus jeune.

encore de callosités ou seulement des traces très faibles de celles-ci (fig. 3 et 4).

Des différences considérables dans toute la structure se montrent chez le *Gorille femelle adulte*. Les animaux de ce sexe atteignent une taille et une corpulence moindre que les mâles du même âge. Le crâne de la femelle est plus petit, plus arrondi que celui du mâle; il est en outre dépourvu des puissantes crêtes osseuses de celui-ci. La tête entière, avec ses arcades orbitaires moins développées, ressemble par suite à un corps trapézoïde, lorsqu'elle est vue de face. Au-dessus de ce trapézoïde s'élève la voûte crânienne. Chez le mâle, au contraire, on voit le haut de la tête s'élever en forme de pyramide inclinée en arrière. Le dos du nez est aussi généralement plus court chez la femelle vieille que chez le mâle vieux. D'ailleurs, sous ce rapport, il y a ici également de grandes différences individuelles. Ainsi le dos du nez est parfois très déprimé, et alors l'espace compris entre les orbites et le bout arrondi du nez se raccourcit. (C'est avec intention que je n'emploie pas la désignation de *pointe du nez* à cause de la forme obtuse de cet organe.) Toutefois, même lorsque le dos du nez descend en ligne droite, il arrive que la distance entre son bout et les orbites soit très courte. Dans d'autres cas cet intervalle est plus long. Le Gorille femelle vieux a généralement les joues plus larges, le nez plus petit et la lèvre supérieure plus haute. Ce dernier caractère se voit fort bien sur les peaux bien empaillées du Muséum de Paris et du musée de Lubeck (1). En admettant même que par suite de la dessiccation de la peau enlevée du cadavre frais, le nez se soit un peu retiré, l'espace occupé par la lèvre supérieure, pourvue de plis verticaux parallèles ou divergents, est encore assez étendu. Des figures satisfaisantes de ces régions ont été publiées par Owen (2) et Mützel (3). La nuque de la femelle adulte n'offre pas cette puissance, cette voussure qui la font presque ressembler à un capuchon chez le mâle vieux; mais elle forme cependant un renflement proéminent grâce au développement toujours assez considérable des apophyses épineuses des vertèbres cervicales et à la grande puissance des muscles cervicaux. Même chez de jeunes mâles, à peu près de l'àge de celui qui vécut dans l'Aquarium de Berlin, de juillet 1876 jusqu'en novembre 1877, le renflement de la nuque proémine déjà très manifestement. Au contraire, chez des individus encore plus jeunes (âgés d'environ *un* an) dont les apophyses épineuses n'ont pas encore atteint ce développement, cette région n'apparaît pas encore sous forme de bourrelet. Bien mieux, chez eux on observe même nettement le creux de la nuque.

En concordance avec la grosseur moindre du corps, les épaules, les bras et les jambes de la femelle adulte sont moins massifs que ceux du mâle complètement développé, mais cependant encore assez puissants. Pendant l'allaitement, les mamelles sont bombées en hémisphères, dépourvues de cette aréole convexe qui existent chez beaucoup d'Européennes et plus souvent encore chez des femmes de la Nigritie, de l'Inde et des îles de l'océan Pacifique. Le mamelon est plutôt cylindrique que conique et recouvert d'une peau noire finement ridée, parfois dure et cornée. En dehors de la période d'allaitement les mamelles pendent complètement flasques, comme de *courtes* bourses vides. Le ventre renfle au voisinage de l'épine iliaque et diminue un peu de grosseur vers les plis de l'aine. L'appareil génital externe présente, dans une période d'excitation analogue à un rut, deux bourrelets qui ressemblent un peu à des grandes lèvres.

Chez la *femelle jeune* la boîte crânienne est arrondie et la région faciale peu proéminente. L'allongement de cette région

(1) J'ai reproduit le premier de ces spécimens dans mon ouvrage *Der Gorilla* p. 21, d'après une excellente figure stéréoscopique publiée à Paris en 1874.
(2) *Memoir*, etc., pl. II.
(3) Brehm, *Thierleben*, I, 56.

entre les yeux et le bout du nez, typique dans une certaine
mesure chez les adultes, surtout chez les individus mâles,
ne se montre, à cet âge dans le sexe féminin qu'à un
faible degré. Mais des variations dans le mode et dans
la grandeur de cet allongement peuvent être constatées
même ici déjà de bonne heure. Le tronc et les membres offrent
une constitution encore plus grêle que chez le mâle du même
âge.

Le *revêtement pileux* du gorille est formé de longs *poils grossiers*, épais, raides, droits ou ondulés et de *poils laineux* plus
courts, plus fins et frisés. Sur le vertex les poils deviennent assez
raides, longs de 12 à 15ᵐᵐ et peuvent se hérisser dans les accès de
colère. Les lèvres et la partie antérieure du menton ne sont revêtues que de poils courts et raides; mais dans la partie postérieure
de cette région ceux-ci se groupent en touffes et en barbe. Sur les
côtés de la face ainsi que sur la nuque les poils, longs d'environ
30ᵐᵐ et davantage, sont dirigés en bas. Des épaules ils s'étendent,
longs de 130 à 150ᵐᵐ, sur les bras et le dos. Au milieu du bras ils
atteignent une longueur de 50 à 70ᵐᵐ et descendent ainsi jusqu'au
pli du coude. A partir de ce point ils se dirigent en général vers le
haut du bras. Sur le dos de l'avant-bras ils se portent en même
temps un peu en arrière. Au milieu du côté interne de l'avant-
bras ils se partagent de manière que les uns se tournent en avant
du côté du radius, les autres au contraire en arrière du côté du
cubitus. Sur le côté dorsal du poignet un groupe de poils se dirige
en lignes ondulées vers le haut, un groupe moyen directement en
arrière; un autre inférieur, également arqué, vers le bas. Au
dos de la main les poils sont tournés vers les doigts. A la poitrine
et à l'abdomen ils apparaissent plus courts, plus clairsemés. Dans
la première de ces régions, ils se dirigent en général en bas et en
dehors; sur l'abdomen au contraire, ils convergent des flancs vers
la ligne médiane et vers le nombril. Sur la cuisse ils atteignent
une longueur d'environ 160ᵐᵐ; ici, de même que sur la jambe, ils
sont dirigés en bas; au dos du pied, ils se relèvent en avant vers
les orteils. Sur le dos, les épaules, les cuisses et les jambes, les
poils grossiers sont légèrement ondulés. Cette constitution
contribue à augmenter l'aspect déjà par lui-même villeux et
floconneux du revêtement pileux de ces êtres. Les poils laineux
ne sont pas très denses et pas très feutrés.

La coloration du poil diffère non seulement sur les diverses
parties du corps, mais encore *suivant les individus*. Sur le
vertex elle est rouge brunâtre, rarement franchement brune ou
bistre. Parfois les poils de cette partie du corps sont jaune-fauve

à la base, blanc grisâtre au milieu, brun rougeâtre près la pointe colorée en bistre ; ceux des lèvres sont tantôt brun noirâtre, tantôt blanchâtres ou présentent à la fois ces deux colorations ; ceux qui poussent sur les côtés de la face sont gris dans le bas, brun foncé presque noirâtres dans le haut. Sur la nuque et les épaules, les poils ont au-dessus de leur racine une coloration grise, devenant de plus en plus claire vers la pointe. Dans leur partie moyenne, ils ont une région brune, dont la teinte s'affaiblit de nouveau vers le sommet et vers la base ; mais cette coloration annulaire peut aussi faire défaut. La pointe du poil est foncée, tantôt brune, tantôt rougeâtre. Les poils du dos, ceux des bras et des cuisses restent blanchâtres ou gris clair jusqu'au milieu de leur tige ; ils ont un anneau brun près de la pointe qui est gris foncé. Beaucoup de ces poils dorsaux ont deux anneaux bruns. Les avant-bras et les mains, les jambes et les pieds sont recouverts à la base de poils gris, aux extrémités de poils gris brun, brun noirâtre ou noirs. Autour de l'anus s'étend un cercle de poils blancs ou gris ou encore jaune brunâtre, longs de 10 à 20^{mm}. Des modifications de la coloration du pelage, décrite ci-dessus, existent assez souvent dans les deux sexes. Nous avons déjà dit que la couleur brun rougeâtre du vertex est parfois remplacée par une autre. Chez beaucoup d'individus la nuque, les épaules et le dos sont gris foncé, bruns ou même noirâtres ; chez d'autres les avant-bras, les mains, les jambes et les pieds sont comme le reste du corps recouverts de poils gris et brunâtres mélangés.

La *seconde espèce* de singes anthropoïdes dont nous avons à parler est le *Chimpanzé*. Nous considérons également dans cette forme successivement le *mâle vieux* et le *mâle jeune*; mais ensuite la *femelle vieille* et la *femelle jeune*.

Le chimpanzé adulte est plus petit que le gorille vieux. Dans cette espèce aussi le mâle est plus grand que la femelle. D'une manière générale cet animal est plus fluet que l'anthropoïde décrit en premier lieu.

La tête du Chimpanzé mâle *vieux* présente une forme générale qui diffère déjà de celle du gorille mâle vieux en ce que son crâne n'a qu'un vertex peu élevé et une crête occipitale transverse peu prononcée. De plus les arcades orbitaires étant moins développées que chez le Gorille mâle vieux, les apophyses épineuses des vertèbres cervicales bien moins longues que chez ce dernier, il en résulte que le Chimpanzé ne présente ni la conformation carrée de la face, ni la place nécessaire au développement et à l'insertion de ces muscles puissants qui produisent dans la nuque la voussure presque analogue à un capuchon, si caractéristique chez le

gorille. La tête du Chimpanzé, tant chez l'adulte que chez le
jeune, présente, comme celle de beaucoup d'autres singes, le
creux de la nuque, c'est-à-dire une dépression entre la tête et le
cou. Chez le Chimpanzé mâle la région pariétale a un contour en
voûte arrondie, car, ainsi que nous l'avons déjà dit, il n'existe pas
de crêtes osseuses fortement saillantes. Les arcades orbitaires ne
proéminent pas au même degré que chez le Gorille du même âge,
mais cependant encore fortement; elles sont revêtues d'une peau
ridée et portent ici également des sourcils raides, sétacés,
entremêlés d'autres poils plus courts. Les paupières plissées,
hautes et larges, sont revêtues de cils serrés. L'angle interne de
l'œil est, comme chez le gorille, assez prononcé. Généralement la
physionomie du Gorille et celle du Chimpanzé diffèrent en ce que
chez celui-ci le dos du nez est plus court que chez celui-là. Chez
le Chimpanzé cette partie se montre déprimée, mais néanmoins
relevée en forme de carène convexe au fond de la dépression. Le
dos du nez est parcouru par des rides transversales plus ou moins
profondes. De plus chez le Chimpanzé l'espace compris entre
l'angle interne de l'œil et le contour latéral supérieur du bout
cartilagineux du nez est moins grand que chez le Gorille. Le bout
arrondi du nez du Chimpanzé présente quelque différence quand
on le compare à celui du Gorille. Chez celui-là il est en somme
plus camus que chez celui-ci, sa pointe n'est pas si marquée, les
narines sont moins largement ouvertes et bordées d'un bourrelet
moins épais (fig. 3). Chez le Chimpanzé un sillon médian longitudinal et vertical partage également les cartilages triangulaires des
ailes du nez qui, en haut, sur les côtés et même en bas, vers la
lèvre supérieure, sont séparés du reste de la face par un sillon
circonscrivant cette partie et décrivant un contour piriforme
élargi. La lèvre supérieure est généralement haute, elle atteint
souvent jusqu'à 30ᵐᵐ. Cependant il existe aussi des individus chez
lesquels cette partie est moins élevée. Comme chez le Gorille, le
menton a la forme d'un triangle équilatéral à sommet tourné
en bas.

L'oreille externe du Chimpanzé a dans son ensemble une forme
moins humaine et un contour plus grand que celle du Gorille. Cet
organe présente toutefois des variations individuelles si considérables qu'il m'est difficile d'établir une moyenne satisfaisante de ses
rapports de grandeur. Suivant les individus sa longueur varie de
59 à 77ᵐᵐ, sa largeur de 42 à 80ᵐᵐ. Beaucoup d'oreilles de Chimpanzés ont un lobule bien distinct, d'autres n'en ont point; chez
les uns l'hélix et l'anthélix sont bien marqués, chez d'autres ce
dernier manque. Le tragus et l'antitragus sont plus ou moins nets;

il en est de même de certaines autres parties du relief externe de
l'oreille cartilagineuse du Chimpanzé (fig. 5.)

Le Chimpanzé mâle vieux a de larges épaules assez arrondies,
une forte poitrine, de longs bras musculeux descendant jusqu'aux
genoux et une longue main qui, contrairement à celle du Gorille,
est beaucoup plus effilée. La longueur du pouce est variable ;
il atteint bien dans la plupart des cas l'articulation carpo-métacar-
pienne ; mais parfois il n'en est pas ainsi. Parmi les quatre autres
doigts, le médius se distingue par sa longueur ; le deuxième et

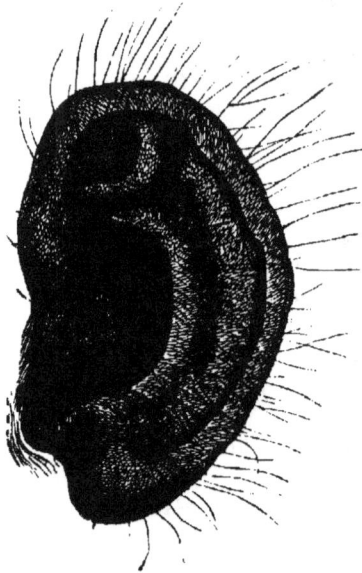

Fig. 5. — Oreille du Chimpanzé.

le quatrième sont plus courts que le médius et cela à peu près de
toute la longueur de leur phalangette. Le quatrième est un peu
plus long que le deuxième et le cinquième à son tour est plus
court que le quatrième de toute la phalangette de celui-ci. Entre
les bases des doigts, du deuxième au cinquième, s'étend à peu
près jusqu'au milieu des premières phalanges, une membrane
interdigitale. Sur la face dorsale de la main du Chimpanzé mâle
vieux, on voit également des callosités dures, car cet animal, tout
comme le Gorille, se sert de ses doigts repliés pour s'appuyer sur
le sol. Les doigts sont comprimés latéralement. Au dos de la main
ils sont faiblement bombés, tandis qu'ils le sont plus fortement à
la paume. Un grand nombre de sillons croisés s'étendent sur le
dos de la main ; d'autres plus profonds traversent la paume.

Sur celle-ci le pouce est démarqué par un sillon très net ; de quatre à six autres sillons ramifiés, croisés par des inégalités ayant une direction différente, s'étendent transversalement par le milieu de la paume. Les ongles sont courts, larges et bombés ; leurs bords libres sont très convexes.

Chez le mâle vieux les flancs de l'abdomen sont renfoncés ; les cuisses sont musculeuses, larges et un peu aplaties de dehors en dedans. Les genoux sont nettement dessinés, les jambes comprimées un peu latéralement, les mollets très faibles. Les pieds, longs et larges, ont le gros orteil très développé conformé comme un pouce (de même que chez le Gorille). Dans l'état d'adduction cet orteil s'étend jusqu'à la seconde articulation du deuxième orteil. Celui-ci, le troisième, le quatrième et le cinquième orteil sont moins gros, à peine plus longs que le premier. Le talon est à peine marqué et aplati de haut en bas. Le lieu d'insertion de la première phalange du gros orteil sur le premier métatarsien fait saillie en forme de pelote anguleuse au bord interne du pied. Le dos du pied est peu convexe. La phalange terminale du gros orteil est fortement aplatie de haut en bas ; cet aplatissement est un peu moindre dans les autres parties de cet organe. Les phalangettes des autres orteils, comprimés dans le sens transversal, présentent une forte voussure plantaire. Des convexités considérables s'observent aussi à la face plantaire au niveau de l'insertion du gros orteil et sur la dernière phalange de celui-ci. Les ongles sont conformés comme ceux des doigts. Sur le dos des orteils on trouve assez souvent de larges callosités, car l'animal s'appuie parfois même sur ces parties. Entre les bases des orteils, du deuxième au cinquième, s'étendent des membranes interdigitales, mais elles sont moins étendues qu'à la base des doigts (fig. 6).

Le Chimpanzé mâle jeune se distingue, il est vrai, du mâle vieux de la même espèce par des différences dans le développement de plusieurs de ses parties, mais ces différences ne se traduisent pas d'une manière aussi caractéristique qu'entre les Gorilles mâles vieux et jeunes. Le crâne de l'animal jeune dépourvu de toutes crêtes osseuses saillantes, forme presque une calotte de sphère dans la région pariétale ; les arcades orbitaires sont cependant déjà fortement développées et ossifiées chez des individus âgés de quelques années ; elles font saillie à la partie antérieure de l'os frontal et sont revêtues de bourrelets de peau ridée. Le dos du nez enfoncé et court ne s'élève et ne s'allonge, le bout cartilagineux du nez ne s'accroit que lorsque la face devient plus prognathe à mesure que l'animal grandit. Le tronc et les membres se développent de bonne heure puissamment. Tout le facies accuse peu à peu d'une manière non équivoque les caractères du sexe masculin ; mais il est bien loin d'atteindre la férocité démoniaque du Gorille mâle vieux.

La *femelle adulte du Chimpanzé* est plus petite ; elle présente également une tête plus petite, à calotte crânienne ovale, avec des

Fig. 6. — Chimpanzé jeune.

arcades orbitaires moins marquées que chez le mâle vieux, des parties nasales moins proéminentes et surtout une denture plus faible. Le corps des animaux appartenant à ce sexe a des formes plus arrondies ; l'abdomen, grâce à la largeur plus grande du bassin, a davantage la forme d'un tonneau. Chez la femelle les membres ne présentent pas ces coussinets musculaires anguleux qu'ils montrent chez le mâle (1). Les mains et les pieds des femelles sont aussi plus étroits et plus grêles. Chez la femelle jeune les rapports corporels décrits ici se montrent à un degré atténué, correspondant, si je puis dire ainsi, à l'état enfantin. Ces femelles peuvent d'ailleurs devenir des créatures très puissantes et très courageuses. C'est ce que prouva entre autres un spécimen qui prospéra admirablement pendant de longues années au jardin zoologique de Hambourg, grâce aux soins fidèles du vieux Siegel (2).

La peau du Chimpanzé a une teinte carnée spéciale, claire, mais très terne. Cette teinte tire fortement sur le brunâtre. Beaucoup d'individus présentent sur différents points du corps, mais surtout sur le visage, le cou, la poitrine, le ventre, les bras et les mains, les cuisses et les jambes, plus rarement sur le dos, des taches plus ou moins grandes, plus claires ou plus foncées, isolées ou rapprochées par groupes, de couleur brun noirâtre ou bistre ou passant au noir bleuâtre. Dans le visage, la coloration carnée qui passe, peu de temps après la naissance, un peu au jaune brunâtre, prend graduellement une teinte plus foncée à mesure que le corps se développe. Le revêtement pileux du Chimpanzé est formé de poils lisses ou un peu ondulés par-ci, par-là. Les poils dominants ou jarres sont le plus souvent raides et élastiques. Sur la tête, les cheveux sont partagés par une raie, et cela parfois avec la même régularité que s'ils avaient été frisés artistement (fig. 6). Immédiatement en arrière de la région dans laquelle les deux arcades orbitaires très voûtées, confluentes le plus souvent chez le gorille, arrivent à se toucher, il se développe chez cet animal de très bonne heure un espace parsemé d'un petit nombre de poils ou même complètement chauve. Autour du visage les poils croissent et s'insèrent à la manière d'une barbe. Sur la nuque ils atteignent 60 ou 80 ou même 100ᵐᵐ. Ils tombent également en longues touffes sur les épaules, le dos et les hanches. Le revêtement pileux des membres est moins long ; sur le bras les poils sont dirigés en bas, sur l'avant-bras en sens inverse et même un peu en avant et en arrière, car souvent ils sont partagés par une raie longitudinale suivant la ligne médiane de la face interne de cette partie

---

(1) Voy. Hartmann, *Der Gorilla*, fig. n° 8. C'est incontestablement une des meilleures figures du Chimpanzé, pour les détails de la conformation, de l'expression et du maintien.

(2) Voy. *id.*, fig. n° 7, p. 27, représentant l'animal de Hambourg d'âge moyen En outre, dans le même ouvrage, fig. 6, représentant la féroce Paulina de l'expédition allemande au Loango. Dans la légende de cette figure l. c., p. 25, on trouve par suite d'une abominable faute d'impression, l'épithète de mâle au lieu de femelle.

des membres. Sur le dos du poignet, ils forment une sorte de tourbillon. A partir de celui-ci les poils supérieurs se recourbent en haut et en arrière, les poils moyens en arrière, les poils inférieurs en arrière et en bas. Le dos de la main et la base des doigts sont poilus. Sur la cuisse, les poils du côté externe comme ceux du côté interne, se dirigent à la face antérieure vers le bas, à la face postérieure au contraire en arrière. Sur la jambe, ils se dirigent en bas à la partie antérieure, dans la région de la crête du tibia; mais du côté externe et interne, ils sont tournés en arrière et en bas. Le dos du pied et les bases des orteils sont également poilus. Le visage, le menton et les oreilles sont pourvus de poils plus courts, clairsemés; sur les arcades orbitaires se trouvent de 8 à 20 et même un plus grand nombre de poils raides analogues à des sourcils. Les cils sont développés, de même que les sourcils qui sont raides et disséminés.

Dans la plupart des cas le pelage du *vrai* Chimpanzé est de couleur noire. Autour de la partie inférieure du visage, autour du menton, ainsi que autour de l'anus s'étendent des poils blanchâtres. Parfois la couleur du pelage de ces animaux présente un chatoiement noir brun rougeâtre particulier.

L'*Orang-Outan*, le principal représentant des *anthropoïdes asiatiques*, se distingue des formes *africaines* de ce groupe, presque au *premier* coup d'œil, par son crâne élevé, comprimé d'avant en arrière et raccourci dans le même sens. Néanmoins chez les mâles vieux ce dernier est pourvu de crêtes osseuses hautes et escarpées. Aussi la région faciale des mâles vieux est-elle très proéminente. Nous choisissons d'abord ceux-ci comme type de notre description. Le front est haut; il s'élève presque verticalement et n'est pas fuyant comme chez le Chimpanzé; il est dégarni et présente des bosses légères. Assez souvent on voit proéminer au milieu du front une faible bosse ovale arrondie ou allongée. Les arcades orbitaires sont fortement voûtées, mais cependant moins proéminentes que chez le Chimpanzé et sont loin d'être aussi saillantes que chez les Gorilles. Les yeux ne sont pas largement fendus, les paupières sont ridées et les rides sont surtout profondes sur la paupière inférieure. Le dos du nez est étroit, le plus souvent fortement déprimé; il ne proémine que rarement, en légère carène, du fond d'une dépression longitudinale médiane du visage. Le bout du nez, séparé des yeux par un espace généralement plus long que chez le Chimpanzé, n'est pas aussi gros que chez ce dernier et que chez le Gorille. Il a deux ailes étroites, remontant fortement en se voûtant et séparées par un sillon vertical; sous ces ailes s'ouvre une paire de petites narines ovales arrondies.

séparées par une cloison mince et peu élevée. La lèvre supérieure
haute et large, bombée en avant, rarement très plissée, est, de
chaque côté, séparée du haut du visage et des joues par une
dépression profonde. Sur les côtés et en arrière des joues se
développent assez souvent deux gros renflements adipeux allongés
ou triquètres qui descendent d'arrière en avant. Les lèvres sont
très mobiles ; elles ne sont pas très épaisses, mais ridées. Le
menton est fortement fuyant et assez uniformément arrondi en
avant (fig. 7). L'oreille est petite ; elle a en moyenne une hauteur
de 35mm et une largeur de 12mm. Sa forme générale est analogue
à celle de l'oreille humaine (fig. 8). A la partie antérieure du cou,
épais et court, la peau présente des sillons annulaires irréguliers
et parfois très profonds. Le sac larynger forme, dans cette peau
plissée et flasque, un renflement qui retombe comme une grosse
bourse vide (voy, fig. 7 et 9).

Les autres parties du corps ne présentent pas ce développement
puissant et en quelque sorte bien proportionné que nous obser-
vons chez le Gorille et même chez le Chimpanzé. Le tronc avec

Fig. 7. — Tête et épaules d'un Orang-Outan mâle très vieux.

ses épaules larges, mais assez anguleuses et un peu aplaties
d'avant en arrière, avec sa poitrine aplatie, son dos voûté et son
abdomen voûté plus fortement encore, revêt un aspect disgracieux
et prend la forme d'un tonneau. Chez les individus maigres, la
région ischiatique proémine et rappelle à peu près le croupion

saillant d'un oiseau. Chez le Gorille et le Chimpanzé jeunes, on
observe le même caractère. Les longs bras musculeux descendent dans la station verticale jusqu'aux chevilles et sont par
conséquent fort disproportionnés au reste du corps. Le bras, très
gros, est moins long que l'avant-bras qui est maigre. La main est
longue et étroite. Le pouce, qui s'étend jusqu'à l'articulation
métacarpo-phalangienne, est faiblement développé ; il est presque
rudimentaire. Entre les premières phalanges, il existe une membrane interdigitale qui occupe le premier tiers, plus rarement la

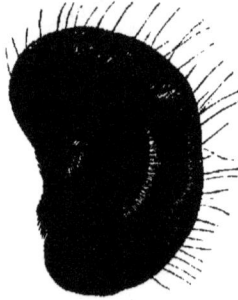

Fig. 8. — Oreille de l'Orang-Outan.

moitié de ces phalanges. Le médius est un peu plus long que le
deuxième et le quatrième doigt ; ce dernier à son tour est un peu
plus long que le second. Le cinquième doigt est relativement très
long, presque aussi long que le quatrième. La paume de la main
est assez plate et parcourue seulement par quelques sillons profonds.
Les doigts grêles et allongés, comprimés latéralement, portent sur
leur phalangette amincie un ongle bombé.

Les cuisses très musculeuses sont déprimées de dehors en
dedans et s'amincissent du côté postérieur. Les jambes ont des
mollets plus faibles que ceux du Gorille et même du Chimpanzé. Les
pieds sont, comme les mains, longs et grêles. Les talons étroits
et plats ne proéminent que faiblement en arrière. Le gros orteil,
qui est court, se termine par une phalange onguéale large, arrondie
en avant, recouverte du côté plantaire par une peau adipeuse
épaisse. Les individus âgés perdent souvent non seulement les
ongles de leurs gros orteils, mais parfois même les phalanges
onguéales de ceux-ci. Ce n'est pas là simplement un effet de la
maladie qu'on observe chez les individus en captivité ; cette chute
de certains articles de la queue et des orteils qu'on observe si
souvent chez les cercopithèques, les hyènes, etc., se produit aussi
chez des Orangs *vivant en liberté*. Parmi les orteils du deuxième
au cinquième, le troisième est le plus long ; le second est un peu plus

court que ce dernier. Des couches adipeuses existent sur le côté plantaire du deuxième au cinquième orteil, rarement sur celui du

Fig. 9. — Orang-Outan mâle adulte.

gros orteil. Le côté dorsal des mains et des pieds est recouvert d'une peau ridée et rugueuse. Aux mains il existe également des callosités dues à la marche.

Cet animal est d'un naturel plus calme et plus flegmatique que le

HARTMANN. — Les Singes. 3

Gorille et le Chimpanzé. Sa tête élargie dans la région moyenne du visage, amincie vers le front et vers le menton, raccourcie dans le sens antéro-postérieur, projetée en avant sur un cou court, son tronc en forme de tonneau, ses extrémités longues et grêles, son poil formant souvent de longues mèches lui donnent un aspect excessivement singulier, qui diffère beaucoup de celui du Gorille et du Chimpanzé. Chez le mâle jeune le raccourcissement de la tête dans le sens antéro-postérieur n'est pas aussi prononcé que chez l'adulte parce que à cet âge l'animal est dépourvu des crêtes osseuses qui concourent à surélever la voûte du crâne en arrière. Les arcades orbitaires ne sont pas encore aussi développées, la région maxil- laire de la face n'est pas encore autant prolongée et les coussinets adipeux des joues ne sont pas encore aussi accentués. La tête se détache déjà plus nettement par rapport au cou ; toute la confor- mation du corps est plus grêle et l'expression de la physionomie est plus douce. Au gros orteil on observe le plus souvent un petit ongle conique tronqué à son côté antérieur.

Chez la *femelle adulte* les particularités du mâle jeune se repro- duisent, comme je l'ai déjà exposé ailleurs, mais en s'accentuant. Le crâne ne présentant que des crêtes osseuses faibles est, à vrai dire, très haut, mais cependant plus arrondi que chez le mâle vieux ; la région faciale est, à vrai dire, proéminente, mais la tête se distingue plus nettement du cou que chez le mâle *vieux*. A cause de la largeur plus grande du bassin le tronc a encore davantage la forme de tonneau. Les mamelles hémisphériques et rebondies au moment de l'allaitement, s'affaissent après cette période et ne sont plus représentées que par deux replis cutanés courts, ridés et pendants, avec des mamelons cornés, minces et presque cylindriques, autour desquels les traces, d'ailleurs peu marquées des aréoles, disparaissent à peu près complètement. Le sac larynger n'est pas aussi développé que chez le mâle vieux. Cependant les membres atteignent ici également un grand développement. La femelle présente une tête encore plus arrondie, une face encore plus aplatie à la partie antérieure (bien que prognathe), des membres plus grêles et plus disproportionnés au gros tronc que le mâle jeune.

La peau de l'Orang-Outan a une coloration noirâtre, nuancée de gris bleuâtre ou de brun. La première, c'est-à-dire la coloration noire gris bleuâtre, prédomine. Le gris jaunâtre et le gris brunâtre existent plus rarement. Le pourtour des yeux, les ailes du nez, la lèvre supérieure et le menton sont souvent jaune brunâtre terne, teinte qui, surtout dans le visage, tranche singu- lièrement sur le ton gris bleu du reste de cette partie du corps.

Les bras, les jambes, les mains et les pieds sont noirs ou gris noirâtre, plus rarement colorés en brun ou en brun rougeâtre.

Le revêtement pileux de l'Orang-Outan se compose de longs poils ondulés flottants et d'un petit nombre de poils laineux moins denses. J'ai mesuré sur l'occiput, les épaules, le dos et les hanches des poils longs de 220 à 225mm; chez d'autres individus j'en ai vu de plus courts, longs seulement de 20, 40, 60mm. Sur la tête les cheveux se partagent souvent naturellement par une raie et retombent en parts égales à droite et à gauche, parfois aussi ils pendent hideusement et en désordre sur les côtés de la tête. D'autres fois, ils se dressent du milieu de la tête en avant, vers les côtés et en haut (fig. 7 et 8). Assez souvent il existe une barbe qui encadre les joues et le menton. Les poils qui revêtent la nuque et le devant du cou, les épaules, le dos et la poitrine, le ventre, les bras et les cuisses sont dirigés de haut en bas. Sur l'avant-bras, ils sont tournés en sens inverse. Sur le poignet, ils changent leur direction d'une manière analogue à celle décrite à la page 23 pour le Gorille. Sur la poitrine et l'abdomen les poils sont plus clairsemés. Des poils faibles et courts se trouvent sur le visage, les oreilles, le dos des mains et des pieds. Je n'ai pas observé de sourcils, bien qu'ils existent probablement chez ce singe; mais j'ai vu des cils bien développés.

Les poils ont une coloration brun rougeâtre à peu près semblable à la terre de Sienne brûlée, ou mieux encore au roucou. La pointe des poils des parties postérieures du corps se colore le plus souvent en brun. Chez beaucoup d'individus, les poils sont généralement plus foncés, brun de rouille ou brun noir; chez d'autres ils sont de couleur plus claire. Chez ces derniers la poitrine et le ventre se montrent même blanc jaunâtre. La barbe est parfois jaune-fauve. On a aussi observé des individus à peu près complètement dépourvus de poils.

Le quatrième groupe des singes anthropoïdes est formé par les *Gibbons* ou *singes à longs bras* (*Hylobates*). On en connaît plusieurs espèces, et je me vois par conséquent forcé de caractériser ici au moins quelques-unes d'entre elles, pour pouvoir donner une idée de leur constitution corporelle. En ce qui concerne ces animaux, je ne saurais me rapporter uniquement aux matériaux qui sont entre mes mains et je suis obligé de recourir en outre aux descriptions d'autres auteurs (1).

(1) Au moment où j'écrivais ces lignes j'avais à ma disposition un *Hylobates leuciscus Kuhl,* injecté avec le liquide de Wickersheimer et desséché, un grand *Hylobates* de la même espèce, conservé dans l'alcool, et un *Hylobates albimanus J. Geof. S.-Hil.,* conservé de la même manière; de plus les squelettes de l'*Hylobates syndactylus Cuv.* et de l'*H. agilis Cuv.*

En général, les Gibbons ont des bras très longs qui, dans la station verticale, descendent jusqu'aux chevilles. La face n'est pas très prognathe; le haut de la tête est arrondi et les ongles sont plats. Ils possèdent des callosités fessières peu développées, qui manquent chez les Gorilles, les Chimpanzés et les Orangs-Outans.

La *plus grande* espèce de ces singes, qui habitent une partie du continent et des îles de l'Asie, est le Siamang (*Hylobates syndactylus, F. Cuv.* (1). Selon Diard, ses bras ne sont pas tout à fait aussi longs que ceux du Wouwou (*H. agilis, F. Cuv.*). Cet animal a le front bas, un peu fuyant, le haut de la tête allongé, pas très voûté, et l'occiput faiblement bombé. Le dos du nez est déprimé, la région maxillaire n'est un peu proéminente que chez le mâle vieux. Selon Diard, ses yeux sont très enfoncés, les ailes de son nez s'élargissent beaucoup, ses joues s'affaissent fortement au-dessous des arcades zygomatiques; la bouche est très largement fendue et le menton fort peu marqué. C'est le seul des Gibbons qui possède le sac laryngée qui existe habituellement chez les anthropoïdes décrits précédemment; chez les animaux vieux de cette espèce, il forme un repli flasque presque dépourvu de poils, qui pend à la partie antérieure du cou. Le deuxième et le troisième orteil sont reliés par une étroite membrane transversale qui s'étend, chez le mâle, jusqu'à la dernière phalange, chez la femelle, jusqu'à l'avant-dernière seulement. Les poils des avant-bras sont dirigés en haut et forment sur le poignet une sorte de tourbillon. L'animal est d'un noir luisant; son corps et ses membres sont couverts de poils serrés et assez longs. Selon K. Bock, le visage est encadré par une barbe grise ou blanche. Ce singe atteint une taille d'environ un mètre. Il habite les forêts de Sumatra.

Une autre espèce de Gibbon a reçu le nom de *Lar* (*Hylobates Lar Illig*). Celui-ci a le corps beaucoup plus grêle que le précédent; la tête est arrondie, les yeux sont grands; le dos du nez, long et étroit, ne forme qu'une légère saillie au-dessus des parties voisines déprimées; à cette saillie se rattachent au bas deux cartilages alaires étroits, en forme de triangle inéquilatéral, séparés l'un de l'autre par un sillon longitudinal. Au-dessous de ces cartilages s'ouvrent deux narines étroites, convergeant de haut en bas et de dehors en dedans et séparées par une cloison peu large. La lèvre supérieure a une conformation particulière. En son milieu, immédiatement au-dessous de la base de la cloison nasale, elle

---

(1) Une excellente figure de cet animal existe dans l'*Histoire naturelle du règne animal*, illustrée par Ed. Pœppig; Leipzig, 1847), t. I, fig. 24, d'après un original indubitablement anglais (mais que je ne connais pas davantage). On en trouve une autre figure, d'après une gravure sur bois, dans : *Unter den Kannibalen auf Borneo* de K. Bock, traduit en allemand par A. Kirchhoff (Iena, 1882), p. 342.

est basse et se trouve en ce point partagée en deux moitiés symétriques par un sillon descendant verticalement. Chacune de celles-
ci repose, par un bord convexe, sur la lèvre inférieure qu'elle
dépasse un peu. Au-dessus des lèvres supérieures, entre elles et
les arcades zygomatiques peu élevées, qui s'étendent sous les paupières inférieures, se trouve une joue basse et creuse. Sous la fente
médiane et les bords inférieurs arqués de la lèvre supérieure,
apparaît un menton peu développé. Le visage entier de ce Gibbon
offre un aspect singulier ; il est encadré par une couronne de
poils serrés, qui entoure la région faciale de la tête, comme le
capuchon arrondi d'un Esquimau. Cette conformation particulière
de la tête caractérise, dans l'ensemble comme dans les détails,
non seulement le Lar, mais aussi les autres espèces de Gibbons
et même le Siamang dans une certaine mesure (voy. fig. 10 et 14).
Elle constitue un trait qui fait distinguer presque au premier
coup d'œil les singes à longs bras des autres formes anthropoïdes
décrites plus haut. Le Lar a le visage brun rougeâtre (couleur de
tannée), entouré d'une couronne gris blanchâtre ; son corps est
gris noirâtre et des poils courts, gris blanchâtre, couvrent le côté

Fig. 10. — Tête du Gibbon à mains blanches.

dorsal des mains et des pieds. Les oreilles noires sont presque
glabres. Ce singe est assez rarement représenté dans nos collections zoologiques. Il est originaire de la presqu'île de Malacca et
du royaume de Siam.

On a souvent confondu avec cet animal le *Gibbon à mains blanches* (*Hylobates albimanus Vigors et Horsfield*). Mais ce dernier
a le visage *noir*, la peau généralement noire, et cette coloration
s'observe également au côté inférieur des mains et des pieds; autour

du visage s'étend une épaisse couronne de poils blancs. Le dos
de la main et du pied est revêtu de poils courts, blancs ou gris
blanchâtre. Le reste du pelage est d'un noir pur. Les poils de
l'avant-bras sont dirigés en bas vers les poignets. Les oreilles de
ces singes ont à peu près la forme d'un triangle isocèle. L'hélix
retroussé court tout autour du bord externe libre de l'oreille. Le
milieu de la face externe, légèrement concave, est parcouru par
un anthélix dont la disposition générale diffère assez de celle qui
existe dans l'oreille des autres anthropoïdes. Chez cet anthropoïde
cette partie forme, sur le plan cartilagineux de l'oreille, une saillie
large en arrière et en haut, qui se partage en avant et vers le bas
en deux jambages. On observe des indices d'un tragus et d'un antitragus. Il n'y a pas de lobule distinct (fig. 11). Cette même consti-

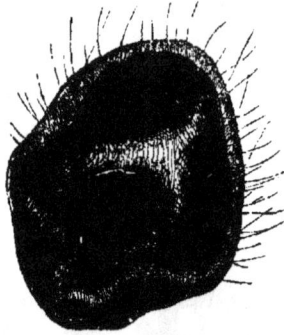

Fig. 11. — Oreille du Gibbon à mains blanches.

tution de l'oreille externe existe chez les autres espèces de Gibbons, bien que chez celles-ci la partie supérieure de l'hélix soit
souvent plus ridée et que l'anthélix soit assez souvent plus
développé et plus semblable à celui de l'homme.

Dans cette espèce la face est surbaissée. Les arcades sus-orbitaires, qui se continuent presque l'une avec l'autre, au milieu du
front, forment un rebord saillant. Les yeux sont grands, de couleur foncée. Le regard est paisible et doux. Les joues se montrent
proéminentes dans la région des arcades zygomatiques, mais sont
creuses au-dessous de celles-ci. Le dos du nez est déprimé et
s'élève en forme de carène légère du fond de cette dépression,
très apparente, surtout lorsqu'on voit l'animal de profil. Il est
traversé par des plis traversaux. Le cartilage nasal a la forme déjà
décrite dans l'espèce précédente. La lèvre supérieure et le menton
ont la même conformation que chez cette dernière (fig. 10). Sur
les arcades sus-orbitaires et les lèvres supérieures se dressent de
longs poils rigides. De petits poils courts et fins recouvrent le

cartilage nasal. Les poils blancs qui entourent le visage sont dirigés en avant, à la manière d'une barbe, dans la région men-
tonnière. Le visage entier a une expression particulièrement
mélancolique, presque larmoyante. Le cou est court, le tronc
allongé. Les mains longues et étroites portent un pouce court,

Fig. 12. — Main gauche de l'*Hylo-*
bates albimanus.

Fig. 13. — Pied gauche du
même animal.

comprimé latéralement, qui n'atteint pas tout à fait l'insertion des
premières phalanges des doigts. La paume de la phalange onguéale
de ce pouce forme une épaisse pelote arrondie. Des pelotes plus
petites se trouvent également du côté palmaire de la première
phalange du pouce et sur l'éminence thénar. L'ongle du pouce est
courbé d'arrière en avant et ne ressemble pas plus à une griffe
que les ongles encore plus plats, d'ailleurs longs et étroits, des
autres doigts. Parmi ceux-ci, le troisième est un peu plus long que
le deuxième. Le cinquième doigt est beaucoup plus court que le
quatrième (fig. 12).

Le pied est bien fait, court et étroit, sans talon saillant. Le gros
orteil est très long ; il s'étend presque jusqu'à la dernière pha-

lange du deuxième orteil. La plante du gros orteil et surtout sa
phalange onguéale sont pourvues de pelotes épaisses et arrondies.
L'orteil médian n'est pas beaucoup plus long que le deuxième ; le
troisième est plus court que ce dernier ; le cinquième est presque
de moitié plus court que le quatrième. Tandis qu'entre les bases
des doigts, il n'existe que des membranes interdigitales courtes,
celles-ci s'étendent beaucoup plus loin sur les orteils (fig. 13).
L'espèce de singe en question vient des régions orientales de l'Inde.

Le *Wouwou* (*Hylobates agilis Cuv.*, fig. 14), est un singe curieux,
qui présente, selon Duvaucel, des arcades orbitaires développées,
des yeux enfoncés, un nez assez saillant avec de grandes narines
percées latéralement. Le visage nu du mâle est noir bleuâtre ; celui
de la femelle est plus brunâtre. Autour de cette région court une
épaisse couronne de poils blanchâtres, que les oreilles ne dépassent que fort peu. Au menton, il y a quelques poils noirs. Chez le
mâle la tête, le ventre, la face interne des bras et des cuisses sont
brun foncé. Les épaules et le cou sont de couleur plus claire. Sur
les talons se trouvent des poils fauves tirant sur le blanchâtre. Le
dos des mains et des pieds est brun foncé. Les parties latérales
du siège et les côtés postérieurs des cuisses sont couverts de
poils bruns, mêlés de poils brun rouge et de poils blanchâtres.
Chez la femelle, la couronne de poils blancs, qui encadre le visage,
est plus courte et passe un peu au gris-fauve. Les jeunes sont de
couleur jaune blanchâtre, variant jusqu'au blanc brunâtre. Cet
animal habite l'île de Sumatra.

Le *Gibbon gris* (*Hylobates leuciscus Kuhl*) est recouvert d'une
fourrure épaisse, dont les poils longs et laineux sont ondulés et
présentent, sur un fond clair, de deux à trois anneaux foncés. Le
dessus de la tête est noir. Autour du visage noirâtre, s'étend une
couronne de poils clairs, parfois blancs. La couleur dominante est
le gris-fauve. Le devant du cou, la poitrine et le ventre sont plus
clairs ; la nuque, les épaules, le bras et la cuisse sont, au contraire,
plus foncés. Une bande brunâtre, parfois très foncée, descend des
creux axillaires vers la poitrine et l'abdomen. La paume des mains
et la plante des pieds sont noires. Les jeunes ont une coloration
fauve-grisâtre ou fauve-jaunâtre plus uniforme. Cet animal vit à
Java et à Sumatra.

Le *Houlock* ou *Yulock* ou *Yolock* (*Hylobates Hoolock Harlan*) a la
face prognathe quand il est âgé, les arcades orbitaires saillantes,
le dos du nez long, étroit, les ailes du nez hautes, peu larges, et la
lèvre supérieure très basse. Chez ces animaux vieux il existe, au-
dessus des yeux, deux bandes transversales d'un blanc grisâtre.
Le reste du revêtement pileux, le visage, les mains et les pieds

sont noirs. Les jeunes sont brun noirâtre , mais gris aux extrémités. Une ligne grise, partant de la poitrine, descend sur le
ventre. Cet animal habite les montagnes de Garrau dans l'Assam.

L'*Unko* (*Hylobates Rafflesii*, *Is. Geof. S.-Hil.*) a une coloration
noire, qui ne présente de teintes brun rougeâtre que sur le dos et
les flancs. Une couronne, blanche chez le mâle, grise chez la
femelle, entoure le visage. Ce singe provient de Sumatra (1).

Le *Gibbon gris jaunâtre* (*Hylobates entelloïdes* , *Is. Geof.*

Fig. 14. — En avant, à gauche, un Wouwou (*Hylobates agilis*) ; en arrière, à
droite, deux Semnopithèques (*Semnopithecus Entellus*).

S.-Hil.) a une robe gris clair ou jaune-fauve, formée de longs poils
laineux et floconneux très denses. Cette coloration devient un peu
plus foncée sur la face interne des bras et sur le cou ; elle passe ici
au jaune rougeâtre. Autour du visage se trouve une auréole de
poils passant davantage au blanchâtre. La femelle présente généralement une coloration plus jaune que le mâle. Chez elle, le devant
du visage n'est pas coloré en blanc, mais en fauve-rougeâtre ; un

_____

(1) Les Malais donnent aussi le nom d'Unko à l'Hyl. *variegatus*. Ils appellent
Unko-itam (unkos noirs) les individus foncés de cette espèce et *Unko-puti* (unkos
blancs) ceux de couleur claire.

peu plus en arrière apparaissent quelques poils blanchâtres. Le visage, ainsi que les parties nues des mains et des pieds, sont noirs. Le deuxième et le troisième orteil sont reliés par une peau qui s'étend jusqu'à leur première articulation. L'animal habite la presqu'île de Malacca. Son nom spécifique est tiré de sa prétendue ressemblance avec le Hanouman des Indous (*Semnopithecus Entellus, Cuv.*) que représente la fig. 14 (second plan à droite).

Le *Gibbon à barbe blanche* (*Hylobates leucogenys Ogilby*) (1) acquiert, grâce aux longs poils du sommet de la tête, qui se dressent en haut et en arrière, un aspect caractéristique encore accru par les longs poils blancs des joues et du menton, qui forment une couronne fermée au-dessus des yeux. Le reste du corps est noir foncé. La patrie de ce singe est inconnue.

Le *Gibbon huppé* (*Hylobates pileatus, J.-E. Gray*) est noir. Ses épaules, son dos et ses cuisses sont grisâtres. Les mains, les pieds, le pourtour du visage et du sommet *noir* de la tête sont blancs. Une tache blanche se trouve sur les parties génitales. Sur la poitrine il existe souvent une tache noirâtre. Les favoris sont également noirs. L'animal varie d'ailleurs avec l'âge et le sexe. Il vit dans le royaume de Siam et au Cambodge (2).

Le *Gibbon gris noirâtre* (*Hylobates funereus, Is. Geof. S.-Hil.*) a les parties supérieures du corps et le côté externe des membres d'un gris cendré passant au brunâtre. Vers le bas, il est brun noirâtre. Autour du visage s'étend une bande étroite gris cendré; mais, en arrière de celle-ci, on en voit une autre plus foncée, qui fait également le tour de la tête. Provient de l'île de Soulou (3).

Outre les espèces de Gibbons brièvement décrites ci-dessus, on en cite encore plusieurs autres, par exemple l'*Hylobates concolor Harlan*, de Bornéo (4) ; l'*Hylobates Muelleri L. Martin*, du même pays; l'*Hylobates choromandus Ogilby*, du continent indien, etc. Mais le cadre restreint du présent ouvrage nous oblige à nous contenter des diagnoses spécifiques précédentes.

---

(1) Un exemplaire de l'*Hylobates leucogenys Ogilby* se trouve dans le British Museum. Voyez J.-E. Gray, *Catalogue of Monkeys, Lemurs and fruit-eating, Bats,* etc. (London, 1870), p. 11. Une belle figure de ce singe se trouve dans les *Proceedings of the zoological society of London*, 1877, p. 680, pl. 42.

(2) Une bonne figure de l'*Hylobates pileatus, J.-E. Gray*, d'après une gravure sur bois, existe dans Huxley, *De la place de l'homme*, etc., traduit par Dally, p. 129.

(3) Une très belle figure coloriée de l'*Hylobates funereus*, dessinée probablement après la mort de l'animal, par le célèbre Werner, existe dans : *Description des mammifères nouveaux ou imparfaitement connus* de la collection du Muséum d'histoire naturelle, par Is. Geoffroy Saint-Hilaire : *Archives du Museum*, t. V, p. 26.

(4) Selon Monike l'*Hylobates concolor* est appelé Ouo-Ouo par les Malais et Kalawet par les Dayacks de Bornéo (*Blicke auf das Pflanzen-und Thierleben in den indischen Malaïenlandern*; Munster, 1883).

LIVRE III

COMPARAISON DE L'HOMME ET DES SINGES ANTHROPOIDES

AU POINT DE VUE DES FORMES EXTÉRIEURES ET DE LA STRUCTURE ANATOMIQUE

CHAPITRE PREMIER

LE CRANE ET LE SQUELETTE DES ANTHROPOÏDES

Pour compléter autant que possible l'idée que nous devons nous faire de l'histoire naturelle de ces animaux remarquables, nous sommes amenés à examiner également leurs caractères anatomiques. Pour le but que nous nous proposons, il s'agit moins d'une description anatomique détaillée complète que d'un exposé sommaire des particularités les plus saillantes de la constitution intime du corps de ces êtres. Il me parait convenable de suivre également ici la méthode de *l'anatomie descriptive, systématique,* qui envisage successivement les différents systèmes d'organes des êtres vivants. Cette méthode, usitée depuis longtemps déjà dans l'étude du corps humain, doit également nous guider dans les recherches d'anatomie *comparée,* car, sous le rapport logique, elle est irréprochable. Il suffira d'ailleurs de rappeler simplement à nos lecteurs que l'anatomie des anthropoïdes ne forme qu'une petite branche de l'anatomie comparée des vertébrés en général.

Je commence par un coup d'œil sur le *système osseux* des

anthropoïdes et d'abord des *Gorilles*. Il est bon ici d'examiner
minutieusement la structure si différente du crâne du mâle vieux
et du mâle jeune, de la femelle vieille et de la femelle jeune.

I. — LE CRANE DU GORILLE

La tête osseuse du mâle vieux est volumineuse et lourde. Son
poids moyen égale 1 kilog. 1/1. Son diamètre longitudinal, entre
le bord de la mâchoire supérieure et la plus forte saillie de l'oc-

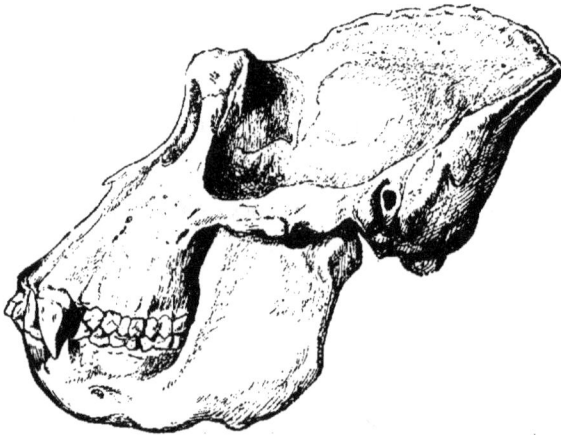

Fig. 15. — Crâne du Gorille mâle vieux, de profil.

ciput, peut atteindre jusqu'à 201mm. Les parties, recouvrant le
haut des orbites, se présentent sous la forme de rebords élevés,
aplatis d'avant en arrière et confluant au bord supérieur des deux
côtés vers le milieu de la face. Les parties postérieures des orbites
se relient à ces rebords, en formant deux capsules osseuses hémisphériques qui constituent une voûte dirigée en haut et en dehors,
et se rétrécissant un peu en arrière du côté de la boîte crânienne.
Les orbites s'ouvrent directement en avant par un cadre le plus
souvent régulièrement carré. Rarement leurs bords font des
angles assez obtus pour donner une figure qui se rapproche davantage de celle d'un cercle (fig. 15 et 16). L'os frontal qui, chez les
animaux jeunes des deux sexes, est haut, large et bombé, se
montre déprimé en son milieu chez le mâle vieux. Sur cet os
s'étendent les lignes temporales qui forment une saillie épaisse et
se rapprochent vers la crête sagittale.

Celle-ci est très caractéristique ; elle commence en avant dans
la région du frontal, s'élève en pente rapide et se relie en arrière

avec la crête occipitale transverse. Sa hauteur est variable (1). Il
est rare qu'elle manque complètement chez le mâle adulte. Sur le
sommet de cette crête on voit se rapprocher très près l'une de
l'autre les deux fortes saillies osseuses, qui, de chaque côté, indiquent les limites supérieures des muscles temporaux. Chez les

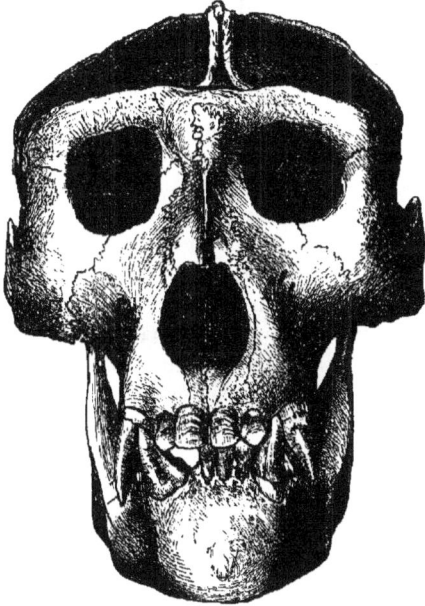

Fig. 16. — Crâne du Gorille mâle vieux, vu de face.

animaux jeunes ces saillies s'étendent encore sur les parties latérales de la tête, au-dessous du vertex. Leur position et leur
parcours changent avec la croissance du crâne et le développement
de la crête sagittale. La crête occipitale transverse atteint également, chez les individus vieux et puissants, une hauteur considérable ; elle est souvent un peu concave en avant, un peu convexe
en arrière. La face antérieure de cette crête est formée par les
deux os pariétaux, la face postérieure par la portion écailleuse de
l'occipital. Sur le tranchant de cette crête occipitale s'étend la
suture lambdoïdale qui, chez les singes de même que chez les
autres mammifères et chez l'homme, relie les pariétaux avec
l'occipital. Le point de rencontre de la crête sagittale avec la
crête occipitale partage cette dernière en deux moitiés latérales

(1) La *crête sagittale* atteint une hauteur tout à fait exceptionnelle dans la
belle tête du Gorille mâle vieux n° 92, du Muséum d'histoire naturelle de Paris.

symétriques qui se courbent en dehors et en bas. La portion écailleuse de l'occipital, haute et large, aplatie, plus rarement bombée, s'abaisse avec une faible inclinaison et se porte un peu en avant. On y voit, parfois encore bien marquées, les six lignes demi-circulaires, au nombre de trois superposées de chaque côté, qui indiquent les limites des surfaces d'insertion des muscles cervicaux. L'apophyse mastoïde du temporal est bien développée. Brühl n'a pu découvrir aucune trace d'apophyse styloïde sur les crânes de Gorilles et de Chimpanzés.

La portion écailleuse du temporal est très souvent reliée en avant au frontal par une apophyse, l'apophyse frontale du temporal de Virchow. Les os nasaux sont hauts, très étroits à la partie supérieure, élargis au contraire dans leur partie inférieure. A l'endroit où ils se relient tous deux au milieu du dos du nez, il se développe souvent une saillie carénée qui s'étend de haut en bas. Dans les fosses nasales, les cornets inférieurs se distinguent par leur grandeur. Sur les crânes jeunes les os intermaxillaires, soudés de bonne heure avec leurs voisins chez tous les anthropoïdes, s'élèvent très haut et en pointe entre les os nasaux et les maxillaires supérieurs.

Les saillies, dues à la distension des alvéoles des gigantesques canines, proéminent à la partie antérieure de la région moyenne du visage, près de l'orifice nasal externe, de chaque côté, en forme de piliers dirigés de haut en bas et de dedans en dehors vers le bord dentaire des deux maxillaires supérieurs. Ces piliers délimitent ainsi un espace triangulaire, aplati du côté antérieur, incliné en avant et de haut en bas. Le bord inférieur de cet espace, correspondant à la base d'un triangle isocèle, coïncide avec le bord dentaire (fig. 16). Dans la tête, vue de face, la portion de la mâchoire inférieure qui constitue le menton se présente également avec la forme d'un triangle isocèle dont la base coïncide avec la partie du bord alvéolaire qui comprend les incisives ; les côtés du triangle au contraire coïncident avec les piliers des canines convergeant vers le bas (fig. 16). La portion médiane du maxillaire inférieur, comprise entre ces dernières et délimitée de la manière décrite ci-dessus, s'incline en bas et en arrière. Les branches du maxillaire inférieur sont hautes et très larges. L'angle de cette mâchoire est obtus (fig. 15). L'apophyse antérieure ou coronoïde et l'apophyse postérieure ou articulaire de la branche de cet os sont séparées par une échancrure profonde et arrondie. L'apophyse articulaire est assez fortement relevée, mais ne se prolonge que fort peu en arrière.

Si l'on considère la *structure interne* des os du crâne du Gorille mâle vieux, on y remarque d'abord les grands sinus frontaux qui se distinguent, surtout dans la région nasale du frontal, par leur ampleur. Les apophyses ptérygoïdes et les grandes ailes du sphénoïde sont creuses intérieurement et pourvues d'un petit nombre seulement de cavités distinctes. Celles-ci sont non seulement reliées directement entre elles, mais aussi avec celles du sphénoïde. Dans l'os malaire se trouve un large sinus, muni de chambres latérales, qui communique avec le sinus maxillaire ou de Highmore, creusé profondément dans les apophyses du maxillaire supérieur. Enfin il existe aussi des cavités au point de rencontre de la crête sagittale avec la crête occipitale.

Dans le *crâne du Gorille mâle jeune* on remarque, il est vrai, déjà une procidence considérable de la région maxillaire et une proéminence carénée très nette sur le dos du nez; mais le développement de ces parties est encore bien moins prononcé que chez le mâle vieux. La boîte crânienne est ovale et dépourvue des hautes crêtes si caractéristiques, qui distinguent le mâle vieux. L'anatomiste et anthropologiste suédois, André Retzius, a divisé, comme on sait, les crânes des différentes races humaines en *dolichocéphales* et *brachycéphales*. Chez les premiers, la différence entre la longueur et la hauteur est plus considérable ; chez les derniers, cette différence est plus faible ou même nulle. Les crânes dolichocéphales sont allongés et ovales, les brachycéphales au contraire raccourcis et arrondis ou carrés. A côté de cette division, qui conservera toujours une grande valeur pour la classification rapide et sommaire, mais néanmoins assez convenable des crânes humains, Retzius en créa une autre. Il appela, en effet, *orthognathes* les crânes à profil droit ou se rapprochant de la ligne droite, et *prognathes* les crânes à région maxillaire proéminente fortement développée. Il existe donc des crânes orthognathes et prognathes dolichocéphales et brachycéphales (1). Appliquant la division de Retzius aux anthropoïdes, on avait jusqu'à ce jour considéré les Gorilles et les Chimpanzés comme des prognathes dolichocéphales, les Orangs-Outans et les Gibbons comme des prognathes brachycéphales. Plusieurs naturalistes ont cru signaler un fait très remarquable en disant que l'Afrique était habitée par des anthropoïdes dolichocéphales, l'Asie au contraire par des anthropoïdes brachycéphales. Ils pensaient que cette différence correspondait aux conditions géographiques et ethnologiques de ces deux continents (2). Or, dans un travail

(1) *Ethnologische Schriften,* nach dem Tode des Verfassers gesammelt von dessen Sohne Professor Gustave Retzius (Stockholm, 1864), p. 33.
(2) *Zur Kenntniss des Orangkopfes,* etc., p. 3. Virchow dit (*Verhandlungen*

récent, Virchow fait remarquer que le crâne du Gorille s'allonge d'année en année, mais que cet allongement doit être attribué moins à la capsule crânienne elle-même, qu'aux dépendances osseuses externes de celle-ci (c'est-à-dire aux arcades orbitaires qui prennent un grand développement, aux sinus frontaux qui s'agrandissent, etc.). De plus, les mensurations prouvent que le Gorille jeune est également brachycéphale, qu'avec l'âge la brachycéphalie diminue, en tant du moins que les saillies externes entrent en ligne de compte. Il en est tout autrement si l'on choisit comme point de départ de la mensuration non pas la saillie du nez, mais la partie la plus saillante du front. Dans ce cas, on constaterait même une brachycéphalie progressive (1).

Sur les crânes mâles jeunes, tels que ceux dont il est question ici, les lignes temporales (qui se rapprochent étroitement sur les crêtes osseuses des animaux vieux dans la région même de ces crêtes) apparaissent bien déjà en voie de développement progressif, mais elles demeurent néanmoins encore très écartées. Nous distinguons de chaque côté, sur la région pariétale du crâne jeune, *deux* lignes temporales superposées et presque parallèles. La ligne supérieure qui se perd en bas et en arrière dans la face externe de l'apophyse mastoïde, déjà ébauchée, correspond à la réunion de la *calotte aponévrotique du muscle épicrânien (galea aponevrotica musculi epicranii)* avec la bande aponévrotique entourant le grand muscle temporal. La ligne inférieure, qui passe graduellement au bord supérieur de l'apophyse zygomatique du temporal, forme au contraire la démarcation des faisceaux charnus du muscle temporal. Elle correspond en même temps à l'endroit où le feuillet de la bande temporale, recouvrant extérieurement ce muscle, se réunit avec le feuillet de cette même bande, qui le revêt du côté interne. Ces lignes temporales, indiquées seulement par de faibles linéaments chez les mâles très jeunes, deviennent plus prononcées avec la croissance et se rapprochent de plus en plus sur le sommet du crâne. J'ai eu entre les mains un crâne avec des sutures encore séparées, dans lequel la crête sagittale déjà développée paraissait en quelque sorte formée par deux lames séparées par un sillon longitudinal. Le bord supérieur de chacune de ces lames correspondait aux deux lignes temporales très rapprochées l'une de l'autre de chaque côté. Si l'animal n'était

der Berliner anthropologischen Gesellschaft, vom 18. Mærz 1876, p. 94) : « Le fait que le Gibbon est brachycéphale, comme l'Orang-Outan, offre un grand intérêt au point de vue géographique. »

(1) *Monatsbericht der Königlichen Akademie der Wissenschaften zu Berlin*, 7 juin 1880, p. 519.

pas mort à cette phase de son développement, les deux lames de la crête se seraient probablement soudées ultérieurement en une production unique; car cette disposition ne caractérise qu'un état de développement transitoire se reproduisant chez tous les individus.

Sur le milieu du vertex, où la crête longitudinale, déjà plusieurs fois mentionnée, s'élèvera plus tard d'avant en arrière, il se produit souvent déjà dans les crânes jeunes, suivant la suture sagittale, une éminence longitudinale qui ne s'élève que très lentement. On voit aussi apparaître déjà de bonne heure un bourrelet transversal dans la région des deux lignes semi-circulaires supérieures *(lineæ semicirculares s. nuchæ supremæ)* de la partie écailleuse de l'occipital ou entre celles-ci et les deux lignes moyennes mentionnées plus haut. Ce bourrelet transversal s'étend en outre jusqu'à la suture lambdoïdale ou même envahit celle-ci. Cette saillie osseuse appelée *torus occipitalis transversus*, dans le langage anatomique, correspond à la première ébauche de la crête transversale de l'occiput, si typique chez le Gorille mâle vieux (voy. p. 45 et fig. 15).

Beaucoup de crânes jeunes de Gorilles présentent, dans la région de la suture coronale, un petit os intercalaire, en forme d'îlot (*os epiptericum*, de Virchow) situé entre la portion écailleuse du temporal et la grande aile du sphénoïde. Ce petit os peut se souder complètement avec la grande aile du sphénoïde. Mais, alors même, il existe encore assez souvent au-dessus de cet os intercalaire une connexion directe entre le temporal et le frontal par l'intermédiaire de l'apophyse frontale de l'écaille temporale (*processus frontalis squamæ temporalis*, de Virchow) qui existe assez souvent chez les anthropoïdes (p. 46) (1). Cette apophyse doit assez fréquemment son origine à l'os intercalaire même, décrit plus haut, qui peut de bonne heure se souder également avec le temporal. Je reviendrai plus tard encore une fois sur cette apophyse frontale.

Les orbites sont plus arrondis dans les crânes jeunes que dans les crânes vieux, où ils se montrent toujours anguleux, bien que les angles, surtout les angles supérieurs externes, deviennent tantôt plus, tantôt moins obtus. Virchow remarque que, dans le crâne du Gorille très jeune, la hauteur des orbites excède leur largeur, qu'à

---

(1) Virchow, *Ueber einige Merkmale niederer Menschenrassen am Schædel* (Berlin, 1875), p. 41. — *Zeitschrift f. Ethnologie*, 1880, XII, 23. — *Monatsber. d. Königl. Akademie d. Wissenschaften zu Berlin*, 1880, p. 523. Cet os intercalaire est également développé dans le jeune crâne appartenant au n° 92 du Muséum de Paris. On le reconnaît encore assez nettement dans la fig. 1, p. 127, du petit ouvrage : *Ueber Darwinismus und Thierproduction* (München, 1876) que j'ai fait dessiner d'après ce crâne. Voy. Bischoff, *Schædelwerk*.

cet âge, par conséquent, le crâne est haut (hypsiconque). Chez le Gorille mâle vieux, la hauteur de l'orbite oscille, d'après différentes mensurations que j'ai prises, à peu près entre 39 et 52ᵐᵐ, sa largeur entre 37 et 45ᵐᵐ.

II. — LE SQUELETTE DU GORILLE (1).

Le reste du *squelette* du mâle vieux (fig. 17) répond par sa constitution puissante et massive à la conformation du corps, remarquable par sa taille et sa force. Le squelette du tronc est composé de 7 vertèbres cervicales, 13 dorsales, 4 lombaires, de 13 côtes et d'un sternum, formé de plusieurs pièces osseuses (même chez l'animal adulte). Aux vertèbres cervicales on remarque surtout la longueur des apophyses épineuses, qui toutefois n'atteignent leur plus grand développement que de la quatrième à la septième vertèbre. Les extrémités de ces productions colossales engendrent, avec la région occipitale fortement saillante en arrière, une ligne à convexité postérieure. Celle-ci est le lieu d'origine et d'insertion de la puissante couche des muscles cervicaux. Les *corps* des vertèbres dorsales augmentent de longueur, de largeur et d'épaisseur de haut en bas et s'amincissent en forme de coin vers leur côté antérieur. Les parties moyennes des 13 côtes (parfois il en existe 14), décrivant une large courbe, sont très puissantes et très épaisses, à cet âge, dans ce sexe. Il n'y a que sept cartilages costaux, reliés de chaque côté au sternum ; deux cartilages s'appuient sur d'autres situés au dessus. Les autres n'offrent qu'une constitution rudimentaire et se terminent librement dans les muscles de l'abdomen. On trouve aussi de temps à autre des variations des dispositions typiques que nous venons de décrire, en ce que des dixième et onzième côtes partent des bandes parfois très minces qui deviennent tendineuses (c'est-à-dire fibro-cartilagineuses) aux extrémités et remontent vers le sternum.

La conformation de la ceinture pelvienne de cet animal offre un intérêt tout particulier. Les pièces principales de cette partie du squelette, c'est-à-dire les os coxaux, iliaques ou innominés, sont hautes et étroites dans leur portion inférieure ; ces os deviennent larges et plats vers le haut et se terminent par la crête iliaque

(1) Le squelette ci-contre est emprunté à l'ouvrage de Duvernoy : « *Des caractères anatomiques des grands singes pseudo-anthropomorphes* », pl. II. Cette figure a l'avantage de bien montrer les apophyses épineuses si caractéristiques de la colonne vertébrale et différentes positions des membres.

qui décrit un arc de cercle. Ils n'ont le plus souvent, de chaque
côté, qu'une épine supérieure (peu marquée) ; les branches des

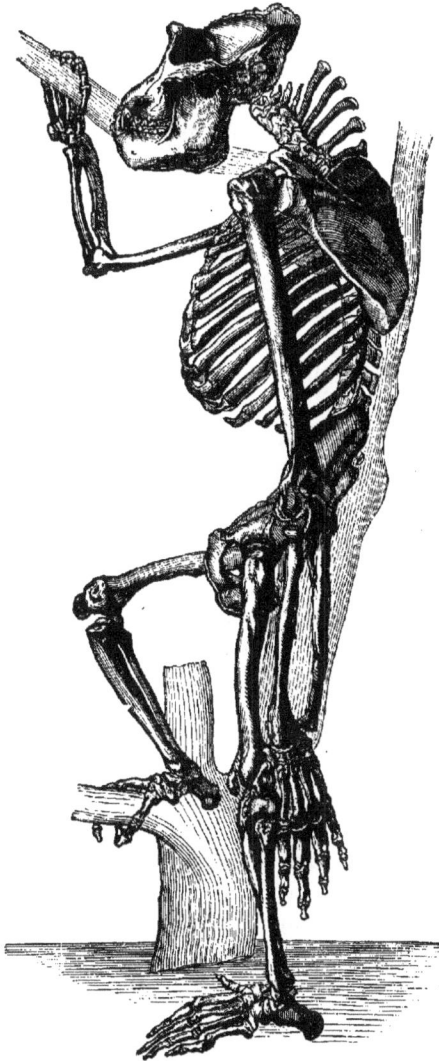

Fig. 17. — Squelette du Gorille mâle vieux, d'après Duvernoy.

cendantes des ischions, dirigées en bas et un peu en dehors,
présentent des tubérosités larges, très étendues, arrondies d'avant
en arrière, et le plus souvent une seule grande échancrure ischiatique de chaque côté. Les branches horizontales du pubis sont

étroites, les branches ascendantes sont au contraire larges. Le sacrum est étroit, conique, allongé, dirigé presque verticalement et rappelle les os basilaires d'une véritable queue. Les os du coccyx font l'effet d'un véritable rudiment caudal.

Les os de la *ceinture scapulaire* offrent également des particularités intéressantes. Les *clavicules* sont longues et grêles ; leur extrémité scapulaire est aplatie en lame, leur extrémité sternale est au contraire renflée. L'*omoplate* est un os triangulaire très grand, ayant dans son ensemble à peu près la forme de celle de l'homme ; les fosses sus-épineuse et sous-épineuse n'ont qu'une faible profondeur. L'humérus, long et fort, a la tête inclinée sous un angle de 60° vers l'axe de sa portion moyenne. Souvent, mais pas toujours, on remarque chez le Gorille une perforation dirigée d'avant en arrière dans la partie terminale inférieure aplatie de l'humérus ; cet orifice visible, d'un côté ou des deux côtés, au-dessus de la trochlée, est appelé trou intercondyloïde par Darwin.

La tête du radius est grosse, son corps fortement courbé en avant et en dehors, tandis que dans le cubitus celui-ci est très courbé en dedans et en arrière. Les os du carpe, du métacarpe et des phalanges sont remarquables par leur longueur, leur largeur et leur épaisseur. Le fémur présente un développement en rapport avec celui du squelette entier. La partie moyenne ou corps est courbée en avant et de plus aplatie dans le sens antéro-postérieur. Dans le tibia le corps est le plus souvent arrondi, mais quelquefois aussi un peu comprimé latéralement.

Au tarse le calcanéum est grêle, courbé en dehors dans sa partie moyenne, en dedans au contraire dans la portion formant sa tubérosité. Dans l'astragale la tubérosité articulaire de la tête, c'est-à-dire de la partie antérieure finissant en segment de sphère, présente une protubérance articulaire ovale transverse dirigée en dedans. Le scaphoïde, articulé comme d'habitude avec cette protubérance, est également dirigé vers l'extrémité interne du pied. A cause de cette condition particulière de torsion, on dirait, en voyant le tarse du Gorille, que cette partie du pied a éprouvé une déviation, une flexion de son axe longitudinal.

Chez le mâle jeune et chez la femelle tant adulte que jeune les os du squelette sont en général plus grêles et moins massifs que chez le mâle vieux. Le squelette de la femelle ne présente pas ces sillons et ces arêtes si prononcées, surtout sur les os des membres. Chez la femelle, la tête de l'humérus, par exemple, est moins nettement détachée, ses tubérosités sont moins considérables que chez le mâle. De plus, le radius de la première a une tête plus petite, un corps d'apparence moins nettement prismatique trian-

gulaire que chez le mâle, etc. Les os iliaques de la femelle sont plus
larges, plus plats, moins excavés sur la face interne qui est très
inclinée en avant; ils s'écartent davantage l'un de l'autre; de plus,
les ischions divergent plus fortement, l'arcade pubienne n'est pas
aussi inclinée vers le bas que chez le mâle. Bien que les apophyses
épineuses des vertèbres atteignent également dans le premier
sexe une certaine longueur et une certaine épaisseur, elles sont
cependant toujours moins développées, moins massives que celles
du mâle.

III. — LE CRANE ET LE SQUELETTE DU CHIMPANZÉ

Le squelette du *Chimpanzé* offre beaucoup d'analogies avec
celui du Gorille; mais il présente certaines différences avec celui

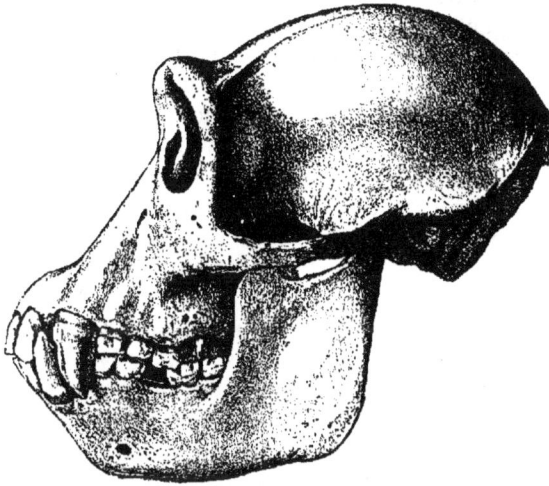

Fig. 18. — Crâne du Chimpanzé mâle vieux.

des autres anthropoïdes. Tout d'abord, en corrélation avec la taille
en général moindre du Chimpanzé, celle de son squelette reste
également inférieure à celle du squelette du Gorille.

Commençons par examiner la forme générale du crâne du Chimpanzé. Dans les deux sexes sa portion cérébrale est plus allongée,
mais sa portion pariétale en même temps plus arrondie que chez
le Gorille. Il ne possède pas ces hautes crêtes osseuses, ces fortes
arcades sus-orbitaires; les orbites n'ont pas d'une manière aussi
frappante le caractère de capsules osseuses, tubuleuses, nettement

distinctes des autres parties du crâne, mais se rattachent directement à la région frontale (fig. 18). Le dos du nez (1) est plus
concave ; les mâchoires sont plus basses, plus déprimées de haut
en bas dans leur partie médiane.

Si maintenant nous pénétrons plus avant dans les détails de la
description du crâne du Chimpanzé, nous devons ici encore sou-
mettre à un examen particulier les têtes osseuses d'abord des
mâles vieux et des mâles jeunes, ensuite celles des femelles
vieilles et des femelles jeunes. Car *ici* également chaque *sexe* et
chaque *âge* nous offrent des caractères particuliers. Le crâne du
Chimpanzé mâle vieux présente sur le haut de sa voûte (pariétale)
des lignes temporales peu marquées. Celles-ci se rejoignent sur la
voûte pariétale à une distance d'environ 60 à 90ᵐᵐ en arrière des
arcades orbitaires et forment là une crête sagittale peu élevée à
laquelle se réunit une crête occipitale transverse peu développée.
Les lignes temporales formant les bords supérieurs de la crête
occipitale divergent à leur point de rencontre avec cette dernière.
Il en est ainsi non seulement dans le crâne figuré ci-dessus, qui
provient du Rio Quillou (Kuillou), mais encore dans celui du
prétendu *Troglodytes Tschego* de Duvernoy (2). D'autres échantillons, appartenant à des mâles vieux, ne présentent, au contraire,
pas de crête sagittale. Chez ceux-ci les lignes temporales, qui ne
forment que des saillies très peu élevées, sont même séparées
par un intervalle plus ou moins grand. Tandis que la crête occipitale du Gorille s'étend à la partie postérieure de la capsule cérébrale, comme une saillie complètement distincte, ayant le plus
souvent une hauteur uniforme, elle ne forme qu'une éminence
fort peu prononcée dans les crânes des Chimpanzés, où elle a pris
un certain développement. Chez le Gorille mâle, cette crête déli-
mite l'écaille occipitale, qui est tantôt plane, tantôt légèrement
convexe ; tandis que chez le Chimpanzé mâle vieux elle offre une
courbure encore plus considérable. Cette dernière partie du crâne
forme à peu près la moitié d'un ovoïde placé horizontalement.
Les apophyses mastoïdes sont également développées chez ces
animaux. La crête occipitale externe et les lignes demi-circulaires
sont le plus souvent bien nettes. On retrouve des traces d'apophyses styloïdes plus reconnaissables que chez le Gorille. Chez
celui-ci, de même que chez le Chimpanzé, il existe une apophyse
obtuse du temporal, vis-à-vis de laquelle se dresse une cheville

---

(1) Voyez aussi les figures de crânes de Chimpanzés dans mes travaux déjà
plusieurs fois cités dans : *Archiv für Anatomie*, etc. ; dans mon ouvrage : *Der
Gorilla*, pl. XX, fig. 1, ainsi que le *Traité d'ostéologie* de Bischoff.
(2) Duvernoy, *l. c.*, VI, fig. *B*.

osseuse partant de l'occipital. C'est l'apophyse découverte par Virchow et appelée par cet auteur apophyse carotidienne (*processus caroticus*).

Les orbites du Chimpanzé sont le plus souvent arrondies, limitées par une ligne plus nettement circulaire; mais les os nasaux sont aussi longs et aussi étroits que chez le Gorille. Dans la région maxillaire, fortement prognathe, l'orifice externe du nez se montre plus bas, plus arrondi, que chez ce dernier singe. Les saillies des alvéoles des canines du Chimpanzé mâle proéminent également comme des piliers (fig. 18). L'espace compris entre ceux-ci et les bords alvéolaires des maxillaires supérieurs est souvent très large et plus convexe que chez le Gorille. Les canines bien que fortement développées (fig. 18) restent plus rondes, plus coniques chez le Chimpanzé que chez le Gorille où elles acquièrent presque la forme de pyramides triangulaires. Dans le reste de la denture il existe chez ces deux espèces certaines différences que nous expliquerons plus tard.

Chez le Chimpanzé mâle jeune la boîte crânienne est encore plus voûtée que chez le mâle vieux. Les lignes temporales sont encore très écartées. La crête occipitale transverse n'est encore visible qu'à l'état de rudiments aliformes, près des apophyses mastoïdes. Dans les crânes des mâles très jeunes on voit cependant déjà se développer le bourrelet occipital transverse (*torus occipitalis transcersus*) mentionné plus haut (p. 49). Les orbites sont nettement saillantes par rapport à la boîte crânienne; le dos du nez est enfoncé, les piliers des canines sont moins prononcés à cause du développement encore faible de ces dents; le triangle antérieur de la mâchoire compris entre ces piliers n'est pas encore aussi convexe que chez l'animal plus âgé.

Le crâne du Chimpanzé adulte est plus régulièrement voûté, plus allongé, plus étroit dans ses régions pariétale et occipitale que celui du mâle vieux. Le bourrelet occipital transverse s'y développe d'habitude dans la région des lignes semi-circulaires supérieures ou dans l'espace osseux compris entre celles-ci et les lignes moyennes. La région nasale et la région maxillaire supérieure sont déprimées. Les maxillaires supérieurs sont peu élevés dans leur partie antérieure qui renferme les alvéoles des incisives et des canines. La mâchoire inférieure — et cela s'applique aux crânes de Chimpanzés des deux sexes et de n'importe quel âge — présente un corps relativement peu élevé et deux branches basses, mais larges, dont les apophyses coronoïde et articulaire sont séparées de chaque côté par une échancrure relativement considérable. De plus, chez le Chimpanzé, ces branches se dirigent

encore plus obliquement en arrière qu'elles ne font généralement chez le Gorille.

Le crâne de la femelle toute jeune a une forme à peu près hémi-
sphérique dans sa partie cérébrale; les orbites ne sont pas très
saillantes par rapport au front; leurs arcades sont peu élevées et
le prognathisme de la région maxillaire, séparée des régions
nasale et frontale par une profonde dépression, est moins prononcé (fig. 19).

Le tissu spongieux des os crâniens du Chimpanzé présente
tout un système de cavités communiquant entre elles, qui ont déjà
le caractère des sinus ou grandes cavités osseuses, qui existent
dans le frontal, le sphénoïde, l'ethmoïde et le maxillaire supérieur
de l'homme; mais chez le Chimpanzé ces cavités sont plus
spacieuses que chez l'homme et que chez le Gorille même. Les
vastes sinus frontaux communiquent avec les sinus nasaux et
maxillaires. Ceux de l'ethmoïde et du sphénoïde sont hauts et
profonds. Les grandes ailes du sphénoïde et les apophyses ptéry-

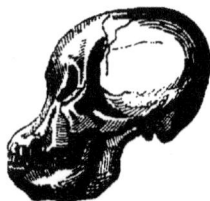

Fig. 19. — Crâne du Chimpanzé femelle, très jeune.

goïdes de cet os sont creusées de cavités considérables. Les
cellules de la portion mastoïde des temporaux sont en communication avec celles des grandes ailes et des apophyses ptérygoïdes
du sphénoïde; elles s'étendent de plus à travers la portion écailleuse et l'apophyse zygomatique des temporaux et se perdent vers
le haut dans les cellules spongieuses, plus étroites, situées entre
la paroi interne et la paroi externe de la boîte crânienne. Ces
dernières ont une forme et des dimensions plus régulières.

Le *squelette du Chimpanzé* présente, en rapport avec la taille
moindre de cette espèce simienne, des dimensions plus faibles
que la charpente osseuse du Gorille. Les sept vertèbres cervicales
du premier ont des apophyses épineuses plus faibles, à extrémité
indivise. Les apophyses transverses des cinquième et sixième
vertèbres cervicales sont absolument conformées comme des côtes
cervicales.

Il existe 13 vertèbres dorsales, dont les corps sont comprimés
latéralement. Cette compression est ici plus forte que chez

l'homme et chez le Gorille. Les quatre lombaires du Chimpanzé
sont pourvues d'apophyses transverses, longues, minces et costi-
formes. Les apophyses dites mamillaires de ces vertèbres sont
fort développées chez le mâle. Les trous intervertébraux sont

Fig. 20. — Squelette de l'avant-bras et de la main du Chimpanzé bam de l'Afrique
centrale. *a*, cubitus : *b*, radius ; *c*, scaphoïde; *d*, semi-lunaire; *e*, cunéiforme
f, pisiforme ; *g*, trapèze ; *h*, trapézoïde : *i*, grand os ; *k*, os crochu; *l*, phalanges
du pouce ; *m*, métacarpiens ; *n*, phalanges des doigts.

petits comme chez le Gorille et l'Orang. Les 13 côtes du Chimpanzé ont une conformation humaine. La clavicule est, comme
chez le Gorille, légèrement arquée. En ce qui concerne l'omoplate, il existe une différence frappante entre le mâle et la femelle.

Large et triangulaire chez celui-là, elle est étroite et foliiforme chez celle-ci.

Le corps de l'humérus est grêle ; ses tubérosités et ses crêtes sont bien développées. Les os de l'avant-bras sont fortement courbés, en sorte que l'espace interosseux atteint, comme chez le Gorille, une certaine largeur. Le squelette de la main, depuis le carpe jusqu'aux dernières phalanges, se montre plus grêle que chez le Gorille (fig. 20).

Le bassin de cette espèce simienne possède des os iliaques hauts, minces, fortement élargis vers la partie supérieure et dirigeant leur face abdominale en avant ; sur ces os les épines antérieures proéminent, surtout chez le mâle, plus que chez le Gorille et l'Orang. Les tubérosités ischiatiques sont très arquées et divergent

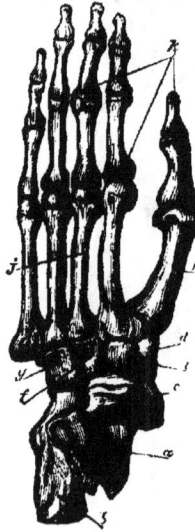

Fig. 21. — Squelette du pied du Chimpanzé bam de l'Afrique centrale, vu d'en haut. *a*, astragale ; *b*, calcaneum ; *c*, scaphoïde ; *d*, premier ; *e*, deuxième ; *f*, troisième os cunéiforme ; *g*, cuboïde ; *h*, premier métatarsien ; *i*, deuxième, troisième, quatrième et cinquième métatarsiens ; *k*, phalanges des orteils.

fortement. L'arcade pubienne est profondément excavée, mais présente une symphyse élevée. Le sacrum ressemble comme celui du Gorille, mais à un degré moindre, à la charpente osseuse d'une base de queue ; de plus il n'est pas aussi régulièrement conique que chez ce dernier.

Le coccyx a, comme chez les autres anthropoïdes, absolument l'aspect d'un rudiment caudal comprimé latéralement (p. 52). Cela se voit surtout bien chez les individus jeunes dont le coccyx est

toujours très étroit et très allongé. Chez les individus plus âgés
cette partie devient, il est vrai, graduellement un peu plus large,
sans cependant perdre le caractère qui la fait ressembler à la
racine d'une queue.

La tête du fémur a la forme d'un segment de sphère, dont le côté
supérieur manque parfois. Le corps courbé en avant est beaucoup
plus grêle chez la femelle que chez le mâle ; la rotule est ovale. Ce
qui frappe dans le tibia, c'est la gracilité du corps comprimé dans
le sens transversal et courbé en dedans, ainsi que la malléole
interne déjetée en arrière. La malléole externe formée par le
péroné est dirigée en dehors.

Dans le tarse la tête de l'astragale est très bombée et tournée du
côté interne du pied. Le scaphoïde est épais et profondément
excavé. Les métatarsiens et les phalanges des orteils sont fortement courbés (fig. 21).

IV. — LE CRANE ET LE SQUELETTE DE L'ORANG-OUTAN.

Le *squelette de l'Orang* offre également ses particularités. Déjà
plus haut, qnand il a été question de la forme extérieure de la tête
de cet anthropoïde asiatique, nous avons parlé de son crâne
paraissant raccourci dans le sens antéro-postérieur et fortement
surélevé. Chez l'Orang mâle vieux cette partie de la charpente
osseuse présente des dimensions plus faibles que chez le Gorille
mâle vieux. La voûte crânienne de l'Orang est plus courte et plus
arrondie que celle du Gorille et du Chimpanzé. La crête longitudinale du milieu du vertex existe également ici ; mais grâce à la
forme sphérique plus prononcée de la portion pariétale de la
capsule cérébrale, cette crête décrit une courbe supérieure plus
forte chez l'Orang que chez le Gorille, où elle remonte avec une pente
faible jusqu'à la crête occipitale transverse qui, haute et aiguë, se
relève en arrière. Cette dernière saillie existe aussi chez l'Orang,
mais elle est moins élevée et dirigée plus en arrière. Par suite de
cette conformation, la partie supéro-postérieure du crâne, vue de
profil, paraît plus escarpée et plus aiguë chez le Gorille que chez
l'Orang. Les arcades orbitaires ne proéminent pas autant et ne
sont pas aussi distinctes du reste du crâne. Chez le singe asiatique l'écaille occipitale s'abaisse également faiblement inclinée
en avant, mais elle possède en somme une voussure plus prononcée
que chez le Gorille. Les orbites tantôt plus arrondies, tantôt plus
carrées, de l'Orang ne sont séparées que par une cloison mince.
La région comprise entre elles et l'orifice nasal est moins haute

que chez le Gorille. Tandis que l'espace situé entre la racine du
nez et les bords alvéolaires des maxillaires supérieurs est
convexe chez ce dernier singe, à peu près plan chez le Chimpanzé,
il se montre concave chez l'orang (fig. 22). Les mâchoires,

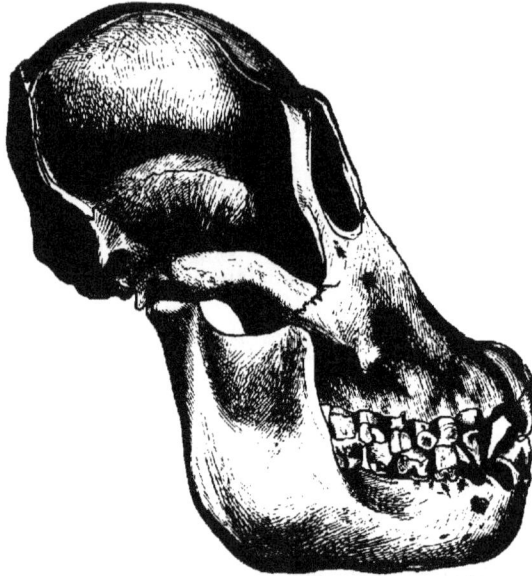

Fig. 22. — Crâne de l'Orang femelle d'âge moyen.

armées de fortes canines, sont très prognathes, quoique cependant elles ne le soient presque jamais autant que chez le Chimpanzé. Le corps de la mâchoire inférieure est haut; ses branches
sont élevées et larges. Le crâne de l'Orang femelle est dépourvu
des crêtes osseuses mentionnées plus haut. La région pariétale et
l'écaille occipitale sont voûtées; les maxillaires supérieurs sont
moins hauts ; le maxillaire inférieur n'est pas aussi puissamment
développé que chez le mâle. Chez de très jeunes singes de cette
espèce asiatique on observe une prédominence du volume de la
boîte crânienne, fortement bombée, sur celui du squelette de la
face. C'est peu à peu seulement que cette dernière proémine
davantage (fig. 23).

L'orifice nasal antérieur de l'Orang est étroit dans sa partie
supérieure et large à la base. Il forme une ouverture plus nettement piriforme (apertura piriformis) que chez le Gorille et le
Chimpanzé. Chez ces animaux, en effet, l'ouverture se montre plus
large, plus régulièrement arrondie. Bischoff a raison de dire que
la région sous-orbitaire, qui est large et inclinée en dehors et en

bas comme une tente chez le Gorille, est étroite et descend plus

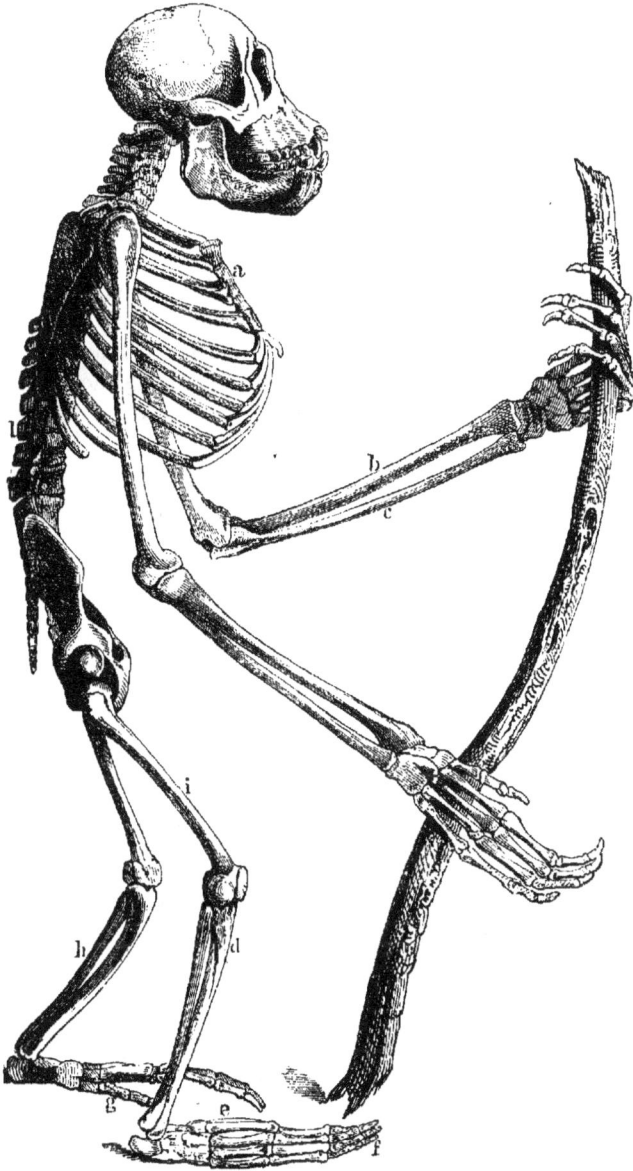

Fig. 23. — Squelette d'un jeune Orang-Outan. *a*, sternum; *b*, radius; *c*, cubitus;
d, tibia ; *e*, métatarse ; *f*, doigts ; *g*, gros orteil ; *h*, péroné ; *i*, fémur ; *k*, os
iliaque ; *l*, colonne vertébrale ; *m*, omoplate.

en ligne droite chez l'Orang. Les os nasaux de ce dernier sont hauts et n'ont qu'une très faible largeur. Brühl attribue au crâne de l'Orang une apophyse styloïde, qui ne parait guère moins développée que celle de l'homme. Elle s'élève du fond d'une fossette assez profonde. Brühl ne put au contraire, comme nous l'avons déjà dit (p. 46), trouver nulle trace d'une semblable apophyse dans les crânes du Chimpanzé et du Gorille (1)!

Le crâne de l'Orang présente un grand nombre de vastes cavités osseuses. Il en existe dans les grandes ailes et dans les apophyses ptérygoïdes du sphénoïde, dans les portions mastoïde et écailleuse du temporal, dans les os lacrymaux, dans la portion basilaire et dans les condyles de l'occipital, dans l'os zygomatique. Les grandes cellules antérieures de l'écaille temporale communiquent par une large ouverture avec les sinus de la grande aile et des apophyses ptérygoïdes du sphénoïde. Un sinus, situé dans la grande aile, débouche *le plus souvent* par un grand orifice rond dans les cellules antérieures de l'écaille temporale. Les sinus de la grande aile et de l'apophyse ptérygoïde communiquent, mais pas toujours, avec la fosse nasale. Ces mêmes sinus communiquent *parfois* encore entre eux par un large orifice à la base de cette apophyse. L'écaille temporale est creusée d'une cavité celluleuse, qui est reliée aux cellules de l'apophyse mastoïde, en bas à la cavité tympanique et en avant aux cellules de la portion rocheuse de la paroi inférieure de cette cavité (2). Le sinus maxillaire est même en communication avec des cellules de l'os lacrymal. Les pariétaux eux-mêmes présentent des cellules très spacieuses. Dans le crâne de l'Orang on ne trouve rien qui corresponde au canal de Vidi du sphénoïde; tandis que l'équivalent de ce canal existe chez le Gorille et le Chimpanzé.

La colonne vertébrale de l'Orang-Outang n'a pas ces apophyses épineuses colossales qui distinguent celle du Gorille. Il existe en outre beaucoup d'autres caractères moins frappants, par lesquels le squelette de l'Orang diffère de celui du Gorille et du Chimpanzé. L'Orang a le plus souvent 12 vertèbres dorsales, dont les corps augmentent de grosseur de haut en bas, et dont les apophyses transverses longues, épaisses, couvertes de tubérosités, sont fortement redressées. Les quatre lombaires montrent des apophyses transverses courtes et des apophyses mamillaires assez insignifiantes, situées latéralement par rapport aux apophyses articulaires supérieures. Le sternum de l'Orang jeune est le plus souvent formé d'un grand os supérieur, suivi de six os plus petits. Chez les animaux vieux le corps du sternum est composé de trois os

(1) Brükl, *Zur Kenntniss des Orang kopfes*, etc., p. 2 et 3.
(2) Brühl, *l. c.*, p. 4-6.

superposés. Les côtes ont une conformation humaine ; la clavicule est longue et droite ; l'omoplate aussi a une forme qui se rapproche beaucoup de celle qu'elle a chez l'homme. Les os iliaques sont également plats et dirigés en dehors ; les ischions sont courts ; les tubérosités ischiatiques ont la forme de palettes ; la symphyse pubienne est haute et le détroit supérieur du bassin est étroit et ovale. Le sacrum et le coccyx ne ressemblent pas à des os basilaires d'une queue, autant que chez les anthropoïdes précédents. L'humérus, dont le corps est le plus souvent fortement courbé en arrière et en dehors, présente également une conformation humaine. Le cubitus est très grêle et pourvu d'une apophyse styloïde allongée en forme de poinçon. Le col du radius est mince, son corps est courbé comme celui du cubitus et présente des arêtes antérieure et moyenne aiguës. Le carpe, le métacarpe et les doigts sont grêles et très longs.

Quand on examine le fémur de l'Orang on est frappé de la grosseur de la tête, représentant un segment de sphère, et de la gracilité du corps. Celui-ci est moins courbé que chez le Gorille. La rotule qui, à mon avis, doit être rangée parmi les os dits sésamoïdes, a une forme irrégulière. Les os de la jambe et du pied sont excessivement grêles. Le scaphoïde est très mince, la tête de l'astragale n'est pas aussi prolongée vers le bord interne du pied que chez le Gorille. Les faces dorsales des métatarsiens et des phalanges des orteils sont fortement courbées en dehors.

V. — LE SQUELETTE DES GIBBONS.

La structure du squelette des *Gibbons* (p. 7) présente un grand nombre de différences spécifiques, que nous ne pouvons suivre en détail, parce que nos matériaux sont encore trop insuffisants ; cependant, en se plaçant à un point de vue général, on peut donner une esquisse de ce système d'organes. La boîte crânienne de ces animaux est ovalaire arrondie et dépourvue des crêtes, si caractéristiques des autres anthropoïdes, qui n'atteignent même chez les Gibbons mâles vieux qu'un développement à peine digne de mention. L'occipital est même un peu arrondi chez les mâles ; et souvent toute la région occipitale est légèrement déprimée de haut en bas, en même temps que la région pariétale s'aplanit. La boîte crânienne s'élargit graduellement vers sa partie postérieure, de sorte que le crâne vu d'en haut, apparaît piriforme. Sur le frontal, peu élevé, fortement fuyant, on remarque chez les mâles vieux de fortes arcades sus-orbitaires formant une sorte d'encadrement osseux, saillant sur le reste du crâne, autour des orbites arrondies.

Dans la face peu prognathe les deux os nasaux larges et courts forment une large cloison enfoncée entre les orbites. Les bords des maxillaires, fortement arqués en parabole, ont une longueur considérable ; il en résulte que la voûte palatine est longue et étroite. Les branches du maxillaire inférieur sont larges, peu hautes et pourvues d'apophyses coronoïdes peu développées. Les dents, surtout les canines, sont, il est vrai, longues et pointues chez les mâles vieux ; mais elles n'atteignent jamais le développement relativement considérable qu'elles ont chez les autres anthropoïdes.

Le nombre des vertèbres semble être soumis à des variations considérables même dans certaines espèces considérées en particulier. Les indications des auteurs diffèrent à cet égard. Tandis que S. Müller compta chez un certain nombre d'espèces différentes (*Hylobates syndactylus, H. leuciscus, H. variegatus* et *H. concolor*), 13 dorsales, 5 lombaires, 4 sacrées et 3 coccygiennes, Cuvier trouva chez les Siamang 13 dorsales, 5 lombaires, 4 sacrées et 3 coccygiennes. D'après Cuvier, un *Hylobates leuciscus* possédait 13 dorsales, 5 lombaires, 4 sacrées et 3 coccygiennes. Un *Hylobates syndactylus* m'a présenté des vertèbres coccygiennes allongées. Le sacrum allongé de ces animaux a tout à fait l'apparence d'un os qui servirait d'attache à une courte queue (os coccygiens), c'est-à-dire, il ressemble déjà lui-même à la racine d'une queue. Quant aux vertèbres cervicales, dorsales et lombaires elles présentent une conformation qui ne diffère que légèrement de celle qu'elles ont chez l'homme.

Dans la cage thoracique, s'élargissant brusquement vers le bas, les côtes sont fortement arquées. Les plus inférieures d'entre elles se distinguent par la largeur de leur partie moyenne. Dans le sternum il y a le plus souvent disproportion entre le corps peu développé et le manche qui est grand et large. L'apophyse xiphoïde de cet organe est longue et large et se termine inférieurement en spatule.

Dans la charpente de l'épaule nous trouvons des clavicules très grêles et fortement arquées. Les omoplates au contraire, sont hautes et étroites, en forme de palettes, avec un acromion très saillant, une apophyse caracoïde développée et des fosses épineuses profondes. Les membres supérieurs, en harmonie avec tout le reste de l'organisation de ces singes, sont caractérisés par la gracilité et l'allongement extraordinaires du corps des os du bras et de l'avant-bras, dont les extrémités ne présentent qu'un faible développement. Leurs tubérosités, surtout celles du coude, sont petites. Le carpe, le métacarpe et les phalanges sont également très allongés et très grêles.

Les os iliaques présentent des ilions hauts, dressés presque verticalement, étroits dans leur portion inférieure, élargis en spatule dans la partie supérieure. Ces os tournent en avant leur face interne qui n'est que faiblement excavée. Les ischions sont peu élevés ; leurs tubérosités sont très larges et aplaties ; les trous sous-pubiens sont arrondis. Les branches montantes antérieures de l'ischion ne se dirigent pas en haut, mais en dedans ; elles ont une position presque horizontale. Sur la symphyse pubienne on voit proéminer de grosses tubérosités chez le Siamang.

Les os du membre inférieur sont beaucoup plus courts que ceux du membre supérieur. La tête du fémur, qui forme un segment de sphère parfaite, est nettement distincte du col court et du grand trochanter. Ici comme chez les autres antrophoïdes, il n'existe que des traces des troisièmes trochanters (*trochanteres tertii*), souvent si nets chez l'homme. Les os de la jambe sont courbés. Les tibias sont souvent comprimés sur les côtés, de sorte que leur section transversale a la forme d'un triangle inéquilatéral. Les os de la cheville ou malléoles sont comprimés dans le sens antéro-postérieur. Le calcanéum allongé est comprimé dans le sens transversal ; sa tubérosité est étroite, haute et se relève en décrivant une courbe. Le canal (*sinus tarsi*) situé entre l'astragale et le calcanéum est très large. Les métatarsiens et les phalanges des orteils ont la portion basilaire grosse, la tête saillante en dessous et la partie moyenne, ou corps, longue et grêle. Les phalanges des orteils, même les phalanges onguéales, sont également longues et minces.

CHAPITRE II

LE VISAGE ET LES FORMES EXTÉRIEURES CHEZ L'HOMME ET CHEZ
LES ANTROPOÏDES.

I. — LA PHYSIONOMIE SIMIENNE.

Il est intéressant maintenant de comparer la forme extérieure
des anthropoïdes à celle de l'homme. Assez souvent nous nous
sentons portés à voir les véritables portraits des singes anthropoïdes dans les hommes de *couleur foncée*, vivant à l'état de
nature et complètement nus. Souvent de tels sauvages sont mal
nourris, ont la peau plissée, le visage déjà profondément ridé à un
âge peu avancé, et une attitude nonchalante. La silhouette sombre
de semblables gens se détache, sur un fond quelconque plus clair,
d'une façon tellement tranchée, tout leur aspect est si baroque,
leurs attitudes semblent si gauches, que nous sommes presque
involontairement poussés à des comparaisons dans le genre de
celle dont nous venons de parler. Malheureusement tout cela
ouvre un champ très vaste aux exagérations des dilettanti et des
naturalistes à tendances. Le naturaliste scrupuleux doit au contraire s'imposer une mesure et se défendre d'une trop grande
généralisation dans ces sortes de comparaisons. On parle si
souvent, par exemple, de la constitution pithécoïde du corps des
nègres africains en général, et cependant cela ne peut s'appliquer
qu'à des races particulièrement laides et dégradées physiquement.
En effet, beaucoup de Nigritiens des différentes contrées de
l'Afrique se distinguent, au contraire, par leur belle conformation
et par un maintien qui ne manque pas de noblesse. La tenue
martiale des Aschantis, des Dahomeys et des Ibos est bien
reconnue. Les Hàusas mêmes, au nez si plat et aux lèvres si
épaisses, tels qu'ils ont été photographiés, comme soldats des

troupes du capitaine Glover, ont une certaine tournure militaire
lorsqu'ils sont revêtus du dolman, coiffés du bonnet de police,
qu'ils ont la carabine au bras et le coutelas au ceinturon. Les
Shilluks, les Nuehrs, les Baris, les Niams-Niams, les A-Bantus

Fig. 24. — Le roi des Zoulous, Cettiwayo (jeune), dans son costume de guerre et
deux de ses hommes.

représentent de vrais modèles de champions d'apparence grossière
et sauvage, il est vrai, mais cependant très vigoureux. Dabula-
manzi, qui commanda les Amazoulous dans les massacres
d'Isandlhwana et d'Ulandi, avec la suite de ses lieutenants, présente (d'après des photographies originales que j'ai sous les yeux)
un aspect rustique, mais néanmoins martial et altier, qui de
prime abord fait une impression favorable. Dans tous les cas
semblables, toute comparaison avec les anthropoïdes serait absolument tirée par les cheveux (V. aussi fig. 24).

A côté des nègres africains on cite d'habitude, à l'occasion de
semblables parallèles, les Papous, surtout ceux du continent
australien. Nous voulons bien convenir qu'une horde de nègres
australiens, dégradés et amaigris par la famine et les fatigues, au
maintien négligé, errant à l'aventure dans les forêts privées
d'ombre, dans les steppes et les taillis épais de leur patrie, puis-

sent offrir un coup d'œil très bizarre et bestial. Lors donc que ces sauvages pour donner à leurs observateurs étrangers un spectacle grossier, moyennant un verre d'eau-de-vie, se livrent en leur présence à des actes obscènes, l'impression qu'ils donnent doit devenir vraiment horrible et d'une bestialité repoussante! Dans des conditions d'existence plus favorables, il en est tout autrement de la constitution corporelle même de ces sauvages de couleur foncée. Ils conservent bien alors un corps trappu, mais non disproportionné, acquièrent un maintien plus convenable et des manières plus aisées. C'est ce que montrent les policemen et messagers indigènes, etc. C'est aussi ce que nous voyons chez ces Australiens du Queensland que j'ai vu lancer le boomerang au mois d'août 1882 au jardin zoologique de Berlin. Chez ces sauvages apprivoisés, la conformation de la tête avec ses saillies sus-orbitaires, avec la profonde dépression entre le front et le nez, enfin l'aplatissement de ce dernier organe sont les seuls caractères qui rappellent la constitution simienne. Il existe des Boschimans, des Nigritiens, des Papous d'autres pays, vieux et ridés, des Malais, des Annamites, des Japonais et des Mongols de l'Asie centrale dont le visage ressemble beaucoup à celui d'un singe. En Europe même on n'a *aucune peine* à trouver des cas analogues.

Il y a quelques années un employé arpenteur des Indes anglaises, M. Bond, prétendit avoir découvert le trait d'union qui manquait entre les hommes et les singes. Dans cette région vivait, en effet, une race d'hommes qui, dit-on, ressembleraient beaucoup aux singes. « Leur front est bas et fuyant. La partie inférieure du visage proémine comme le museau d'un singe. Les membres inférieurs sont courts et arqués vers l'extérieur. Le tronc et les bras sont relativement longs. Le caractère le plus frappant est offert par les mains qui sont contractées de même que les doigts, de sorte qu'elles ne peuvent être étendues librement ; la paume des mains et des doigts, surtout les extrémités de ceux-ci, sont recouverts d'un épiderme épais ; les ongles sont petits et imparfaits ; les pieds sont larges et revêtus d'une peau épaisse tant sur le côté dorsal que sur le côté plantaire. Ce peuple pratique une sorte de culte de la nature. Il vit sans demeures fixes, se nourrit principalement de racines et de miel ; il échange d'ailleurs ce dernier en même temps que de la cire et d'autres productions des forêts qu'il habite contre du tabac, des effets d'habillements et du riz (1). »

(1) « *The missing link* » *in the Engineering and Mining journal* (New-York), XX, 3.

A part ce qui précède rien, à ma connaissance du moins, n'a
été livré à la publicité sur le peuple en question. La description
précédente laisse malheureusement beaucoup à désirer. L'indication relative aux doigts contractés est obscure. Un tel caractère
serait précisément contraire à une analogie avec la main si mobile
des singes.

Laissons pour l'instant de côté cette société encore problématique, et occupons-nous plutôt des portraits, reproduits ici, d'un
homme et d'une femme du peuple indigène qui habite les rives du
fleuve Balonne, dans le Queensland. Ce sont Aidanill et Dewan,
sa sœur, appartenant tous deux à une famille chauve. L'infatigable
Micklucho-Maclay les a visités à Gulnarbor, à 140 milles de Talba
et les a fait photographier (1). Si l'on considère leur crâne en forme
de carène ou de toit, leurs arcades sus-orbitaires très marquées,
leur profonde dépression fronto-nasale, le dos du nez enfoncé ne

Fig. 25. — Aidanill, Australien chauve.   Fig. 26. — Le même, vu de profil.

faisant qu'une faible saillie, grâce à une éminence étroite de sa
partie médiane longitudinale; de plus, le bout du nez large et
plat, les profonds sillons qui s'étendent des bords du nez sur les
côtés de la lèvre, la bouche large bordée de lèvres épaisses, et les
grandes oreilles écartées *latéralement* de la tête *vue de face*, on
se sent aussitôt porté à comparer cette tête à celle d'un Chimpanzé
dépourvue de ses poils. Une tête de ce genre a été figurée, par
exemple, par Gratiolet et Alix, dans leur mémoire sur le *Troglodytes Aubryi* (fig. 25, 26, 27). Si l'on ajoute à cela une peau brun
foncé, de nombreuses rides dans le visage et des yeux brun foncé
(d'après la description de Micklucho-Maclay), ce que j'ai dit plus
haut du pithécomorphisme de beaucoup d'Australiens devient plus
précis.

(1) *Sitzungsberichte der Berliner anthropologischens Gesellchaft*, vom
16 april 1881.

Les oreilles écartées de la tête sont très répandues parmi des
hommes de nationalité différente et je les ai observées chez des
Européens, d'ailleurs très bien conformés. Chez ces derniers
mêmes elles donnent toujours un aspect un peu simien. On parle
souvent d'un prétendu pithécomorphisme de l'oreille humaine
qu'on a l'occasion d'observer assez fréquemment. On sait qu'il n'y
a guère de partie de l'organisme qui varie autant que l'*oreille
externe*, en ce qui concerne le développement de ses particularités.
C'est le cas chez les anthropoïdes et peut-être plus encore chez
l'homme. Il existe dans toutes les nations des individus chez
lesquels on observe un développement incomplet de tels ou tels
rebords, angles, échancrures ou sillons caractéristiques, qui sont
propres à l'organe en question ; des personnes chez lesquelles le
lobule manque ou est imparfaitement développé. J'ai observé de
ces oreilles mal conformées, différant du type parfait, dans les-

Fig. 27. — Dewan, sœur d'Aidanill.

quelles on aurait pu constater également une certaine ressemblance simienne. Je l'ai vu fréquemment surtout chez ces campa-
gnards dégénérés de l'Allemagne, de la Scandinavie, de la Suisse,
de la France, de l'Italie et de la Pologne, dont on ne peut pas dire
qu'ils aient reçu la beauté en partage. En Afrique j'ai trouvé cette
difformité relativement bien plus fréquente chez les Maltais, les
Grecs, et les Turcs, qui habitent ce continent, que chez les Fellahs,
les Berabras et les Nigritiens. Ces derniers ont été mainte
fois accusés avec une *ignorance crasse* d'avoir généralement de
« vilaines oreilles pithécoïdes ». Bien au contraire, cet organe
présente précisément chez les nègres africains une forme le plus

souvent agréable. En ce qui concerne les nègres australiens, les Malais, les Mongols et les Indous, je ne possède personnellement pas de matériaux d'observation suffisants pour trancher la question. D'après le peu que j'ai pu voir moi-même, touchant ce sujet, il existerait souvent aussi des variations individuelles chez ces derniers peuples, et il se peut qu'on ne chercherait pas en vain chez eux des oreilles conformées comme celles des singes. Le pithécomorphisme *in specie* ne peut certainement être discerné que par un connaisseur très compétent de l'organisme de ces animaux. Les profanes s'escriment souvent avec ces idées et d'autres semblables sans les comprendre à proprement parler.

Darwin parle de la forme humaine des oreilles du Chimpanzé et de l'Orang : « Les gardiens des Zoological Gardens, ajoute-t-il, m'ont assuré que ces animaux ne les meuvent, ni ne les redressent jamais ; elles sont donc, en tant qu'il s'agit de la fonction, dans le même état rudimentaire que chez l'homme. Nous ne pouvons dire pourquoi ces animaux, de même que les ancêtres de l'homme, ont perdu la faculté de dresser les oreilles. Il est possible, bien que cette explication ne nous satisfasse pas complètement, que, peu exposés au danger, par suite de leurs habitudes de vie dans les arbres et de leur grande force, ils aient, pendant une longue période peu remué les oreilles, et perdu ainsi la faculté de le faire. Ce serait un cas parallèle à celui de ces oiseaux grands et massifs qui habitent les îles océaniques, où ils ne sont pas exposés aux attaques d'animaux carnassiers, et qui ont, par suite du défaut d'usage, perdu le pouvoir de se servir de leurs ailes pour s'enfuir.

« Un sculpteur éminent, M. Woolner, m'a signalé une petite particularité de l'oreille externe, particularité qu'il a souvent remarquée dans les deux sexes, et dont il a saisi la vraie signification. Son attention fut attirée sur ce sujet en travaillant à sa statue de Puck, à laquelle il avait donné des oreilles pointues. Cela le conduisit à examiner les oreilles de divers singes et subséquemment à étudier de plus près l'oreille humaine. Cette particularité consiste en une petite saillie plate qui se trouve sur le bord replié en dedans, ou l'hélix. Ces proéminences font non seulement saillie en dedans, mais, souvent aussi, un peu en dehors, de manière à être visible lorsqu'on regarde la tête directement en face, soit par devant, soit par derrière. Elles varient par la grosseur et quelque peu par la position, se trouvant tantôt un peu plus haut, tantôt un peu plus bas ; quelquefois elles existent sur une oreille et pas sur l'autre. La signification de ces saillies ne me paraît pas douteuse ; mais on peut penser qu'elles constituent un caractère trop insi-

gnifiant pour mériter l'attention. Cette manière de voir est cependant aussi fausse qu'elle est naturelle. Tout caractère, si léger
qu'il soit, est nécessairement le résultat de quelque cause définie.
L'hélix est évidemment formée par un repli intérieur du bord
externe de l'oreille, et ce repli parait provenir de ce que l'oreille
extérieure, dans son entier, a été repoussée en arrière d'une
manière permanente. Chez beaucoup de singes peu élevés dans
l'ordre, comme les babouins et quelques espèces de macaques, la
partie supérieure de l'oreille se termine par une pointe peu accu-
sée, sans que le bord soit aucunement replié en dedans ; mais si ce
bord était ainsi replié, il en résulterait nécessairement une petite
proéminence, se projetant en dedans et probablement un peu en
dehors. On a pu, d'ailleurs, observer ce fait sur un spécimen de
l'*Ateles beelzebuth*, aux Zoological Gardens, et nous pouvons en
conclure que c'est une conformation semblable, — preuve d'oreilles
autrefois pointues, — qui reparait quelquefois chez l'homme (1) ».

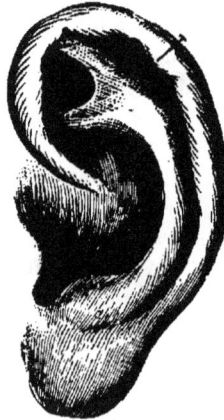

Fig. 28. — Oreille humaine.

J'ai fait représenter ci-contre (fig. 28) une oreille humaine dans
laquelle on peut trouver facilement la saillie * signalée par Darwin ;
mais, comme je l'ai déjà dit (p. 17), on observe également cette
saillie sur l'oreille des anthropoïdes. Elle existe notamment chez
l'Orang-Outan (2). L. Meyer a cherché à prouver que l'oreille
pointue de Darwin n'est réalisée que par défaut de développement
d'une partie du rebord. On devrait y reconnaître, non pas une ter-
minaison pithécoïde en pointe du bord de l'organe, mais un état

(1) *La Descendance de l'homme*, etc., trad. franç., t. I, p. 20.
(2) Hartmann, *Der Gorilla,* p. 34, pl. IV. Ehlers, l. c. p. 30.

pathologique du reste du rebord, une interruption du bord en un
certain point (Virchow's, *Archiv für pathologische Anatomie*,
1871, LIII, 485.). Mais dans une édition ultérieure de son ouvrage sur
la *Descendance de l'Homme*, Darwin s'élève contre Meyer. Il reconnaît d'abord que l'explication donnée par cet auteur est juste pour
beaucoup de cas (figurés même par celui-ci) où il existait plusieurs
pointes très petites ou bien dans lesquels tout l'hélix était échancré. Dans un cas dont Darwin possédait une photographie, la saillie

Fig. 29. — Magot *(Inuus ecaudatus)*.

était tellement grande que si, d'accord avec Meyer, on voulait
admettre que l'oreille deviendrait parfaite par le développement
uniforme du cartilage dans toute l'étendue du bord, celui-ci
devrait recouvrir tout un tiers de l'oreille. Deux cas ont été communiqués à Darwin dans lesquels le bord supérieur n'était nullement replié en dedans, mais pointu, de sorte que par son contour
l'organe ressemblait beaucoup à l'oreille pointue d'un mammifère
ordinaire. Chez un fœtus d'Orang on trouve l'oreille pointue
figurée par Darwin, tandis que chez l'animal adulte cette partie
paraît très semblable à l'oreille humaine (fig. 28).

On reconnaît d'ailleurs aussi la saillie de Darwin dans un fœtus
d'Orang décrit et figuré par Salvator Trinchese dans *Annali del
Museo Civico di storia naturale di Genova* (1870). Chez les Gibbons très jeunes, surtout chez l'*Hylobates Lar*, l'oreille a le bord
supérieur de l'hélix terminé en pointe. Parmi les singes inférieurs
l'oreille pointue est très répandue (voy. fig. 29).

III. — LES PAUPIÈRES ET LE REGARD.

Les *paupières externes* des anthropoïdes ont une conformation très semblable à celle des paupières humaines. Chez ces animaux on trouve, à l'angle interne de l'œil, le repli semi-lunaire (*plica semilunaris*) toujours haut de plusieurs millimètres chez le Gorille et le Chimpanzé adultes; c'est une *troisième* paupière correspondant à une membrane nyctitante. Chez l'homme il n'existe, à la place de celle-ci, qu'un appareil rudimentaire, la caroncule lacrymale. Celle-ci peut atteindre une grosseur considérable chez beaucoup d'individus, comme je l'ai remarqué notamment chez des Fellahs, des Berabras, des Fungés, des Shilluks, des Denkas, etc. Mais nulle part je n'ai rencontré dans l'œil humain la transformation de la caroncule en un véritable repli semi-lunaire, même rudimentaire. Micklucho-Maclay décrit la caroncule chez des Mélanésiens (Papous de la Nouvelle-Guinée), chez des Orangs-Sakays (de la presqu'île malaise), et chez des Micronésiens (de l'île de Jap et de l'archipel de Palau), où elle était de deux à trois fois aussi large que chez l'Européen typique (*Sitzungsberichte der Berliner anthropologischen Gesellschaft*, vom 9 mars 1868).

L'œil du Gorille mâle jeune, tenu de 1876 à 1877 dans l'aquarium de Berlin, me présenta, lorsque je l'examinai plus en détail, en juin 1877, une membrane conjonctive blanchâtre avec un anneau brun noirâtre clair, s'étendant à sa périphérie. Un second anneau plus foncé, fortement accentué, s'étendait autour du lieu d'insertion de la cornée. L'iris était brun jaunâtre. Peu à peu, cependant, la conjonctive change de couleur et finit par avoir une coloration brun noir uniforme. L'iris conserve même plus tard, il est vrai, une teinte brunâtre claire, mais celle-ci se fonce également à la longue. Finalement il n'y a plus rien de clair dans l'œil de l'animal vieux, si ce n'est le reflet de la lumière incidente (voy. p. 15). Chez le Chimpanzé, l'iris reste d'un brun plus clair passant à des teintes ocreuses. Il en est de même chez l'Orang.

On a parlé parfois du regard indifférent, inexpressif des anthropoïdes. Les Chimpanzés et les Orangs regardent le plus souvent paisiblement devant eux. Cependant j'ai vu le regard des premiers devenir plus vif dans les moments de colère. W. Saint-Martin observa dans ces cas un scintillement et un éclat plus vif des yeux. Je ne pourrai jamais oublier l'expression farouche et féroce de l'œil de la Mafuca (de Dresde) dès qu'on l'agaçait. L'expression de l'œil du Gorille de l'Aquarium de Berlin changeait souvent, surtout lorsqu'il était sur le point de faire quelque espièglerie ou qu'il était en colère. Il y avait beaucoup du regard humain dans celui de cet animal. Naturellement on ne pouvait songer à établir une comparaison qu'avec l'œil de couleurs ombre de Nigritiens, etc. Dans l'Aquarium de Berlin, on posséda, en 1876, deux très jeunes Orangs, l'un velu, l'autre sans poils. Les deux animaux se tenaient continuellement et intimement embrassés ; lorsqu'on les séparait, leur regard devenait vif et inquiet ; ils cherchaient à s'étreindre de nouveau en poussant des cris plaintifs. Chatouillait-on l'un de ces animaux sous le menton, il faisait une grimace aigre douce d'un effet excessivement comique. En même temps ses yeux brillaient comme Martin l'a observé dans un cas semblable. Les Gibbons que j'ai vus avaient en général un regard paisible et doux qui s'animait rarement un peu.

IV. — LES POILS, LA BARBE ET LES SOURCILS

Le cas mentionné ci-dessus de l'existence d'Australiens chauves est d'autant plus remarquable que ces indigènes se distinguent en général précisément par un revêtement pileux abondant. Les nègres australiens et les Aïnos de Jezo sont peut-être les habitants de la terre les plus velus. Un vêtement pileux partiel ou total se trouve, comme nous savons, exceptionnellement chez certains individus des pays et des climats les plus différents. On a quelquefois observé ce fait chez les membres de familles entières. De tels hommes velus ont été récemment étudiés, surtout par Siebold, Ecker, Virchow, Bartels, Ornstein, etc., qui en ont donné d'intéressantes études historiques et morphologiques. Dans beaucoup de cas de ce genre nous nous trouvons en présence de phénomènes nettement semblables à ceux qu'on observe chez les animaux. C'est la mexicaine Julia Pastrana qui se rapprochait le plus des singes sous ce rapport. D'autres hommes velus célèbres rappelaient de prime abord les pintchers ou d'autres races canines. Chez toutes les races les femmes sont moins velues que les hommes. Selon Darwin, chez certains singes, le côté inférieur du corps est moins poilu chez la femelle que chez le mâle. Cela est également vrai pour les anthropoïdes, surtout pour le Chimpanzé.

La *barbe* existe, comme on sait, chez les hommes et les singes. Chez ces derniers elle est plus développée chez les mâles que chez les femelles, précisément comme chez les hommes. Darwin fait remarquer que la croissance de la barbe a lieu chez les hommes et les singes, à l'époque de la puberté, que de plus, il y a même un parallélisme remarquable entre l'homme et les singes, jusque dans la couleur de la barbe. Car lorsque, ce qui arrive souvent, la barbe de l'homme diffère de sa chevelure par la teinte, elle est toujours d'un ton plus clair et souvent rougeâtre. Darwin a observé ce fait en Angleterre. En Russie , Hooker n'a rencontré aucune exception à cette règle. J. Scott a observé avec soin, à Calcutta et dans d'autres parties de l'Inde , les nombreuses races humaines qu'on peut y voir, à savoir : deux races dans le Sikkim, les Bhotéas, les Hindous, les Birmans et les Chinois. Bien que la plupart de ces races n'aient que fort peu de poils sur le visage, Scott a toujours trouvé que, lorsqu'il y avait une différence quelconque de couleur entre les cheveux et la barbe , cette dernière était invariablement d'une teinte plus claire. Chez les singes aussi la barbe diffère souvent d'une manière frappante des poils de la tête par sa couleur et dans ce cas elle offre toujours une teinte plus claire; elle est souvent d'un blanc pur et quelquefois jaunâtre ou rougeâtre (1).

« On sait, dit encore Darwin (l. c., I, p. 213), que sur le bras de l'homme les poils tendent à converger d'en haut et d'en bas en une pointe vers le coude. Cette disposition curieuse, si différente de celle qui existe chez la plupart des mammifères inférieurs, est commune au gorille, au chimpanzé, à l'orang, à quelques espèces d'*Hylobates* (voy. chap. II) et même à quelques singes américains (voy. p. ex., fig. 30). Mais chez l'*Hylobates agilis*, le poil de l'avant-bras se dirige en bas de la manière ordinaire vers le poignet ; chez l'*Hylobates Lar*, il est presque droit avec une très légère inclinaison vers l'avant-bras, de telle sorte que, dans cette dernière espèce, il se présente à l'état de transition. Il est très probable que chez la plupart des mammifères, l'épaisseur du poil et la direction qu'il affecte sur le dos servent à faciliter l'écoulement de la pluie; les poils obliques des pattes de devant du chien servent sans doute à cet usage lorsqu'il dort enroulé sur lui-même. M. Wallace remarque que chez l'Orang la convergence des poils du bras vers le coude sert à l'écoulement de la pluie lorsque cet animal, suivant son habitude, replie ses bras en l'air pour saisir une branche d'arbre ou simplement pour les poser sur sa tête. Il faut cependant se rappeler que l'attitude d'un animal peut être indiquée, jusqu'à un certain point, par la direction du poil, et non celle-ci par l'attitude. Si l'explication précitée est exacte pour l'Orang, l'arrangement des poils sur notre avant-bras serait une

_____

(1) *La Descendance de l'homme et la sélection sexuelle.* Traduit par Moulinié, 1873, t. II, p. 315.

singulière preuve de notre ancien état; car personne n'admettra
que nos poils aient, actuellement, aucune utilité pour faciliter
l'écoulement de la pluie, usage auquel ils ne se trouveraient d'ailleurs plus appropriés par leur direction, vu notre attitude verticale
actuelle. »

Fig. 30. — Capucin *(Cebus capucinus).*

Darwin remarque encore qu'on a nié à tort l'existence des sourcils chez les singes. En effet, chez tous les anthropoïdes on trouve
des sourcils longs, sétacés et bien distincts; mais ils ne sont
pas aussi rapprochés que chez l'homme; il s'élèvent, au contraire,
plus rares au-dessus du revêtement pileux plus court et plus dense
des arcades sourcillères et n'affectent aucune direction déterminée. Chez les Gibbons à mains blanches, ces sourcils se distinguent par leur longueur et leur rigidité. On peut d'ailleurs constater
au-dessus des paupières supérieures des productions correspondant aux sourcils dans tout le reste de la série des mammifères,

même chez les phoques et les pachydermes. On observe également, sur la lèvre supérieure des Gorilles, des Chimpanzés et des Orangs, un grand nombre de poils un peu plus longs et un peu plus raides, qui proéminent au-dessus du revêtement pileux d'ailleurs court des lèvres et qui rappellent des *poils tactiles*. Chez l'*Hylobates albimanus*, j'ai même vu de semblables poils tactiles atteindre une longueur très considérable (fig. 10).

V. — LE TRONC, LA MAIN ET LE PIED

La *Conformation extérieure du tronc* des anthropoïdes ne diffère pas essentiellement dans son ensemble de celle du tronc humain. Il n'offre pas la forme si avenante et si gracieuse de la taille qu'on observe dans le torse bien conformé de l'homme; on y voit aussi la saillie coccygienne, dont nous avons parlé plus haut (p. 18, 31), développée dans une mesure disgracieuse et qui n'a rien d'humain par suite du faible développement du siège (voy. fig. 1 et 6). Il ne faudra certes jamais songer à comparer le torse de l'Apollon du Belvédère ou du Mercure olympien avec celui d'un Gorille ou d'un Chimpanzé. Mais il sera fort bien permis de mettre en parallèle le torse rasé d'un Gorille mâle robuste et celui d'un de ces êtres débiles à gros ventre, à hanches effacées, tels qu'on en rencontre partout et qui sont comme des caricatures vivantes de leur race. Une telle comparaison ne serait peut-être pas entièrement défavorable au Gorille !

Le *cou* des anthropoïdes est en général court et épais. Chez le Gorille la région de la nuque se montre fortement voûtée en arrière, sur les longues apophyses épineuses des vertèbres cervicales et leur revêtement musculaire, comme nous l'avons décrit plus haut (p. 17). On rencontre aussi, chez beaucoup d'hommes, un cou épais et court, un développement considérable de la région cervicale (cou de taureau). Très souvent on regarde le cou épais et court, la nuque puissante comme une particularité des peuples nègres de l'Afrique. « L'épaisseur de la nuque, dit Burmeister, devient d'ailleurs d'autant plus frappante chez le nègre qu'elle semble liée à un raccourcissement du cou. J'ai mesuré chez tous les nègres la distance du sommet de la tête à l'acromion et j'ai trouvé qu'elle variait entre 9 pouces 3/4 et 9 pouces 1/4. Chez l'Européen de taille moyenne la même distance est très rarement inférieure à 10 pouces ; je la trouve habituellement de 11 pouces chez la femme et de 12 pouces chez l'homme. Il est bien légitime de considérer la brièveté du cou, de même que le petit volume de

la capsule cérébrale ou la grandeur du visage, comme des caractères qui rapprochent ceux qui les présentent du type pithécoïde,
parce que tous les singes ont le cou court et sont relativement
encore un peu plus inférieurs au nègre que ne l'est celui-ci par
rapport à l'Européen. La brièveté du cou des nègres explique en
outre sa plus grande puissance comme organe de soutien et
l'aisance avec laquelle ceux-ci portent les fardeaux sur la tête;
cela serait beaucoup plus pénible aux Européens qui ont le cou à
la fois plus long et plus faible » (1).

Cette opinion de Burmeister est beaucoup trop généralisée;
elle ne s'applique pas à beaucoup de Nigritiens et surtout pas à
ceux des régions supérieures du Nil. Les Funjés, les Shilluks, les
Denkas, les Baris et d'autres grandes tribus de ces régions sont
caractérisés par un cou *long* et *mince*. On trouve chez eux également des distances de 9 à 10 pouces, même de 11 à 12 pouces
(240-260ᵐᵐ et 260-286ᵐᵐ) entre le sommet de la tête et l'acromion.
Burmeister parle ici exclusivement des nègres brésiliens. Néanmoins je ne retrouve pas souvent le cou *typique* court ni dans
les figures d'esclaves si connues de Maurice Rugendas (2), ni
dans un grand nombre de portraits photographiques de nègres
brésiliens que j'ai sous les yeux. Cette constitution du cou ne se
voit même pas dans beaucoup de portraits de nègres de l'Afrique
occidentale et du Mozambique, qui cependant ont fourni la majeure
partie de la population des esclaves brésiliens. Le cou épais et
court s'observe aussi chez beaucoup de Mongols, de Malais, de
Polynésiens, de Papous; plus rarement chez les indigènes de
l'Amérique et les Européens. Si l'on veut voir dans cette conformation un rapprochement vers le type pithécoïde, on trouve
qu'elle est répartie dans des nations différentes, mais en aucune
façon restreinte aux nègres seuls, et que même chez ceux-ci elle
n'est pas prédominante.

L'allongement considérable des *membres supérieurs* des singes
anthropoïdes ne saurait être comparé avec la longueur de ces
mêmes membres de l'homme. Car bien qu'on ait observé par-ci,
par-là des Nigritiens et des individus d'autres peuplades sauvages
dont les bras avaient une longueur exceptionnelle, ce ne sont
cependant là que des phénomènes individuels qui se retrouvent
même chez des Européens et ne doivent pas être considérés
comme des caractères de race.

La main de l'Orang et du Gibbon est trop longue pour soutenir

(1) *Geologische Bilder zur Geschichte der Erde und ihrer Bewohner*
(Leipzig, 1851-53), t. II, p. 120.
(2) *Voyage pittoresque dans le Brésil;* Paris, 1839.

une comparaison directe avec celle de l'homme. C'est chez le
Gorille et le Chimpanzé, surtout chez le premier, que cet organe
se rapproche le plus de la main humaine. Au premier coup d'œil
la main d'un Gorille mâle adulte pourrait rappeler le poing calleux
d'un ouvrier ou d'un portefaix nègre, tel que ceux, par exemple,
qui, à Rio-de-Janeiro, à Bahia ou à La Guayra, soulèvent de lourds

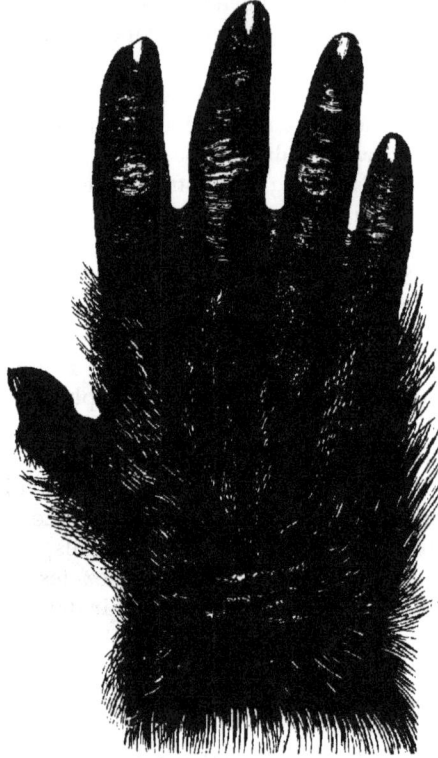

Fig. 31. — Main d'un Gorille mâle très vieux.

sacs de café et les lancent sur leur tête ou sur leurs épaules hercu-
léennes. On a aussi beaucoup parlé de la membrane très développée qui relie la base des doigts dans la main des Nigritiens et de
leurs phalanges terminales ou onguéales pointues. Dans son
célèbre mémoire : *De naturlijke Geschiedenis van den Neger-
stam*, van der Hœven a décrit et figuré la main ainsi conformée
d'un jeune Aschanti. On a donc été enclin à reconnaître en cela un
caractère important de la « race nègre ». Comme il existe également
ment dans la main du Gorille des membranes interdigitales et
qu'on peut y constater aussi un certain amincissement terminal

des phalanges onguéales, on a été conduit à attribuer à la main
du nègre un caractère anthropoïde très prononcé. Mais la conformation précitée n'est en aucune façon généralement répandue
chez les Nigritiens. Il existe, en effet, très souvent des membranes
interdigitales très étendues dans la main de ces nègres, mais le
degré de leur développement est très variable. Elles ne manquent
d'ailleurs pas non plus aux mains de certaines autres races. Un

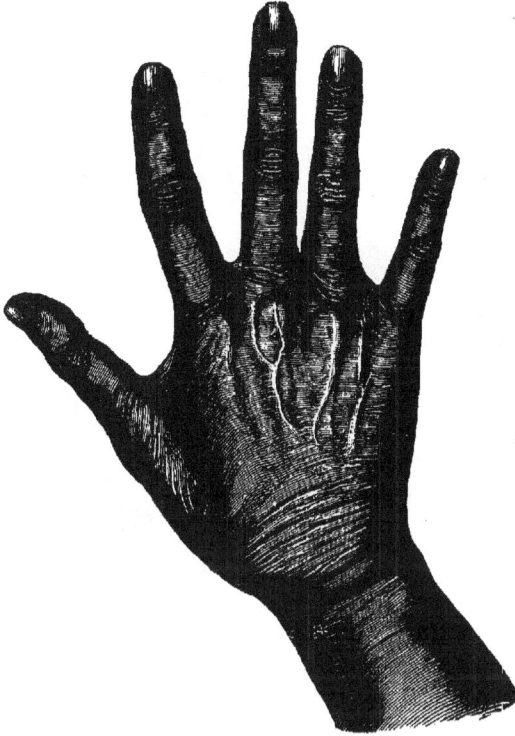

Fig. 32. — Main d'un Hammegh de la région de Roseres sur le Nil bleu.

observateur attentif ne manquera pas de les retrouver chez une
population de travailleurs des campagnes de l'Europe. Moi-même
j'ai pu les observer souvent, par hasard, dans le canton du Valais,
dans la Lombardie, dans la province de Gênes, où je fis, en 1869
et 1871, de longues excursions pendant lesquelles je consacrai une
attention bien compréhensible à ce sujet. J'ai fait représenter ici
la main d'un Nigritien du nord-est de l'Afrique (fig. 32). On ne
pourra guère contester à la conformation (certes pas flattée) de
cette main les caractères d'une organisation foncièrement humaine.

HARTMANN. — Les Singes. 6

Quant aux peuples sauvages, autres que les Nigritiens, les matériaux d'observation manquent encore. Il faut donc aussi, en ce qui
concerne ceux-ci, se garder de généralisations prématurées !

Les jambes minces, à mollet faible, de beaucoup de sauvages,
surtout celles des nègres africains et australiens, ont été sou-

Fig. 33. — Saki noir *(Pithecia Satanas)*, montrant la forme et l'usage des pieds
chez les singes du nouveau monde.

vent, et non pas à tort, introduites dans le domaine de la discussion, à cause de leur conformation pithécoïde. En effet, la forme
disgracieuse du bas de la jambe, chez la plupart des races en
question, constitue, à cet égard, un caractère très important.

Le pied des anthropoïdes, conformé exactement comme celui
des autres singes, même du nouveau monde (fig. 33), diffère en
général du pied humain par la mobilité de son gros orteil. Mais
on a eu raison de signaler l'aptitude qu'ont beaucoup d'individus
de différentes races de pouvoir se servir du gros orteil presque à
la manière d'un pouce. Partout on trouve des personnes ainsi
douées. On a observé des individus, venus au monde sans bras ou

privés de leurs bras dans le cours de leur existence, qui pouvaient, pour compenser en quelque sorte la perte de ces organes, se servir de leurs pieds comme de mains. Le fait le plus merveilleux sous ce rapport est celui d'un violoniste sans bras, qui se fait entendre actuellement dans les différentes capitales de l'Europe. Baer aussi mentionne entre autres un calligraphe ne travaillant qu'à l'aide de ses pieds. Mais des gens mêmes qui ont le plein usage de leurs membres supérieurs peuvent souvent saisir avec le gros orteil comme avec un pouce, soulever de terre des objets peu volumineux, les présenter, etc. Un exercice prolongé peut développer en cela une certaine adresse. Les Nigritiens, les Malais, les Polynésiens, les Indiens, etc., se servent de leur gros orteil, largement écarté, pour grimper sur les palmiers, avec autant d'adresse que le font parfois aussi nos jeunes gens et nos matelots quand ils montent sur des mâts de cocagne ou des mâts de navire, etc. Chez ces gens la forme extérieure du pied n'est pas *très différente* du pied simien, car, par une habitude contractée, ils écartent un peu le gros orteil des autres, même lorsqu'ils se tiennent immobiles. Pour s'en convaincre, il suffit d'examiner par exemple les belles photographies des Macracas, etc., de l'Afrique centrale, faites par R. Buchta. Haeckel dit fort bien que la distinction *physiologique* du pied et de la main ne saurait être établie rigoureusement, ni fondée scientifiquement. Il faut pour cela recourir aux caractères morphologiques (1).

(1) *Anthropogénie* (Leipzig, 1874), p. 482.

CHAPITRE III

I. — LE CRANE.

Si maintenant nous voulons entreprendre une comparaison mé-
thodique du *crâne* des anthropoïdes avec celui de l'homme (fig. 34),
il faudra, pour le Gorille, le Chimpanzé et l'Orang-Outan, considérer d'abord la charpente osseuse céphalique d'animaux jeunes,
non complètement développés. Car, chez les singes vieux de ces
espèces, le développement colossal des crêtes osseuses de la voûte
crânienne et de la denture, la saillie du cadre des orbites et l'aplatissement de l'occipital engendrent des différences si profondes
que nous sommes obligés de nous imposer dans ce cas les plus
grandes restrictions dans l'application de la méthode comparative.
Mais, pendant le développement du squelette des anthropoïdes.
nous rencontrons des états qu'il est permis de comparer directement avec ce qu'on observe chez l'homme. La forme arrondie
de la capsule cérébrale des jeunes anthropoïdes permet déjà de
faire un parallèle entre la tête du singe et celle de l'homme. On
sera forcé de convenir qu'il existe, surtout chez certains peuples
sauvages, des formes de la voûte crânienne, qui, dans leur
ensemble, ne diffèrent que fort peu de celle de la voûte crânienne
des Gorilles, des Chimpanzés et des Orangs jeunes. L'arron-
dissement de l'occipital atteint fréquemment chez de jeunes
anthropoïdes et chez certains hommes le même degré de développement. Il arrive même assez souvent que l'écaille occipitale
d'un Nigritien, d'un Papou ou d'un Malais jeunes se montre plus
plane, plus aplatie que celle d'un jeune Gorille ou d'un jeune
Chimpanzé. Il faut avouer que nous sommes obligés de renoncer
à trouver une entière égalité d'âge chez les individus comparés ;

car comment pourrait-on bien la constater facilement? Où trou-
verait-on, même dans un grand musée, les matériaux nécessaires
pour fixer les caractères normaux du même âge dans les deux
cas? Les peuples vivant à l'état de nature sont rarement à même

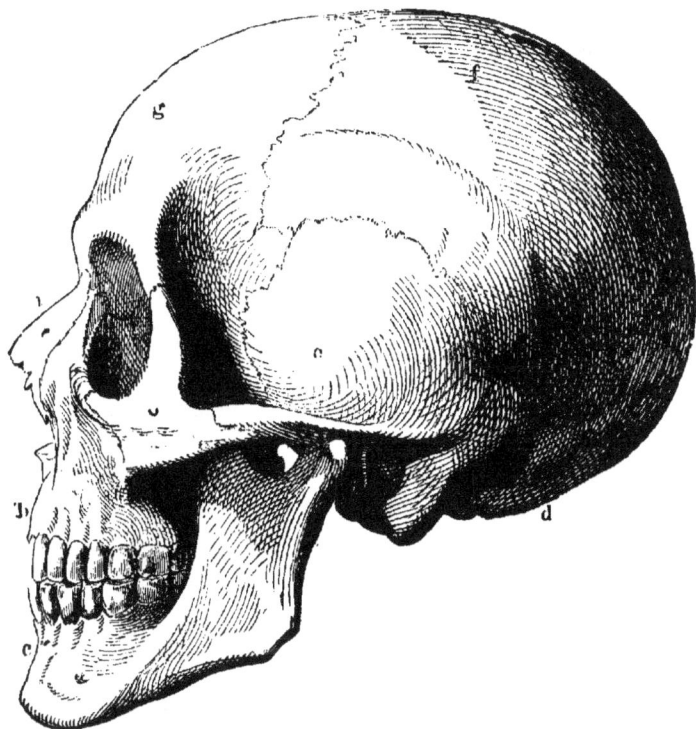

Fig. 34. — Crâne humain. *a*, os nasal; *b*, mâchoire supérieure; *c*, mâchoire inférieure; *d*, occipital; *e*, temporal; *f*, pariétal; *g*, frontal; *h*, os malaire.

d'indiquer exactement leur âge; l'estimation de celui-ci ne repose
malheureusement que trop souvent sur des indications approxi-
matives. L'examen direct du crâne ne suffit que dans une certaine
mesure. Les conditions de croissance des anthropoïdes ne sont
pas encore assez connues pour qu'on puisse entreprendre chez
eux des estimations exactes. Celles-ci peuvent se baser sur la
détermination du début de la seconde dentition, du début du développement des crêtes osseuses de la tête, etc.; à partir de ces
époques on peut tout au plus essayer de compter approximativement les années ultérieures.

Sur l'écaille occipitale la disposition des lignes semi-circulaires, saillies allongées limitant les insertions de différents muscles cervicaux, est la même chez les anthropoïdes et les autres singes que chez l'homme. Dans la série descendante des mammifères au contraire, on ne trouve plus que des indices de ces lignes. Dans le crâne humain on rencontre parfois, appartenant à l'écaille occipitale, une production qui a un caractère décidément pithécoïde, c'est-à-dire simien. C'est la saillie allongée de l'occipital, déjà mentionnée (*torus occipitalis transversus*), qui tantôt coïncide avec les deux lignes semi-circulaires supérieures, tantôt s'étend entre celles-ci et les lignes moyennes ou bien n'existe que dans la région de ces dernières. Cette éminence allongée passe graduellement en haut et en bas dans le niveau osseux voisin. Elle a un bord tantôt obtus, tantôt aigu, formant une crête plus ou moins développée ; elle est plus ou moins large, avec ou sans tubérosités médianes. Mais dans tous les cas elle constitue un caractère frappant. Cette production représente chez les Gorilles et les Orangs mâles et femelles jeunes, ainsi que chez les Chimpanzés mâles jeunes et chez les chimpanzés femelles de tout âge, les crêtes occipitales transverses principalement développées chez les mâles *vieux* de ces espèces. De semblables saillies se trouvent aussi dans les crânes humains adultes de tous les temps et chez tous les peuples. Elles ne sont même pas très rares sur les crânes ordinaires de la collection anatomique de Berlin. Elles existent avec une fréquence remarquable dans beaucoup de séries de crânes. Ainsi, on les voit très souvent dans ces crânes, généralement dépourvus de mâchoire inférieure, que feu le Dr Sachs fit déterrer, aux environs du Caire, dans un cimetière mahométan du XIIIe siècle après Jésus-Christ. Ces restes appartiennent à différents éléments de la population mahométane, mais les indigènes mélangés (Fellahs) dominent parmi eux. Ecker découvrit une trace de crête sagittale sur des crânes masculins d'Australiens et constata son absence sur ceux de femmes australiennes. J'ai moi-même observé des traces de crêtes osseuses sur des crânes carénés (scaphocéphales) de beaucoup de Nigritiens, mais je ne sais si ce caractère était lié à une différence sexuelle. Cette éminence osseuse ne saurait guère être utilisée comme caractère de race humaine.

Broca avait donné le nom de ptérion à la connexion en forme d'H produite par les sutures entre le pariétal, la grande aile du sphénoïde, l'écaille du temporal et le frontal. Une des perturbations les plus fréquentes dans la symétrie de cette suture en H se produit, comme nous l'avons déjà dit sommairement (p. 46), par l'intercalation d'une apophyse frontale de l'écaille temporale entre l'angle antéro-inférieur du pariétal, la portion frontale du frontal et la grande aile du sphénoïde. Cette apophyse peut être plus ou moins haute, exister d'un seul côté ou des deux côtés à la fois. C'est une production fréquente chez les Gorilles, les Chimpanzés, les Macaques, les Magots (*Inuus*) (1) et les Babouins. Elle se trouve très souvent chez les Orangs (2), les Gibbons, les Semnopithèques, les Cercopithèques et les singes du nouveau monde (hurleurs, capucins, etc.).

Virchow, d'accord avec W. Gruber, avait cherché à prouver que l'apophyse frontale de la portion écailleuse du temporal est une théromorphie, c'est-à-dire une analogie animale et principalement pithécoïde. Le premier constate l'existence de cette perturbation dans le développement normal du crâne beaucoup plus souvent chez certaines races que chez d'autres. Aucune de ces races ne semble appartenir à la race arienne ; l'existence de cette apophyse et la sténocrotaphie ou sténose temporale — c'est-à-dire le rétrécissement de la région temporale dû à un développement incomplet de la grande aile du sphénoïde et à une concentration des os voisins — indiquent en général une *infériorité*, mais nullement le plus haut degré d'infériorité chez les races humaines.

D'accord avec Hyrtl, Gruber et Calori, Stieda avait au contraire refusé de voir dans l'existence de l'apophyse temporale un caractère des races *inférieures*. Selon Stieda, cette partie osseuse peut se développer exceptionnellement chez *toutes* les races humaines (3). Anutschin a lui-même constaté ces anomalies du ptérion sur environ 10,000 crânes humains et ce naturaliste a pu en outre se renseigner à ce sujet par l'intermédiaire d'autres personnes. Il considère également comme une théromorphie pithécoïde l'existence de l'apophyse frontale chez l'homme. D'après Anutschin les différentes races humaines ne sont pas, dans la même mesure, sujettes à cette anomalie. L'apophyse frontale complète est le plus répandue chez les races inférieures à peau foncée et à chevelure laineuse (Australiens, Papous, Nègres); elle l'est moins chez les représentants des races malaise et mongole ; elle est le moins développée chez la race américaine et la race blanche, où elle est généralement de cinq à six fois plus rare que chez les races foncées. Parfois l'apophyse frontale est constituée par des os wormiens (*ossa epipterica*) soudés avec l'écaille du temporal ; d'autres fois c'est une véritable apophyse, une excroissance de cette écaille. Anutschin au contraire n'admet pas que les apophyses

(1) Elle paraît très fréquente, par exemple chez l'*Inuus speciosus*, du Japon.
(2) Brühl déjà attire l'attention sur l'existence variable d'une connexion entre la grande aile du sphénoïde et le temporal (l. c., p. 71).
(3) *Archiv für Anthropologie*, 1878, p. 121.

imparfaites ou les os wormiens soient des théromorphies, parce qu'elles existent plus rarement chez les singes que chez l'homme (1). Schlocker a démontré que l'apophyse frontale de l'écaille temporale, l'apophyse temporale du frontal (existant *plus rarement*) et les os wormiens (*ossa epipterica*) sont équivalents au point de vue génétique. Cet auteur considère également comme des théromorphies l'apophyse frontale de l'écaille temporale et la connexion directe de cette écaille avec le frontal ; mais il n'admet *pas* que l'existence de l'apophyse en question soit un caractère des races humaines inférieures (2). Ten Kate émet une opinion analogue (3). Quoi qu'il en soit, la constatation d'une théromorphie dans ce cas est un fait qui a de l'importance. Ainsi que nous le verrons plus loin, on peut faire appel à ce caractère en faveur de la théorie de la descendance, sans même recourir à des types intermédiaires moins élevés.

On a cru trouver dans les arcades sus-orbitaires fortement saillantes de certains crânes humains fossiles une analogie avec les caractères correspondants des anthropoïdes. En effet, la capsule cérébrale très dolichocéphale et les arcades sus-orbitaires proéminentes, séparées seulement par une dépression peu profonde, dans le célèbre crâne du Néanderthal, rappellent ce qu'on observe chez les anthropoïdes et surtout chez le Chimpanzé femelle. Dans ce crâne, le développement des arcades orbitaires est également lié à celui des sinus frontaux. Dans le spécimen préhistorique précité, dont nous avons pu faire une étude approfondie au Congrès d'anthropologie de Berlin, en 1880, grâce à l'obligeance personnelle du professeur Schaaffhausen, le front est fortement fuyant vers la région pariétale qui est déprimée. De Quatrefages et Hamy appellent ce crâne dolicho-platycéphale. Les lignes temporales (doubles) sont non seulement très prononcées, mais se rapprochent même l'une de l'autre dans la région de la voûte pariétale (fig. 35). Cette manière d'être rappelle ce qui existe chez le Chimpanzé femelle adulte et même chez le Gorille mâle jeune, chez les Orangs femelles vieux et chez les Gibbons.

A ce propos, il est bon de noter que les opinions de nos savants sur la provenance et la signification ethnologique du crâne du Néanderthal divergent encore beaucoup. Je me borne à signaler

(1) (*Aus den Nachrichten d. K. Gesellsch. der Freunde des Naturforschung, etc., zu Moskau.* Arbeiten der anthropologischen. Section IV, 1-59. [Le professeur Stieda s'est acquis beaucoup de mérite en traduisant en allemand ce travail excellent]. Voy. *Biologisches Centralblatt*, Bd. II, n° 2-4).
(2) Schlocker : *Ueber die Anomalien des Pterion.* Inaugural dissertation (Dorpat, 1879).
(3) *Zur Kraniologie der Mongoloiden : Beobachtungen und Messungen.* Dissertation (Heidelberg-Berlin, 1882), p. 56.

ici *quelques* exemples de ces divergences d'opinion. Pruner, par exemple, pense avoir affaire à un cas d'idiotisme (1). Virchow voit dans ce spécimen — et dans le spécimen analogue de Kailykke du musée de Copenhague — un phénomène absolument individuel (2), une forme typique modifiée par des influences morbides (3); ce serait un crâne pathologique (4). King croit que cet échantillon provient d'une race humaine primitive (*Homo Neanderthalensis*) (5). Schaaffhausen a même essayé de restaurer artificiellement le portrait d'un de ces hommes primitifs. Spengel cherche principalement en Europe les formes « néanderthaloïdes » du crâne (6). Plusieurs observateurs prétendent qu'aujourd'hui encore on peut voir partout des individus qui ont le crâne ainsi conformé. Huxley est arrivé à la conviction que les ossements du Néanderthal ne peuvent en aucune façon être considérés comme ceux d'un être humain intermédiaire à l'homme et aux singes. Tout au plus prouvent-ils l'existence d'un homme dont le crâne retourne en quelque chose vers le type pithécoïde. De même que les Pigeons messagers, grosse-gorge ou culbutants revêtent parfois le plumage de leur souche primitive, le Pigeon ordinaire (*Columba livia*). Le crâne du Néanderthal, quoique réellement le plus pithécoïde de tous les crânes humains connus, n'est en aucune façon aussi complètement isolé qu'il semble l'être tout d'abord ; il ne forme en réalité que le terme extrême d'une série ascendante qui conduit graduellement au crâne humain le plus élevé et le mieux développé. D'une part, il se rapproche étroitement des crânes australiens aplatis ; tandis que d'autres formes australiennes nous conduisent graduellement à des crânes qui ont beaucoup plus le type de celui d'Engis. D'autre part, il est encore plus voisin des crânes de certaines vieilles souches qui habitaient le Danemark pendant l'âge de la pierre et qui étaient probablement des contemporains ou des descendants de ces hommes auxquels les amas de restes de cuisine ou Kjœkkenmœddings de ce pays doivent leur origine (7).

Huxley fait observer avec raison, au même endroit, que quelques crânes provenant des tumuli de Borreby et dessinés par Busk, ressemblent au crâne du Néanderthal, surtout en ce qui concerne

(1) *Bulletin de la Société d'Anthropologie*, IV, 305.
(2) *Verhandlungen der Berliner Gesellschaft für Anthropologie, etc.*, 1872, p. 164.
(3) *Die IV. allgemeine Versammlung der deutschen Gesellschaft für Anthopologie, etc.*, p. 49.
(4) *Die Urbevölkerung Europas*, p. 46.
(5) *Quarterly Journal of science*, januar, 1864. Voy. aussi : Fuhlroth, *Der fossile Mensch aus dem Neanderthal* (Duisburg, 1865).
(6) *Archiv für Anthropologie*, VIII, 63.
(7) *De la place de l'homme, etc.*, p. 313.

l'inclinaison rétrograde rapide du front. On peut d'ailleurs, dans
une certaine mesure, mettre en parallèle avec ce dernier spécimen
quelques autres crânes européens devenus célèbres, par exemple
ceux de Brüx, de Staengenaes, d'Olmo, de Louth, de Clichy, de
Bougon, de Cro-Magnon, de Grenelle, d'Engisheim, de Cannstadt

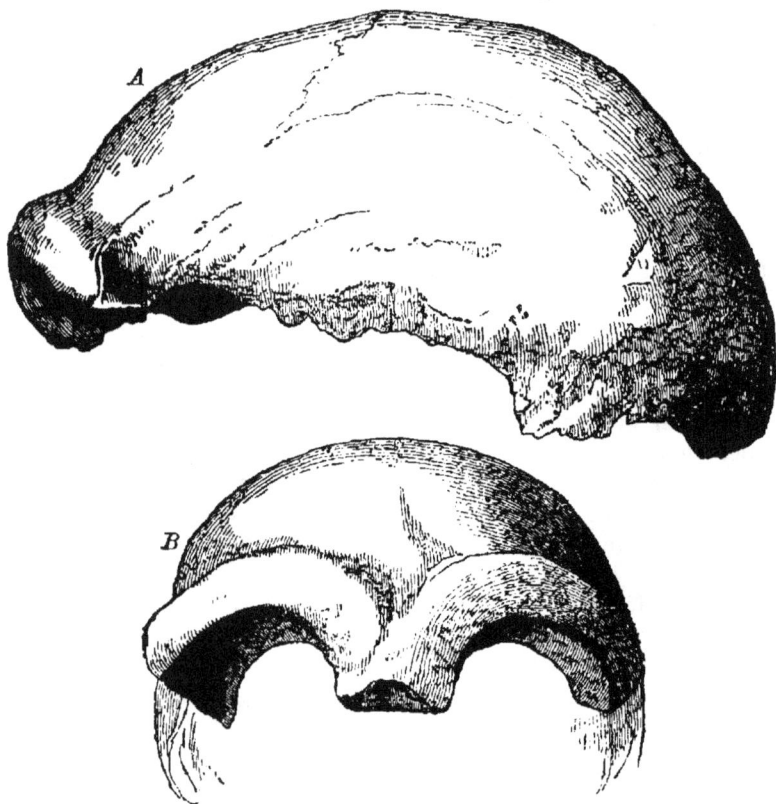

Fig. 35. — Le crâne du Néanderthal : *a*, de profil ; *b*, de face.

celui de l'évêque Saint-Mansuy, de Toul. Tous ces crânes présentent des particularités de structure intéressantes, des arcades sus-
orbitaires fortement développées, des fronts fuyants, des dépressions de la voûte crânienne, etc. ; toutefois aucun d'eux n'offre les
caractères si remarquables du crâne du Néanderthal. Mais jusqu'à
présent on n'a pas fourni la preuve que ce dernier représente un
type de peuple déterminé, et l'opinion que c'est une conformation
purement individuelle reste encore la plus vraisemblable.

Les crânes des indigènes australiens se distinguent, ainsi que Spengel l'indique fort bien, de celui du Néanderthal et des crânes néanderthaloïdes par leur scaphocéphalie prononcée. Mais, d'autre part, les arcades sus-orbitaires si fréquemment très développées, le front fuyant, la compression du crâne dans la région temporale, la hauteur de la région faciale, si faible par rapport à celle de l'Européen et le prognathisme des Australiens rapprochent beaucoup les crânes de ceux-ci de ceux des anthropoïdes. Si l'on examine, par exemple, le crâne provenant de Camp-in-Heaven, Arnhems-Land (Australie septentrionale), figuré par de Quatrefages et Hamy (*Crania ethnica*, pl. XXVI), le crâne de Negrito du Dr Schadenburg (*Zeitschrift für Ethnologie*, 12 Jahr., pl. VIII, fig. 2), la conformation anthropoïde indiscutable de ces échantillons s'impose aux sceptiques les plus décidés !

Des particularités semblables à celles que nous avons signalées plus haut dans la structure du crâne des Australiens nous permettent de juger aussi de la forme anthropoïde des crânes de beaucoup d'individus appartenant aux races africaines de couleur foncée. Nous faisons allusion principalement à l'inclinaison rétrograde du front, à l'aplatissement et à la compression de la voûte cranienne, au prognathisme considérable et à l'angle très obtus du maxillaire inférieur qu'on observe dans les crânes d'un si grand nombre de Nigritiens. La saillie des arcades sus-orbitaires est au contraire rarement aussi prononcée chez les Africains que chez les espèces simiennes dont il s'agit. Mais si l'on considère à part cela certains spécimens, tels entre autres que le crâne du Congo représenté par de Quatrefages et Hamy (*Crania ethnica*, pl. XXXVI), l'impression devient tout à fait imposante. Les *crânes* de certaines races, de couleur claire, très intelligentes et très belliqueuses qui habitent l'Afrique centrale et occidentale, telles que les Mombuttus, les Hausas, les Bakalays, les Fans, etc., nous étonnent par leur aspect anthropoïde. Mais parmi toutes les races humaines de la terre, c'est chez les Papous et chez certains nègres africains que cet aspect est le plus prononcé.

On peut observer sur des crânes de différentes nations un rapprochement assez considérable des lignes temporales dans la région pariétale. On rencontre surtout fréquemment ce phénomène dans les crânes dolichocéphales de certains Nigritiens et de certains Papous. Il est généralement lié dans ce cas à la faible longueur du diamètre transversal joignant les deux côtés du crâne.

Chez les Chimpanzés femelles adultes, les pariétaux s'élèvent très souvent obliquement à la manière d'un toit vers la suture sagittale et, dans la région de cette dernière, il existe une éminence osseuse allongée dont les côtés passent graduellement aux faces externes des os pariétaux. On peut néanmoins retrouver la suture sagittale encore intacte. Souvent aussi cette dernière accuse déjà un commencement de soudure. C'est ainsi que se développe ce qu'on appelle le crâne légèrement caréné (*scaphocephalus*). Une production de ce genre s'observe souvent aussi chez des Nigritiens et des Papous, plus rarement au contraire sur les crânes des autres races. On a de plus signalé comme une théromorphie l'existence d'un os zygomatique partagé en deux sur certains crânes humains (surtout sur ceux des Aïnos et des Japonais), parce que cette division existe parfois aussi dans des crânes de singes (1). Chez les anthropoïdes, je n'ai vu que très peu de fois des traces assez confuses d'une semblable production.

En 1863, Boucher de Perthes découvrit, à Abbeville, dans une couche d'argile et de sable noir ferrugineux reposant sur la craie, la moitié d'une mâchoire inférieure humaine, qui, à en juger par les figures le plus souvent défectueuses qu'on en possède, ne présente, à part la branche dirigée obliquement en arrière, rien de particulièrement intéressant (fig. 36). Ce spécimen fit une énorme sensation et fut attribué à l'homme primitif du diluvium par beaucoup de savants très estimables. Plus tard, il fut malheureusement prouvé qu'on avait eu affaire à une chimère colossale !

Il n'en est pas de même des mâchoires inférieures de la Naulette, d'Aurignac et d'Arcy, qui sont certainement authentiques et peuvent revendiquer une haute ancienneté (2). La mâchoire de la Naulette est à la vérité très incomplète, mais permet néanmoins

---

(1) *Ten Kate*, l. c., p. 17, 42. Virchow pense que les faits sont encore trop obscurs pour permettre de porter un jugement définitif en ce qui concerne cette production chez l'homme. (*Auszug aus dem Monatsbericht d. Akad. d. Wissenschaften zu Berlin*, 1881, p. 258). La non participation de l'os zygomatique à la constitution de la fente orbitaire inférieure a été trop rarement observée chez les anthropoïdes pour qu'il puisse en être sérieusement question ici.

(2) A part la mâchoire inférieure de la Naulette, un autre fragment de mâchoire humaine, trouvé récemment dans la caverne de Schipka, en Moravie, attire actuellement l'attention. Schaaffhausen a prétendu que c'était une mâchoire d'enfant et qu'elle était *pithécoïde*. Virchow a examiné avec soin ce fragment ; selon lui, c'est une pièce appartenant à l'époque du mammouth, provenant d'un adulte atteint de rétention dentaire et n'ayant rien de *pithécoïde*. Cet auteur soumet également à une analyse minutieuse la mâchoire de la Naulette, qu'il a examinée lui-même plusieurs fois à Bruxelles, et semble plutôt disposé à accorder à ce dernier spécimen un caractère pithécoïde (*Zeitschrift für Ethnologie*, 1882, p. 277).

R. Baume, au contraire, considère les mâchoires de la Naulette et de la caverne de Schipka (dont il publie d'excellentes figures) comme des productions *pithécoïdes*. Pour lui, ces deux spécimens prouvent formellement que, dans la période diluvienne, il existait des hommes-singes qui, sous le rapport de la conformation de la mâchoire inférieure, différaient beaucoup de tous ceux qui vivent actuellement. L'auteur croit qu'à l'époque diluvienne il existait des races humaines notablement inférieures aux races actuelles les plus dégradées.(*Die Kieferfragmente von la Naulette und aus der Schiphahöhle*, Leipzig 1883.)

de réconnaître une constitution de la symphyse du menton (fig. 37), qui engage à la comparer avec les mâchoires inférieures de beaucoup d'anthropoïdes, surtout avec celle des Gorilles et des Chimpanzés. Nous voulons parler surtout de la direction presque

Fig. 36. — Mâchoire inférieure de Moulin-Quignon.

verticale de la face antérieure du corps du maxillaire inférieur. Chez les anthropoïdes, cette partie est encore fortement inclinée d'avant en arrière et de haut en bas (c'est-à-dire du bord alvéolaire vers le bord inférieur du corps du maxillaire) (fig. 38). Néanmoins l'échantillon de la Naulette, de même que les mâchoires inférieures de quelques crânes papous récents (des Nouvelles-Hébrides), etc., se rapprochent au moins dans une certaine mesure du type pithé-

Fig. 37. — Mâchoire inférieure de la Naulette.

coïde. Un singe fossile (*Dryopithecus Fontanii*), anthropoïde très élevé, paraît-il, provenant du miocène moyen de Saint-Gaudens, ne présente qu'une faible inclinaison rétrograde de cette partie de la mâchoire. D'après Gaudry, le *Dryopithecus* atteignait à peu près la taille de l'homme. Ses incisives étaient petites, ses molaires postérieures avaient des tubercules moins arrondis que chez l'Européen, mais se rapprochaient d'autant plus des tubercules des molaires des Australiens. On a admis (sans pouvoir toutefois le prouver sûrement) que, chez le *Dryopithecus*, la dernière molaire n'aurait apparu qu'après la canine, comme il arrive pour la dent de sagesse de l'homme. Gaudry a fait représenter à côté de la mâchoire inférieure du *Dryopithecus Fontanii* celle d'un Tasmanien, âgé de 11 à 12 ans. Chez ce dernier, la première molaire est plus grande que chez le *Dryopithecus;* tandis que la canine et les prémolaires sont beaucoup plus faibles. Cette différence est assez importante, car le petit volume des dents antérieures est en rapport avec la faible proéminence de la face, qui constitue toujours un signe de supériorité humaine. Bien que la canine du *Dryopithecus* soit cassée, on peut cependant reconnaître qu'elle a dû dépasser de beaucoup les autres dents. Le mâle avait même des canines très puissantes. Sur les dents de cet animal on trouverait en outre une légère éminence qui manque aux dents humaines. Le *Mesopithecus* du miocène de Pikermi (Attique) était un singe moins voisin des anthropoïdes; il avait la tête d'un Semnopithèque et les membres d'un Macaque. Selon Gaudry, le *Pliopithecus*, de Sansan, était voisin des Gibbons. Un singe de la taille de l'Orang-Outan, trouvé par Baker et Durand, dans le miocène supérieur des monts Sewaliks, appartient au contraire aux Semnopithèques (*Semnopithecus subhimalayanus*) (1).

Lorsqu'on étudie comparativement l'organisation de l'homme et celle des singes anthropoïdes, il importe également de considérer des sections de crânes caractéristiques, surtout des sections longitudinales (2). Virchow a fait faire des dessins de sections longitudinales d'un Gorille, d'un Chimpanzé, d'un Orang-Outan et d'une Australienne, d'après des échantillons des musées de Berlin. La boîte crânienne du Gorille (3), comparée à celle de l'Australienne, paraît si peu volumineuse qu'elle semble comme comprimée. Cependant ce crâne australien est excessivement petit comparativement à d'autres crânes humains; il n'a qu'une capacité de 1150 c. c. Chez le Gorille (c'est-à-dire chez le mâle vieux qui a été figuré dans ce cas), la grandeur énorme des sinus frontaux et de la saillie fronto-nasale qui les recouvre, ainsi que le puissant développement des mâchoires contribuent à faire paraître la tête plus grosse. « Tout ce qui rend la tête grosse, dit Virchow, est bestial et non humain. » Il en est à peu près de même chez l'Orang-Outan. Chez le Chimpanzé seul la capacité crânienne offre un rapport un peu plus avantageux. Elle se rapproche par là de celle du crâne (représenté dans le même ouvrage) d'un Microcéphale né dans le Palatinat, qui est bien inférieur à la forme australienne et se rapproche d'autant plus du singe.

(1) Gaudry, *les Enchaînements du monde animal* (Paris, 1878), p. 232.
(2) Hartmann, *Der Gorilla*, p. 68, 109.
(3) *Correspondenzblatt der deutschen Anthropologischen Gesellschaft*, 1878, p. 148, avec une planche.

La capacité crânienne du Gorille femelle et de l'Orang *femelle adultes* présente également plus de rapports avec celle du crâne humain.

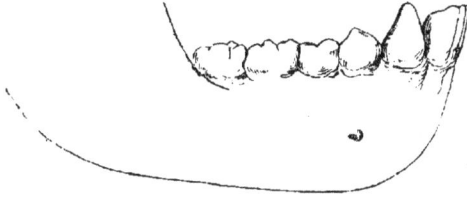

Fig. 38. — Mâchoire inférieure d'un anthropoïde.

Les sinus et les cellules déjà signalés (p. 62) sont plus développés dans les os crâniens des anthropoïdes que dans ceux de l'homme. Ils sont assez bien visibles dans la figure ci-dessous, représentant une section longitudinale faite suivant le plan médian (sagittal) à travers le crâne d'un Chimpanzé (fig. 39). La longueur du crâne a, entre la cloison nasale et la partie la plus saillante de l'occipital, égale 128^{mm}; b, celle de la cavité crânienne, au contraire, 108^{mm}. Dans la différence de ces nombres il faut rapporter 10^{mm} à

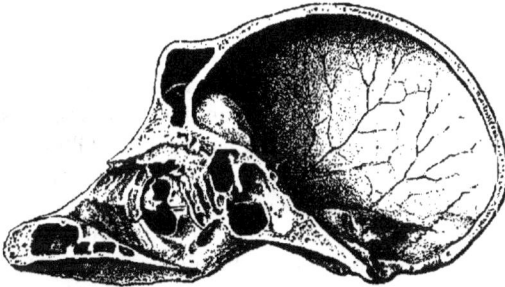

Fig. 39. — Section sagittale du crâne d'un Chimpanzé bam.

la profondeur des sinus frontaux et le reste à l'épaisseur des os du crâne. Chez le Gorille mâle vieux, on trouva la distance $a=153$, $b=115^{mm}$; chez un Gorille vieux, $a=183$, $b=117^{mm}$; chez l'Orang mâle très vieux, $a=140$, $b=114^{mm}$. Chez le Gorille mâle vieux, la minceur relativement grande du milieu de l'écaille occipitale est très remarquable. Chez le Chimpanzé adulte, les grosses cellules de l'écaille temporale se prolongent encore au-delà de cet os et sans interruption jusque dans le pariétal correspondant. D'ailleurs, pour de semblables recherches, les os légers et minces des individus tués à l'état sauvage sont plus convenables que les os lourds et très apideux des individus morts après une longue captivité.

E. Zuckerkandl fait observer que chez l'Européen la partie orbitaire du nez, c'est-à-dire la portion située entre les orbites, est plus longue que la portion située au-dessous des orbites ou infra-orbitaire. Chez les anthropoïdes, cette dernière serait beaucoup plus grande que la portion orbitaire, mais seulement à l'état adulte. Car dans le cours du développement il y aurait des phases où ces animaux présentent des conditions semblables à celles d'un Européen adulte et même à celles d'un enfant. Pour ces proportions, le crâne d'un Malais serait intermédiaire entre celui de l'Européen et celui des singes. L'accroissement de sa région nasale infra-orbitaire n'atteindrait pas le même degré que chez ces derniers, mais différerait, dans beaucoup de cas, essentiellement de celui du crâne européen. L'auteur cherche à appuyer son opinion d'une manière assez habile par des données numériques.

Les indications du même savant, sur le rapport de la hauteur à la largeur des orbites, offrent également de l'intérêt. Il remarque que, si l'on prend pour termes de comparaison les mesures prises sur des singes, il existe, somme toute, entre les crânes adultes de ces derniers et ceux des hommes adultes des différences plus grandes qu'entre les individus jeunes de ces mêmes espèces. De plus, les orbites de l'enfant et celles de l'adolescent offrent, surtout chez les Européens, plus de ressemblance avec celles d'un jeune singe qu'avec celle d'un singe adulte. Chez le Chimpanzé et l'Orang-Outan, les proportions sont les mêmes que chez l'homme, c'est-à-dire que la largeur des orbites surpasse leur hauteur. Pour l'homme, il faudrait en chercher la cause dans le développement excessif de la saillie des bords sus-orbitaires. Il est très vraisemblable qu'il y ait chez les anthropoïdes tout à fait jeunes une phase dans laquelle la largeur des orbites est plus considérable que leur hauteur (1). Mais quand Zuckerkandl prétend de plus que chez les anthropoïdes le diamètre vertical des orbites l'emporte sur le diamètre transversal et cela d'autant plus que l'individu est plus âgé, il n'est pas absolument dans le vrai, car il y a parfois des variations même chez les animaux vieux, et l'on observe aussi, quoique rarement, des orbites dont la hauteur égale exactement la largeur.

II. — LA COLONNE VERTÉBRALE ET LE BASSIN.

Comparons maintenant la *colonne vertébrale* des anthropoïdes

1) *Zur Morphologie des Gesichtsschaedels*, Stuttgart, 1877, p. 73, 85, 89.

à celle de l'homme. Rosenberg a cherché à démontrer que la première vertèbre du sacrum était au début, pendant l'état embryonnaire, une vertèbre lombaire, qui, à une phase ultérieure du développement, était encastrée par les ilions et amenée ainsi à faire
partie du sacrum. Cet auteur a de plus imaginé une théorie des
homologies ou équivalences génétiques des vertèbres, à laquelle
nous devons accorder ici quelque attention. Suivant cette théorie,
— comme le dit fort bien Welcker (1), — la vingtième vertèbre d'un
animal A est homologue à la vingtième d'un autre animal B; la
trentième de l'un est homologue à la trentième de l'autre, que cette
trentième vertèbre soit lombaire dans un cas, sacrée dans l'autre
ou caudale dans un troisième animal. Les dernières vertèbres lombaires des singes inférieurs ont passé chez les descendants de
ceux-ci, chez l'homme, par trois métamorphoses et, après avoir
perdu la conformation des vertèbres sacrées, constituent, dans
leur quatrième forme, des vertèbres coccygiennes.

P. Froriep, un partisan de Rosenberg, remarque que les vertèbres lombo-sacrées, c'est-à-dire les éléments de la colonne vertébrale, situés au point de passage des vertèbres lombaires aux
sacrées, présentent un intérêt nouveau dans l'hypothèse de Rosenberg. Suivant la position qu'elles occupent dans l'ensemble de la
colonne, il faudrait les considérer comme des vertèbres lombaires
impliquées trop tôt ou trop tard dans la transformation en os sacré.
Supposons que la vingt-quatrième vertèbre soit assimilée au sacrum
et que, par suite, il s'y développe un promontoire ou contrefort
supérieur; cette variation représentera un état de transition vers
une forme future (!?) dans laquelle cette vertèbre sera normalement la première vertèbre sacrée et la colonne n'aurait plus que
23 vertèbres libres. Supposons, au contraire, que la vertèbre de
passage soit la vingt-cinquième de la série entière, par conséquent celle qui actuellement devrait être la vertèbre principale du
sacrum; on aura, dans le sens de Rosenberg, un cas individuel
en retard sur le développement philogénétique, un cas d'atavisme (2).

D'après l'opinion de Welcker, au contraire, la vertèbre sacrée
principale ou *vertèbre de soutien* d'un animal correspond à la vertèbre de soutien d'un autre animal, quel que soit le numéro d'ordre
de cette vertèbre. Les cervicales de l'un, au nombre de cinq dans
un cas, de sept et même de onze ailleurs, correspondent aux vertèbres cervicales de l'autre. La colonne vertébrale de l'un corres-

---

(1) Welcker in His und Braune, *Archiv für Anatomie*, 1881, p. 176. — Rosenberg, *Gegenbaur's Morpholog. Jahrbuch*, t. I, p. 172.
(2) *Beitræge zur Geburtshilfe*, p. 161.

pondrait à la colonne tout entière de l'autre, mais non, par exemple, aux deux tiers ou aux trois quarts de celle-ci. Suivant les différentes fonctions d'un animal déterminé, la portion du squelette échue à la région dorsale et à la région lombaire se segmenterait plus chez les uns, moins chez les autres, mais les vertèbres seraient homologues entre elles, suivant les régions, et non suivant leurs *numéros* d'ordre.

Holl a constaté que l'une des vertèbres se mettait en rapport plus intime avec l'ilion, se reliait à celui-ci sur une grande étendue, que c'est toujours une seule vertèbre qui devient l'organe de soutien du bassin. Dans les conditions normales cette vertèbre est toujours la première vertèbre sacrée proprement dite ou la vingt-cinquième dans l'ordre numérique. On peut, avec Welcker, lui donner le nom de vertèbre de soutien, *vertebra fulcralis*. Cette vertèbre de soutien existe, selon Holl, dans toute colonne vertébrale, que celle-ci présente ou non des conditions anormales. Elle ne peut éprouver qu'un déplacement numérique dans la série des vertèbres. Le même élément nous donne une limite naturelle pour la division de la colonne. Tout ce qui est situé au-devant ou au-dessus d'elle constitue la région pré-sacrée de la colonne vertébrale. La vertèbre fulcrale doit toujours être considérée comme la première vertèbre sacrée. C'est elle qui commence la série des vertèbres du sacrum, et déjà, en prévision de son importance future, elle apparaît primitivement comme telle. Holl la trouva toujours suivie de quatre autres vertèbres qui, avec elle, entraient dans la composition du sacrum. Si, dans l'ébauche primitive, la vertèbre fulcrale est la vingt-cinquième, le sacrum comprend les vertèbres depuis la vingt-cinquième jusqu'à la vingt-neuvième inclusivement. Si, au contraire, la vertèbre fulcrale est la vingt-sixième, le sacrum comprendra les vertèbres de la vingt-sixième à la trentième inclusivement. De tout cela il ressort que l'os sacré, en tant que pièce unique, est une formation définie dès les premières phases du développement; qu'il commence par la vingt-cinquième ou la vingt-sixième vertèbre de la série, suivie de quatre autres vertèbres. La forme lombo-sacrée de la dernière vertèbre lombaire, c'est-à-dire la forme intermédiaire entre celle des vertèbres lombaires et celle des vertèbres sacrées, indique, selon Holl, non pas le passage graduel de cette vertèbre à une vertèbre sacrée, mais prouve simplement qu'elle est restée stationnaire dans le développement (1).

Quand on considère un sacrum humain on voit que sa première

(1) *Sitzungsberichte der Akademie der Wissenschaften zu Wien*, 1882, LXXXV, p. 1 et seq.

vertèbre, la vingt-cinquième de la série, présente encore dans sa portion supérieure une conformation semblable aux vertèbres lombaires, abstraction faite des parties latérales des arcs transformés en ailes. Mais ces ailes du sacrum, servant de point d'appui aux ilions, sont principalement formées par la première vertèbre sacrée. Celle-ci devient ainsi, et par le fait qu'elle supporte toute le fardeau des vertèbres pré-sacrées, une véritable vertèbre de soutien.

Holl dit fort bien qu'on rencontre peu de cas (chez l'homme) dans lesquels l'os sacré comprend moins de cinq vertèbres ; leur nombre est alors de quatre au moins. Mais dans ce cas également, la première vertèbre sacrée ou vertèbre de soutien détermine la région pré-sacrée et la région post-sacrée de la colonne vertébrale.

Chez les anthropoïdes, la partie inférieure de la région lombaire est encore profondément engagée entre les palettes très hautes, larges et aplaties des ilions, qui se rapprochent très près l'une de l'autre vers la colonne vertébrale ; tandis que chez l'homme ces palettes ne dépassent pas autant la base du sacrum, en même temps que les crêtes iliaques s'écartent davantage de la colonne vertébrale. Les ailes du sacrum des grands singes s'articulent relativement très bas avec les os iliaques. Chez le Gorille mâle vieux, par exemple, les apophyses transverses des deux vertèbres lombaires inférieures se prolongent souvent jusqu'aux bords postérieurs des palettes iliaques, bien que la pénultième vertèbre lombaire s'élève déjà un peu au-dessus du niveau des crêtes iliaques. Cela est encore plus prononcé chez le Chimpanzé mâle vieux où la dernière vertèbre lombaire seule est en quelque sorte enclavée entre les deux ilions. Chez le mâle jeune même et chez la femelle adulte du Chimpanzé les deux vertèbres lombaires inférieures se trouvent également presque enclavées par les parties supérieures des ilions. Chez l'Orang, la dernière vertèbre lombaire se trouve entre les ilions. Des cinq vertèbres sacrées c'est la première et la deuxième qui s'articulent avec les os précités.

La vertèbre de soutien du Gorille est la vingt-cinquième, c'est la vertèbre sacrée supérieure. Chez cet animal les vertèbres sacrées, de la première à la troisième, prennent part à la connexion articulaire avec les crêtes iliaques. Chez le Chimpanzé la vertèbre fulcrale est également la vingt-cinquième. Chez le mâle vieux de cette espèce ce sont les vertèbres sacrées, de la première à la troisième, qui concourent à la connexion avec l'ilion ; cette dernière n'y contribue que pour une faible part. Chez le mâle jeune et chez la femelle vieille ce ne sont, au contraire, le plus souvent, que la première et la deuxième vertèbre sacrées qui entrent en

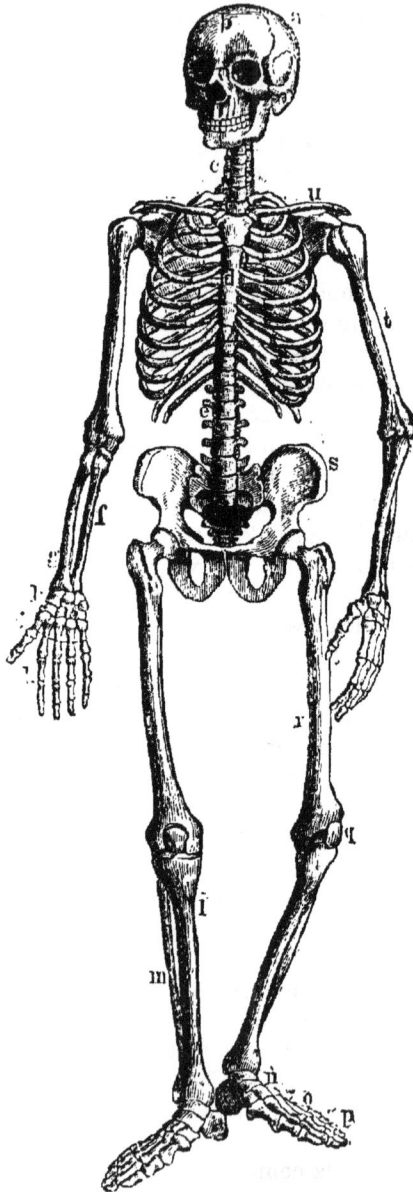

Fig. 40. — Squelette humain. *a*, os pariétal ; *b*, frontal ; *c*, vertèbres cervicales *d*, sternum ; *e*, vertèbres lombaires ; *f*, cubitus ; *g*, radius ; *h*, carpe ; *i*, métacarpe ; *k*, phalanges ; *l*, tibia ; *m*, péroné ; *n*, tarse ; *o*, métatarsien ; *p*, phalanges des orteils ; *q*, rotule ; *r*, fémur ; *s*, os iliaque; *t*, humérus ; *u*, clavicule.

rapport avec l'ilion. Chez l'Orang-Outan c'est généralement la vingt-quatrième qui devient la vertèbre fulcrale.

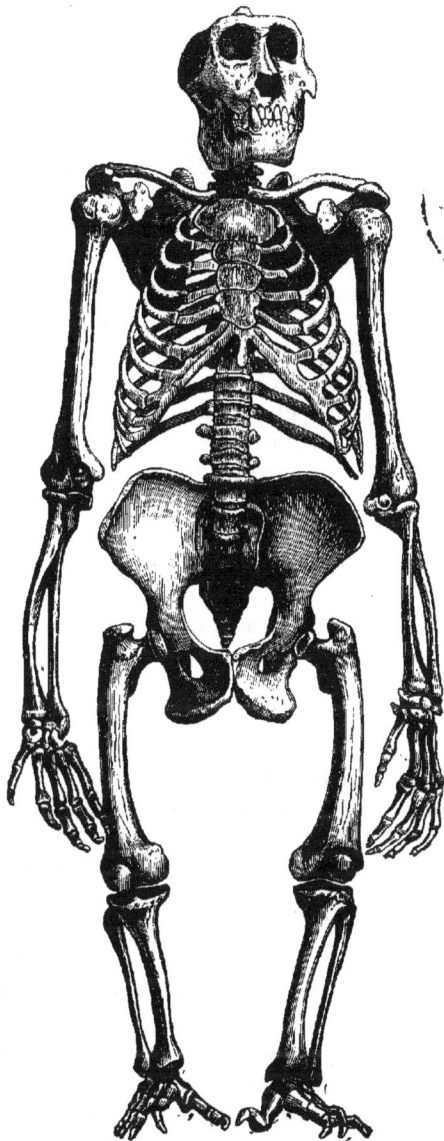

Fig. 41. — Squelette du Gorille mâle vieux.

Chez les Gibbons on peut considérer la vingt-cinquième vertèbre comme étant la vertèbre de soutien. Chez le Siamang, qui a cinq vertèbres lombaires, j'ai encore trouvé la cinquième entre les ilions. Des cinq vertèbres sacrées, la première et la seconde s'articulent avec ces os du bassin. Chez l'*Hylobates agilis*, qui possède six vertèbres lombaires, la cinquième et la sixième se trouvent entre les ilions avec lesquels s'articulent la première et la deuxième des cinq vertèbres sacrées.

La colonne vertébrale du Gorille, du Chimpanzé et de l'Orang présente, entre l'avant-dernière vertèbre cervicale et la deuxième ou troisième vertèbre dorsale, une faible courbure à convexité antérieure. Dans la région située au-dessous de la deuxième vertèbre lombaire se montre une seconde courbure de même sens, mais plus faible encore que la précédente. Le promontoire de l'entrée du bassin, c'est-à-dire le prolongement développé dans la région intermédiaire aux vertèbres lombaires et sacrées et décrivant les trois quarts d'un cercle, qui est si prononcé chez l'homme, n'est que faiblement marqué chez les anthropoïdes. En arrière, la colonne vertébrale présente un arc; elle a une courbure dorsale à convexité postérieure (voy. fig. 17 et 23).

Aeby prétend que les corps des vertèbres du Gorille s'amincissent en avant. Il en est ainsi en effet. Lorsqu'un anthropoïde grimpe ou qu'il marche, la courbure dorsale de sa colonne vertébrale conserve sa position fixe. Elle se manifeste encore mieux lorsque, en grimpant sur un arbre, un mât ou quelque autre support de ce genre, l'animal écarte son tronc de l'objet sur lequel il s'élève et qu'il courbe en même temps la tête fortement en avant. Une semblable courbure dorsale se remarque aussi chez les hommes qui grimpent à l'aide des mains et des pieds, en tenant le corps écarté, sur un arbre, un mât ou tout autre objet de ce genre. Lorsqu'un anthropoïde se dresse suffisamment, pour pouvoir en même temps porter ses mains derrière la tête, la courbure dorsale de sa colonne vertébrale diminue naturellement et il se produit même une courbure antérieure ou ventrale plus ou moins forte de la même région.

Le bassin osseux des anthropoïdes avec ses palettes iliaques, hautes, étroites, dirigées en avant, avec ses dernières vertèbres lombaires profondément enfoncées entre ces palettes, avec ses vertèbres sacrées et coccygiennes rappelant d'une manière frappante des rudiments de vertèbres caudales, est la partie du squelettes de ces animaux qui présente le moins d'analogie humaine (voy. fig. 40 et 41).

La cage thoracique des anthropoïdes se distingue de la cage thoracique normale de l'homme en ce qu'elle s'élargit fortement et brusquement vers sa base ouverte. A ce thorax et aux os du bassin, divergeant fortement en avant, s'attachent les parois de l'abdomen qui s'arrondissent régulièrement comme un tonneau et n'ont pas cette forme si gracieuse que l'on connaît aux parties correspondantes de l'homme.

Certaines particularités des os de la ceinture scapulaire et des extrémités des anthropoïdes, ainsi que les différences qu'ils présentent avec les mêmes organes de l'homme ont déjà été décrites plus haut (p. 52, etc.).

III. — LA MAIN, LE PIED ET LES MEMBRES.

Aeby avait prétendu que, chez le Gorille, la tête de l'humérus représentait un cycloïde placé transversalement. Chez l'homme, au contraire, la forme de cette partie serait celle d'un segment de sphère. Mais je crois avoir démontré (1) que la tête de l'humérus du Gorille varie beaucoup dans sa forme fondamentale, qu'elle peut être tantôt cycloïdique ou cycloïdique verticale, tantôt conformée comme un segment de sphère parfaite. Il faut aussi remarquer que cette même partie osseuse correspond à un segment de sphère chez le Chimpanzé, l'Orang et le Gibbon, tandis qu'elle n'a pas toujours exactement cette conformation dans l'humérus de l'homme. Aeby remarque en outre que la constitution cycloïdique transversale de la tête de l'humérus chez le Gorille nous autorise à conclure que les membres antérieurs de cet animal se meuvent principalement autour d'un axe de rotation transversal. Cependant il suffit d'observer directement un anthropoïde vivant ou d'examiner le cadavre d'un tel animal pour voir qu'il existe là une articulation mobile dans tous les sens, fort bien développée, devant le mécanisme parfait de laquelle toute difficulté théorique doit s'évanouir (2).

Les courbures si prononcées, que présentent normalement les os de l'avant-bras du Gorille et du Chimpanzé, ne se rencontrent que rarement chez l'homme, et ne doivent alors même être considérées que comme des déviations de la forme normale, des phénomènes pathologiques.

L'Orang-Outan possède toujours un *neuvième* os carpien, correspondant à l'*os intermédiaire* de Blainville et à l'*os central* du carpe de Gegenbaur. Chez un individu très jeune, j'ai trouvé ce petit os pourvu d'un noyau d'ossification distinct. La marche de

---

(1) *Morphologisches Jahrbuch*, t. IV, p. 229.
(2) Hartmann, *Der Gorilla*, p. 134.

l'ossification se montrait chez cet animal dans l'ordre suivant : 1, dans le grand os et dans l'os crochu; puis venaient 2, le scaphoïde ; 3, le trapèze ; 4, le semi-lunaire ; 5, le pyramidal ; 6, *l'os central du carpe* ; 7, le trapézoïde. L'os styloïde et l'os tendineux, situé entre le trapèze et le scaphoïde, et dont les rapports avec les muscles seront décrits plus loin, n'étaient encore qu'à l'état purement cartilagineux.

J'ai vainement cherché jusqu'à présent ce neuvième os du carpe *chez le Gorille* et le Chimpanzé, où il n'existe qu'exceptionnellement. Chez le Gibbon il est très nettement placé entre le scaphoïde, le semi-lunaire, le trapézoïde et le grand os du carpe. Gegenbaur voit dans son *os central* un véritable élément de carpe, dérivant d'un état ancestral, mais il ne peut expliquer ce que cet os devient dans la suite. Rosenberg a fourni la preuve irréfutable de l'existence de cet os, même chez l'homme, pendant l'état embryonnaire, où il est le plus souvent de nouveau résorbé ; quelquefois cependant il persiste et se retrouve alors chez l'adulte, où il forme un neuvième os du carpe bien développé. Des cas de persistance de l'os central chez l'homme ont surtout été recueillis et publiés par l'infatigable anatomiste W. Gruber de Saint-Pétersbourg. On peut se demander si l'os central se retrouve également dans le carpe du fœtus du Gorille et du Chimpanzé. Malheureusment les matériaux nécessaires pour de semblables recherches nous manquent encore.

J'estime que c'est une spéculation oiseuse que de vouloir considérer l'os central du carpe simplement comme une partie (détachée) du scaphoïde. Chez un Chimpanzé très jeune ce dernier se montrait, à vrai dire, segmenté par deux sillons transversaux superficiels, mais les trois segments ne présentaient qu'un noyau d'ossification *unique*. De plus, l'ossification distincte et l'existence temporaire de l'os central chez l'homme parlent en faveur de son autonomie. D'après Rosenberg, cet os est *l'homologue*, non seulement de l'os central des mammifères, mais même des deux os centraux des Enaliosauriens fossiles. Il est devenu incomplet dans la mesure de la réduction intervenue (1). Il n'y a aucune difficulté particulière à rapporter cet os à des types vertébrés éloignés et même aux urodèles de l'Asie orientale (Wiedersheim) (2). La persistance de cet os chez l'homme doit donc être considérée comme un phénomène de réversion, mais non comme un fait dû à un arrêt de développement (voy. fig. 42).

---

(1) R. Hartmann, in *Archiv für. Anat.*, etc., de Reichert et Du Bois-Reymond 1876, p. 639-643.
(2) Wiedersheim in *Morpholog. Jahrbuch*, t. II, p. 421.

Sur le fémur de différents mammifères, entre les deux tubérosités appelées trochanters, on en trouve une troisième, le troisième trochanter (*trochanter tertius*), décrit avec détail par Waldeyer (1), et qui est très développé chez le cheval, l'âne, le rhinocéros et le tapir et ébauché également chez certains carnivores et dans d'autres familles. Une production de ce genre, peu élevée, obtuse et située généralement au point où commence la lèvre externe de l'arête postérieure (*ligne âpre*) du corps de cet os, se montre également dans les squelettes de toutes les races humaines sans exception, mais manque aux anthropoïdes ou n'est que *très faiblement* marquée chez eux.

Virchow considère avec raison l'existence de cette production comme une théromorphie, mais il n'admet pas qu'elle puisse être une particularité des races sauvages ou inférieures (2).

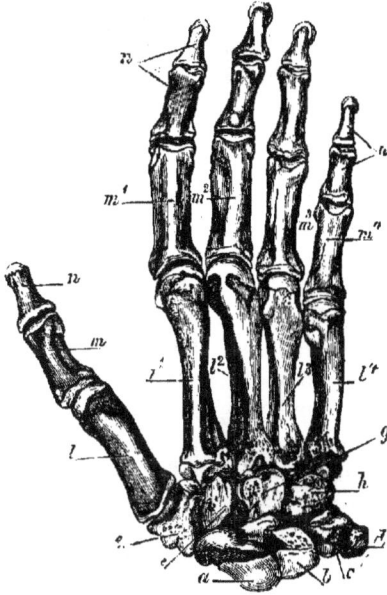

Fig. 42. — Squelette de la main humaine, vu par le côté dorsal : *a*, scaphoïde; *b*, semi-lunaire; *c*, pyramidal; *d*, pisiforme; *e* trapèze; *f*, trapézoïde; *g*, grand os; *h*, os crochu; *l-l⁴*, métacarpiens; *m-m¹* et *nn*, phalanges.

Le *tibia* de certains hommes présente assez souvent une compression, un aplatissement latéral de son corps ou portion moyenne,

(1) *Archiv. für Anthropologie*, 1880, p. 463.
(2) Altrojanische Græber und Schædel. *Aus den Abhandl. der Kœnigl. Akad. der Wissenschaften zu Berlin*, 1882, p. 47.

dont le diamètre transversal acquiert ainsi une disproportion frappante par rapport au diamètre antéro-postérieur. On dit que de semblables tibias sont en forme de lame de sabre ou *platycnémiques*. Des os ainsi conformés ont été surtout découverts dans d'anciens gisements, par exemple près de Gibraltar, à Perthi-Chwareu, dans le Wiltshire, dans la Lozère, à Clichy, à Sainte-Suzanne (Sarthe), mais surtout à Cro-Magnon (fig. 43), Janischewek, etc.

On observe aussi parfois de semblables spécimens dans la série des peuples *civilisés* anciens et modernes. Virchow, par exemple, découvrit de tels os dans la Transcaucasie (IIIe et IVe siècles après Jésus-Christ), et à Hanai-Tepe, dans la Troade. Dans tout traité d'anatomie publié en Europe, on signale quelques tibias qui présentent un certain degré de platycnémie. On en trouve également du même genre dans les squelettes de certains peuples de l'époque actuelle, par exemple, dans ceux de Négritos, de Canaques, de nègres africains, etc. Tandis que certains observateurs voulurent considérer la platycnémie comme un état pathologique, un effet du rachitisme, d'autres pensèrent, avec plus de raison, devoir l'attribuer à une activité musculaire puissante, exercée dans une direction unilatérale. L'opinion exprimée par Busk etc., que les tibias platycnémiques, découverts dans des gisements anciens de l'Europe, auraient appartenu à une race humaine inférieure déterminée, répandue sur tout ce continent, n'est pas soutenable, à cause de l'extension considérable de cette particularité, même à l'époque actuelle. On peut se demander si la platycnémie correspond d'une manière absolue à un état *inférieur*. Virchow découvrit, avec un tibia extrêmement platycnémique, déterré près de Janischewek, dans un tombeau kujawique de l'âge de la pierre (p. 106), un crâne remarquable par une beauté et une grosseur extraordinaires, de sorte que, considéré isolément, celui-ci donnerait à tout anatomiste l'impression d'une population *élevée en organisation* (1).

Ce qui nous intéresse particulièrement ici, c'est qu'on a voulu croire que la platycnémie était un caractère pithécoïde. C'est là-dessus également qu'on a cherché à se baser pour prouver l'infériorité des peuples chez lesquels la platycnémie est fréquente. Boyd-Dawkins remarque déjà que les tibias du Gorille et du Chimpanzé sont platycnémiques, à un certain degré, mais cependant pas autant que les os platycnémiques humains. Le tibia d'un Gorille mâle du Col-

---

(1) *Sitzungsbericht der Berliner Anthropologischen Gesellschaft* vom 14 april, 1880, p. 174.

lege of Surgeons aurait pour indice 68,1, celui d'une femelle 65,0 ;
tandis que l'indice des tibias de Chimpanzé est de 61, 1 ou égal à
la moyenne des tibias de Perthi-Chwareu. Selon lui, il serait inu-
tile de considérer les autres grandes différences qui existent entre
le tibia des singes et celui de l'homme ; si cependant on voulait
donner une explication génétique de la platycnémie, il faudrait

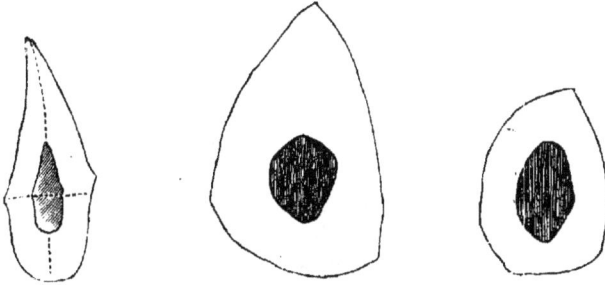

Fig. 43. — Section transver-   Fig. 44. — Section du ti-   Fig. 45. — Section du tibia
sale d'un tibia platycné-   bia d'un Gorille mâle.   d'un Chimpanzé mâle.
mique de Cro-Magnon.

convenir que sous ce rapport l'homme a de beaucoup dépassé les
singes (1). Virchow remarque ailleurs que les singes élevés en
organisation ne sont pas platycnémiques. Ni le Gorille, ni le Chimpanzé, ni l'Orang-Outan n'auraient un tibia aplati dans sa région
supérieure ou dans sa région moyenne, pas plus que le Babouin.
Chez tous ces singes, la région moyenne de cet os serait plus ou
moins arrondie, partiellement cylindrique, etc. D'après mes propres observations, le degré de platycnémie est soumis chez les
anthropoïdes à certaines variations. C'est chez le Gorille mâle
vieux (fig. 44) et chez quelques Gibbons (*Hylobates agilis, syndactylus*) que je l'ai trouvée le plus prononcée. Chez ces derniers, la
section transversale du tibia représente même presque un triangle
isocèle. La platycnémie était plus accentuée chez un Gorille
femelle presque adulte, plus encore chez un vieux Chimpanzé mâle
(originaire du bassin du Quillou), et chez un Chimpanzé femelle
vieux. En revanche, le milieu du corps du tibia d'un autre Chimpanzé mâle vieux du Loango (fig. 45) n'est pas platycnémique,
mais plutôt arrondi. Sur les tibias d'Orang-Outans adultes, que
j'ai examinés, la platycnémie existait toujours ; mais, d'accord
avec Boyd-Dawkins, je fais observer que jusqu'à présent je n'ai
jamais rencontré chez aucun anthropoïde une platycnémie aussi

(1) *Die Hœhlen und die Ureinbewohner Europas, Aus dem englischen*, vom
J.-W. Spengel (Leipzig und Heidelberg, 1876), p. 140.

accentuée que celle, par exemple, des tibias de Cro-Magnon (fig. 43) et de Troie.

Si l'on se contente de jeter un coup d'œil, même superficiel, sur les membres postérieurs des singes, on voit dans le tarse de ces derniers tous les éléments qui caractérisent aussi le tarse humain. Dans celui-ci il existe un astragale, un calcanéum, un scaphoïde, trois cunéiformes et un cuboïde. Mais dans ce cas encore nous trouvons quelques particularités qui diffèrent de ce qu'on observe chez l'homme. Le premier métatarsien est inséré sur le premier

Fig. 46. — Squelette du pied humain, vu par le côté dorsal : *a*, astragale ; *b*, calcaneum ; *c*, scaphoïde ; *d*, premier ; *e*, deuxième ; *f*, troisième cunéiformes ; *g*, cuboïdes ; *h*, métatarsiens ; *i, i*, phalanges des orteils.

cunéiforme, par l'intermédiaire d'une articulation mobile prolongée depuis le dos jusqu'à la plante du pied. Cette partie du pied joue par conséquent ici un rôle analogue à celui du pouce de la main humaine (fig. 20 et 46).

D'après Huxley, le membre postérieur du Gorille se termine par un *véritable pied* avec un gros orteil très mobile. C'est un pied, à vrai dire, préhensif, mais ce n'est en aucune façon une main,

c'est un pied qui ne diffère de celui de l'homme par aucun caractère essentiel, mais seulement dans ses proportions, dans son
degré de mobilité et dans l'arrangement secondaire de ses parties.
On ne doit pas croire, continue Huxley, qu'en ne considérant pas
ces différences comme étant fondamentales, il veuille amoindrir
leur valeur. Elles sont assez importantes en soi, la structure du
pied étant dans chaque cas en étroite corrélation avec les autres
parties de l'organisme. On ne saurait davantage mettre en doute
que la division du travail, poussée plus loin chez l'homme, — et
qui a pour conséquence que la fonction de support est entièrement dévolue à la jambe et au pied — ne soit un progrès organique très important pour lui. Mais, somme toute, les analogies
anatomiques du pied de l'homme et de celui du Gorille sont beaucoup plus frappantes et plus importantes que leurs différences.
Le pied de l'Orang diffère plus encore ; ses très longs orteils et
son tarse raccourci, son gros orteil court, son talon relevé, la
grande obliquité de son articulation avec la jambe et l'absence d'un
long fléchisseur du gros orteil le distinguent encore beaucoup
plus du pied du Gorille que le pied du Gorille ne se distingue de
celui de l'homme. Chez quelques-uns des singes inférieurs la main
et le pied s'éloignent encore plus de ceux du Gorille qu'ils ne font
chez l'Orang. Chez les singes américains, le pouce cesse d'être
opposable ; chez l'Atèle (*Ateles*) il est réduit à un simple rudiment
recouvert de peau (fig. 47); chez les Marmousets, il est dirigé en
avant et armé, comme les autres doigts, d'une griffe recourbée,
en sorte que, dans tous ces cas on ne peut douter que la main de
ces singes ne s'écarte beaucoup plus de celle du gorille que celle-ci
ne s'écarte de la main de l'homme (1).

Flower fait observer que la principale différence entre pied de
l'homme et celui du singe consiste en ce que ce dernier est trans-
formé en un organe de préhension. Les os du tarse, du métatarse
et des orteils sont en même nombre et ont la même situation
relative dans les deux ordres ; mais dans le pied du singe la
surface articulaire du premier os cunéiforme, sur laquelle s'insère
le gros orteil, est en forme de selle et dirigé obliquement vers le
côté interne ou tibial du pied. Aussi le gros orteil est-il écarté des
autres et disposé de telle manière que, dans la flexion, il se courbe
vers la plante du pied et s'oppose aux autres orteils beaucoup plus
que ne le peut le pouce de la main humaine (2). Owen aussi parle

(1) *De la place de l'homme dans la nature*. — Huxley, *A Manual of the
Anatomy of vertebrated Animals* (London, 1871), p. 481.
(2) *An Introduction to the Osteology of the Mammalia* (London, 1870), p. 31

de la transformation caractérisque du gros orteil des singes en un pouce opposable, capable de saisir (1).

K.-E. von Baer n'est pas d'accord avec Huxley lorsque celui-ci estime que la différence entre l'homme et le Gorille est moins grande que celle qui existe entre les différents singes. « On peut,

Fig. 47. — Coaita (*Ateles paniscus*).

dit Baer, trouver chez les singes des différences de diverse nature. Chez les uns, le pouce est un simple tronçon ; chez les autres, comme l'Orang-Outan, les doigts des extrémités postérieures sont tellement longs et courbés qu'ils ne peuvent nullement être étendus sur un support plan ; chez beaucoup de petits singes la main postérieure ressemble encore beaucoup plus à une main que chez les grands singes massifs et leurs doigts peuvent

(1) *On the Anatomy of the Vertebrates*, II, 551. Voir aussi mes propres travaux in *Archiv für Anatomie*, etc., 1876, p. 648. Rem. 2.

très bien s'étaler sur le sol. Chez eux, l'articulation du pied est beaucoup moins développée et permet par suite des mouvements variés, en sorte que la face plantaire, qui est à proprement parler dirigée du côté interne, arrive à s'appliquer sur le sol. Plus le corps devient lourd, plus aussi l'articulation du pied doit se développer et moins elle peut, en conséquence, permettre les mouvements étendus que possède l'articulation de la main. Mais toutes ces modifications ne sont que des modifications d'un pied fait pour grimper ou pour saisir, c'est-à-dire d'une main; mais ce ne sont pas des modifications d'un pied solide supportant tout le poids du tronc sur le sol.

« Il ne faut pas oublier que la structure de la charpente osseuse est déterminée par des lois mécaniques, comme on le constate dans toute la série animale. Nous croyons devoir donner une idée très claire de ce fait en expliquant la structure du pied de l'homme.

« Le pied de l'homme s'applique sur le sol par la plus grande partie de sa longueur, c'est-à-dire, par sa partie postérieure et son métatarse qui forment ensemble une voûte solide. Le tarse se compose de l'astragale, du calcanéum, qui chez l'homme forme une protubérance fortement saillante dirigée en arrière et en bas, et de cinq autres os. Le métatarse se compose de cinq os auxquels s'attachent les cinq orteils. Chez l'homme, les métatarsiens sont beaucoup plus longs que les différentes phalanges des orteils. La voûte sur laquelle l'homme s'appuie, lorsqu'il pose le pied, s'étend par conséquent de la protubérance du talon jusqu'aux extrémités antérieures des métatarsiens. Les différents os sont bien quelque peu mobiles les uns par rapport aux autres, mais, grâce à des ligaments très solides, ils ne peuvent s'écarter que d'une quantité très faible, sans l'intervention d'aucun muscle. Mais pour appuyer les orteils sur le sol, il est besoin d'une action musculaire. La voûte solide offre encore l'avantage que le pied peut mieux s'appliquer sur les petites inégalités de la surface du sol. Il est facile de s'assurer (dans le pied humain, vu de profil) combien les orteils sont courts par rapport à la voûte solide. Dans la position naturelle, même quand l'homme ne marche pas ou ne se tient pas debout, la face plantaire n'est pas dirigée en dedans, mais vers la région qui devient le côté inférieur lorsque l'homme se met en mouvement. » « Le pied du Gorille a nettement la forme d'une main en ce que le gros orteil est écarté comme un pouce et que les autres orteils sont dirigés en dehors. Le tarse est raccourci chez le Gorille. La protubérance qui forme le talon est courbée en dedans. Les divers os du pied humain se trouvent, à vrai dire, dans la main postérieure du Gorille; mais celle-ci est devenue un organe tout autre; un organe de préhension, c'est-à-dire une main. Cette dernière est formée des mêmes éléments que le pied de l'homme, mais elle est devenue un organe différent. La corrélation est donc ici la même que dans les pièces buccales des insectes, qui, chez les uns, forment des mâchoires mobiles dans le sens latéral, qui, chez les autres, sont minces et longues et forment un stylet. Quand on prétend que les singes n'ont pas de mains postérieures mais un pied, c'est absolument comme si l'on disait que la mouche n'a pas de stylet mais des mâchoires amincies (1). »

Tous les singes, y compris les anthropoïdes, se servent, à l'occasion, de leurs extrémités postérieures pour saisir. Cela leur procure une attitude particulière quand ils grimpent. Lorsque, dans de semblables circonstances, ils veulent garantir un fruit qu'ils ont saisi, contre l'envie de leurs semblables, ils le tiennent entre les orteils d'une extrémité postérieure, afin de pouvoir fuir ensuite plus rapidement à l'aide de l'autre membre postérieur et des deux mains.

On voit d'ailleurs, par la description précédente, combien il est difficile de mettre d'accord les différents observateurs, en ce qui touche le choix d'une dénomination convenable pour l'extrémité postérieure des singes. On ne peut lui conserver la désignation de *main postérieure* d'abord à cause de sa structure anatomique fondamentale et en second lieu parce qu'une véritable main peut revendiquer ce haut degré de rotativité, que présentent bien à un degré suffisant les extrémités antérieures des singes, mais que n'ont pas leurs extrémités postérieures.

IV. — LES LIGAMENTS DES OS.

Les *bandes* ou *ligaments* qui maintiennent la charpente osseuse des anthropoïdes et en relient les divers éléments en une machine mobile ne diffèrent, somme toute, que fort peu des mêmes productions chez l'homme. Une description détaillée de ces parties ne saurait, pour plusieurs motifs, convenir au but du présent livre. Quelques différences et quelques particularités intéressantes doivent seules trouver place dans ce chapitre. Ainsi, par exemple, chez le Gorille, le ligament cervical est extraordinairement puissant, en corrélation parfaite avec le puissant développement des

(1) *Studien aus dem Gebiete der Naturwissenschaften* (Petersburg, 1876) II, 316.

apophyses épineuses des vertèbres cervicales supérieures et l'aplatissement de l'écaille occipitale. Grâce au profond enfoncement des vertèbres sacrées entre les hautes palettes iliaques (p. 121), les ligaments ilio-lombaires (*ligamenta ilio-lumbalia*) et les ligaments ilio-sacrés (*lig. ilio-sacralia*) atteignent une dimension considérable. Les tubérosités des ischions, qui sont hauts et étroits, descendant très bas, les ligaments tubéroso-sacrés (*lig. tuberoso-sacra*), qui s'étendent entre elles et le sacrum, ont une longueur très grande chez le chimpanzé. Bien que chez ces singes l'épine ischiatique ne soit représentée que par une simple rugosité, il existe cependant entre celle-ci et le sacrum, de chaque côté, un puissant ligament spinoso-sacré (*lig. spinoso-sacrum*).

Le célèbre anatomiste J.-F. Meckel avait cru que, chez les Chimpanzés et les Orangs-Outans, la tête du fémur n'offre pas de dépression (*fovea capitis*) servant à l'insertion du *ligament iliaque rond*, et il avait remarqué que ce ligament manque, non seulement chez les singes précités, mais aussi chez les Gibbons. Cependant Welcker trouva sur le squelette, préparé avec ses ligaments, d'un jeune Chimpanzé ayant encore ses dents de lait, un ligament iliaque rond parfaitement développé, implanté presque au milieu de la tête du fémur, formant un segment de sphère. Ce ligament était identique sous tous les rapports avec celui de l'homme. En revanche, la cavité cotyloïde d'un jeune Orang-Outan ne présenta pas trace d'un ligament rond. Le revêtement cartilagineux de la tête du fémur était partout lisse, sans trace d'une surface d'implantation du ligament. En concordance avec ce fait, Welcker trouva les fémurs d'un Orang-Outan mâle vieux dépourvus de la fossette ci-dessus mentionnée. Les fémurs d'un autre Orang-Outan vieux (désigné sous le nom de *Simia morio*) ne montraient également aucune trace de la fossette. Welcker croit donc pouvoir affirmer que le ligament iliaque rond manque chez l'Orang-Outan, mais qu'il existe chez le Gorille, le Chimpanzé et le Gibbon. Le même auteur remarque que si l'absence totale d'un enfoncement, sur la tête fémorale, permet de conclure sûrement à l'absence du ligament rond, la présence d'une fossette dans la cavité cotyloïde (*fovea acetabuli*) ne fournit par elle-même aucune preuve qu'un ligament rond y aurait été implanté. Les os iliaques d'Orangs-Outans adultes, examinés par Welcker, présentaient entre les deux branches de la surface articulaire semi-lunaire une petite fossette prolongée en forme de gouttière, depuis l'échancrure de la cavité cotyloïde jusque dans cette même cavité et donnant passage aux vaisseaux (1).

(1) Welcker in *His und Braun's Archiv.* Jahrg., I p. 71.

Welcker ajoute dans un travail ultérieur (1), que l'absence du ligament rond chez l'Orang-Outan et sa présence chez le Chimpanzé avaient déjà été constatées antérieurement par Camper (2) et Owen (3). Owen trouva le ligament rond incomplètement développé des deux côtés chez trois Orangs, dont il étudia les cadavres frais. Selon lui, le Chimpanzé se distinguerait de l'Orang en ce qu'il possède une dépression sur la tête fémorale. Chez le Gorille cette fossette, a, selon Owen, à peu près la même situation, la même profondeur et la même orientation que chez l'homme. Sur l'invitation de Welcker, le professeur Dippel constata l'existence de cette fossette sur les fémurs d'un squelette de Gorille, qui se trouve dans les collections d'histoire naturelle de Darmstadt. Dans un squelette d'Orang-Outan, Saint-George Mivart a vu chaque fémur pourvu d'une dépression faible, mais nettement marquée, située au lieu où le ligament rond s'insère habituellement quand il existe. Welcker pense donc pouvoir admettre que ce ligament n'est que faiblement développé chez certains spécimens du Gorille et qu'il manque même assez souvent. Le même auteur n'observa sur plusieurs fémurs de Gorilles que des traces douteuses des dépressions précitées. Duvernoy trouva un ligament rond très puissant chez le Gorille et le Chimpanzé. Vrolik ne le rencontra pas chez l'Orang-Outan, mais constata son existence chez le Chimpanzé. Gratiolet et Alix l'ont vu très développé chez leur *Troglodytes Aubryi*.

L'auteur du présent livre remarque, à propos de ces indications en partie divergentes, que certains os iliaques et certains fémurs des Gorilles, qu'il a examinés, présentaient des fossettes tantôt plus, tantôt moins nettes pour l'insertion du ligament rond. Ce dernier fut préparé sur le cadavre même du Gorille. Les mêmes constatations ont été faites sur des squelettes et des cadavres de Chimpanzés. Quant aux squelettes d'Orang, un seul présenta des traces faibles d'une fossette sur la tête du fémur gauche. Sur les os des autres individus, il n'en existait même pas de traces. Un grand Orang-Outan, mort dans l'Aquarium de Berlin, présenta, dans la cavité cotyloïde droite seulement, des faisceaux courts de tissu conjonctif strié auquel se trouvaient mélangées des cellules de cartillage isolées ou réunies par groupes. Celles-ci se comportaient comme les corpuscules cartilagineux des houpes articu-

(1) Welcker in *His und Braun's Archiv*, t. II, p. 106.
(2) Camper, *Œuvres* , t. I, p. 152. — *Naturgeschichte des Orang-Utan*, etc. Traduit en allemand par Herbell (Dusseldorf, 1791), p. 187.
(3) Owen, *Transactions of the zoological Society of London*, t. I, p. 365-368. *Ibid.*, t. V. p. 15.

laires. Les indications précédentes permettent de conclure que le ligament rond existe dans la plupart des cas, — mais pas toujours, — chez le Gorille et le Chimpanzé, et qu'il manque en général chez l'Orang-Outan. Chez les Gibbons nous le retrouvons le plus souvent. Je l'ai observé moi-même chez les *Hylobates agilis, leuciscus* et *syndactylus*. Owen pense que l'absence de ce ligament chez l'Orang est une des causes de la démarche chancelante de ce singe. Mais son absence assez fréquente aussi, chez les autres anthropoïdes, nous rend cette opinion au moins douteuse. D'ailleurs la démarche de tous ces animaux, faits principalement pour vivre et grimper dans les arbres, a toujours quelque chose de très gauche (1).

(1) Pour plus de détails sur les ligaments des singes anthropoïdes, voyez Hartmann, *Sitzungsbericht der Gesellschaft naturforschender Freunde zu Berlin*, du 19 nov. 1878.

CHAPITRE IV

LE SYSTÈME MUSCULAIRE

La *musculature des singes anthropoïdes* est très intéressante. Je ne puis naturellement pas prendre à tâche de donner ici une description de toute la myologie des anthropoïdes. Je voudrais seulement mettre en lumière quelques points importants de ce système d'organes et signaler leur relation avec les points correspondants de la musculature humaine. Je m'appuie, pour cela, d'abord sur les recherches d'autres anatomistes et ensuite sur mes observations personnelles. Malheureusement l'ensemble des matériaux, que nous possédons, est encore trop défectueux pour que nous puissions en tirer des conclusions satisfaisantes dans tous les cas. Nous sommes souvent encore incapables de distinguer ce qui, dans ce système, est une disposition normale et ce qui n'est qu'une variation. D'ailleurs, même pour l'homme, il s'en faut de beaucoup que la statistique des variétés musculaires soit bien établie. Mes propres travaux sur ce sujet n'ont pas encore abouti. Les données livrées à la publicité par de prétendues autorités scientifiques et reconnues généralement comme pouvant servir de règle en ce sujet sont souvent mal fondées, comme on l'a déjà démontré en plusieurs circonstances. Aussi, le peu que je puis en dire ici ne saurait être entièrement à l'abri de toute contestation. Brühl dit avec raison que, dans la myologie plus que dans toute autre branche de l'anatomie, il faut prendre pour règle de ne se prononcer sur la disposition normale ou sur les exceptions d'un organe, qu'après une *longue série* de recherches (1).

(1) *Wiener medicinische Wochenschrift,* 1871, p. 4.

1. — LES MUSCLES DE LA TÊTE.

Le muscle épicrânien des anthropoïdes est conformé comme celui de l'homme, à part un petit nombre de particularités peu importantes (voy., par exemple, fig. 48 et fig. 50). Je n'ai *pas* vu de faisceaux partant de l'orbiculaire des paupières pour se prolonger sur les joues et les tempes, tandis que ces faisceaux atteignent un développement très considérable dans la tête d'un nègre Monjalo que j'ai disséqué (fig. 49, ³,³'). Dans ce muscle orbiculaire, c'est surtout la portion, recouvrant les arcades sus-orbitaires, qui est fortement marquée (fig. 50, ³). La couche musculaire qui

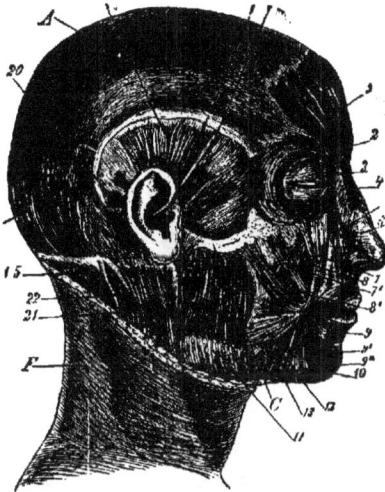

Fig. 48. — Muscles céphaliques d'un Européen. 1, [frontaux ; 1', [occipitaux ; 2, 3, orbiculaire des paupières ; 4, pyramidal du nez ; 5, élévateur commun de l'aile du nez et de la lèvre supérieure ; 6, transversal du nez ; 7, élévateur propre de la lèvre supérieure ; 7', petit zygomatique ; 8, élévateur de l'angle des lèvres ; 8', grand zygomatique ; 9, orbiculaire des lèvres ; 9', releveur du menton ; 9'', abaisseur de la lèvre inférieure ; 10, abaisseur de l'angle des lèvres ; 11, masséter ; 12, risorius et 13, buccinateur qu'il recouvre ; 15, trapèze ; 16, auriculaire antérieur ; 17, 19, auriculaire supérieur ; 20, auriculaire postérieur ; 21, sterno-cleido-mastoïdien ; 22, splénius ; A, calotte aponévrotique du muscle épicranien ; C, arcades zygomatiques (la glande parotide est enlevée) ; F, peau du cou.

recouvre le nez et la lèvre supérieure est le plus souvent très épaisse. J'ai pu la disséquer, tant chez les anthropoïdes que chez d'autres singes, même du nouveau monde, jusque dans ses détails, c'est-à-dire y distinguer les muscles zygomatiques, l'élévateur propre de la lèvre supérieure, l'élévateur commun de l'aile du nez et de la lèvre supérieure. Duvernoy, Alix et Gratiolet ont également réussi à le faire sur les anthropoïdes qu'ils ont disséqués. Macalister et Bischoff ont fait de même. Pour ce dernier, le large muscle zygomatique de l'Orang serait identique au petit zygomatique seulement de l'homme. J'ai pu moi-même faire la distinction en petit et grand zygomatiques chez des Orangs, chez le Gibbon, le Babouin, l'*Inuus sinicus* et l'Atèle. L'élévateur commun de l'aile du nez et de la lèvre supérieure était *très* large chez le Gorille que j'ai disséqué (fig. 50, [6]). Ehlers prépare le petit zygomatique, les élévateurs de la lèvre supérieure et de l'aile du nez du Gorille, suivant la méthode indiquée par Henle, comme une pièce unique, sous le nom de *muscle carré de la lèvre supérieure* (*musculus quadratus labii superioris*). Chez le Gorille, j'ai observé un élévateur ou

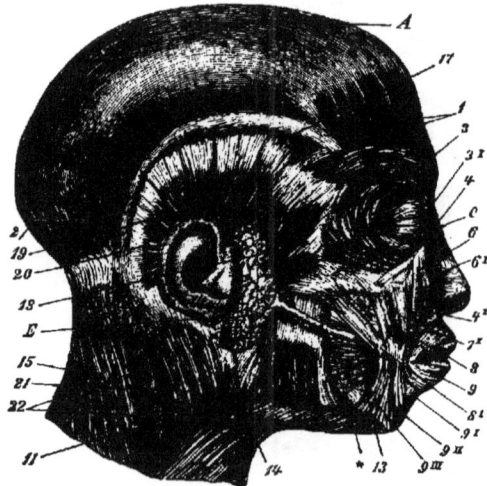

Fig. 49. — Muscles céphaliques d'un nègre Monjalo. 1, frontaux; 2, occipitaux; 3, 3', orbiculaire des paupières; 4, pyramidal du nez; 4', élévateur propre de la lèvre supérieure; 6, élévateur commun de la lèvre supérieure et de l'aile du nez; 6', transversal du nez; 7', élévateur de l'angle des lèvres; 8, petit, 8', grand zygomatique; 9, orbiculaire des lèvres; 9', releveur du menton; 9'', abaisseur de la lèvre inférieure; 9''', abaisseur de l'angle des lèvres; 11, masséter; 13, buccinateur; 14, muscle peaucier; 15, trapèze; 17, auriculaire supérieur; 18, auriculaire antérieur; 19, muscle temporal situé profondément; 20, auriculaire postérieur; 21, sterno-cleido-mastoïdien; 22, muscles cervicaux profonds; A, calotte aponévrotique du muscle épicrânien; C, arcade zygomatique; E, parotide. * Canal de Sténon.

tenseur de l'aile du nez (fig. 50, [5]), placé à côté de l'élévateur du nez et de la lèvre supérieure mentionné plus haut; mais je n'ai pas trouvé d'élévateur *propre* de la lèvre supérieure. Le cartilage nasal, d'une largeur extraordinaire, prend pour son compte une bonne partie de la musculature. Chez l'Orang, au contraire, tous ces muscles existent également, mais ils sont minces et chacun d'eux se divise de nouveau en faisceaux distincts. Le pyramidal du nez se retrouve partout, surtout chez le Gorille (fig. 50, [4]) et chez l'Orang. Il est plus faible chez le Chimpanzé et le Gibbon ; il existe d'ailleurs aussi chez des formes non anthropoïdes, par exemple, chez le Babouin et l'Atèle.

Conformément aux principes des Duchenne (1), Darwin (2),

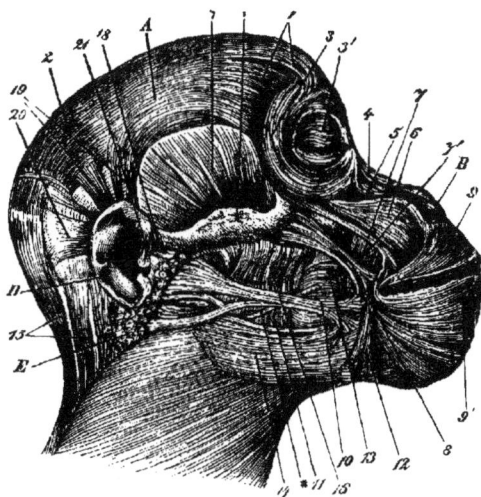

Fig. 50. — Muscles céphaliques du Gorille représenté à la page 2. 1, frontaux 2, occipitaux ; 3, 3', orbiculaire des lèvres ; 4, pyramidal du nez ; 5, élévateur de l'aile du nez ; 6, élévateur commun de l'aile du nez et de la lèvre supérieure ; 7, petit zygomatique ; 7', élévateur de l'angle des lèvres ; 8, grand zygomatique ; 9, 9', orbiculaire des lèvres ; 10, risorius ; 11, 16, masséter ; 11', buccinateur ; 12, abaisseur de l'angle des lèvres ; 13, buccinateur ; 14, peaucier du cou ; 15, trapèze ; 17, temporal ; 18, auriculaire antérieur ; 19, auriculaire supérieur ; 20, auriculaire postérieur ; 21, concho-hélicien ; A, calotte aponévrotique du muscle épicrânien ; B, cartilage alaire du nez ; C, arcade zygomatique ; D, oreille externe ; E, parotide. * Canal de Sténon.

Gamba (3) et autres, j'admets l'ancienne distinction des muscles, qui se rendent à l'aile du nez et à la lèvre supérieure, d'autant plus volontiers que cette région de la tête du singe est le siège d'une action mimique aussi vive que variée. Les divers mouvements de la lèvre supérieure et de l'aile du nez, la dilatation des narines, l'activité d'un élévateur de l'angle des lèvres très déve-

(1) *Mécanisme de la physionomie humaine.* Paris, 1876, 2ᵉ édition.
(2) *L'Expression des émotions,* etc.
(3) *Lezioni di anatomo-fisiologia applicata alle arti belle.* Roma, 1879, 2ᵉ édition.

loppé (fig. 50, [7]) sont précisément caractéristiques chez le Gorille, mais s'observent même encore chez le Chimpanzé et le Gibbon. Au point de vue du jeu de la physionomie, c'est l'Orang qui se comporte avec le plus de calme. Chez le Gorille, j'ai trouvé un risorius très long; du côté antérieur, près de la commissure des lèvres, il se partage en petits faisceaux, mais en arrière il diverge en trois faisceaux de largeur différente. Le faisceau inférieur couvrait le peaucier du cou, sans cependant qu'il fût possible de prendre le muscle précité pour une partie du peaucier. J'ai trouvé le risorius assez faiblement développé chez *un seul* Chimpanzé, tandis que je ne l'ai pas observé chez les autres sujets de cette espèce. Alix et Gratiolet figurent (pl. IX, fig. 1, 15) un risorius très développé chez leur *Troglodytes Aubryi*. Je n'ai trouvé ce muscle ni chez l'Orang, ni chez le Gibbon, mais bien chez un Atèle (*Ateles leucophthalmus*). Il recouvrait ici, près du peaucier du cou, le canal de Stenon, c'est-à-dire le canal excréteur de la glande parotide (fig. 50, ★).

Pendant quelque temps, je fus disposé à considérer le risorius de ces singes comme une simple émanation du peaucier du cou, mais actuellement j'hésite à persister dans cette manière de voir.

Dans la lèvre inférieure du Gorille, j'ai remarqué un abaisseur de l'angle des lèvres et un abaisseur de la lèvre inférieure peu développés; ce dernier est partiellement recouvert par l'orbiculaire des lèvres, qui est très puissant et prend des dimensions très considérables (fig. 50). Chez le Chimpanzé et l'Orang, ces deux muscles se voient nettement. Chez le Gibbon, l'un des deux au moins, l'abaisseur des lèvres, est développé. Le peaucier du cou, les abaisseurs en question, et l'orbiculaire développé nettement en forme de cercle, sont ici solidement unis et chevauchent partiellement les uns sur les autres. L'assertion de A. Froriep, que ces muscles de la lèvre inférieure doivent leur origine à un entrecroisement des parties opposées du peaucier, qui se rendent sur la face, acquiert de plus en plus de vraisemblance. Le buccinateur des anthropoïdes se comporte en général comme celui de l'homme; il est, comme chez ce dernier, perforé par le canal de Sténon de la glande parotide, située au-devant de l'oreille (fig. 50). Le masséter est également conformé, chez ces singes, comme chez l'homme (fig. 50, [11] et [16]). L'oreille externe des anthropoïdes présente les auriculaires antérieur, supérieur et postérieur (fig. 50). L'auriculaire supérieur n'est que faiblement développé comparativement à celui de l'homme blanc (fig. 48, [19]) et plus faiblement encore par rapport à celui du nègre (fig. 49, [17]). Les muscles externes du cartilage de l'oreille

sont excessivement chétifs et manquent complètement (comme il
arrive aussi chez l'homme). C'est chez le Gorille que j'ai trouvé les
muscles héliciens les plus développés (fig. 50, [21]). Le gendre de Bischoff, Tiedemann de Philadelphie, a observé attentivement, pendant deux années, deux Chimpanzés vivants et jamais il n'a vu un
seul mouvement de l'oreille. Mes propres observations confirment celles de Tiedemann, de même que celles de Darwin, citées
plus haut (p. 71) sur l'incapacité où sont les anthropoïdes de mouvoir leurs oreilles. On n'a pas observé d'exceptions individuelles
à ce sujet. Cela est d'autant plus étonnant que certains hommes
peuvent mouvoir volontairement leur oreille et qu'on a observé le
même fait chez certaines espèces de Cercopithèques, de Babouins,
de Macaques et de Magots.

II. — LA PHYSIONOMIE DES ANTHROPOÏDES.

Il me semble à propos de revenir avec un peu plus de détails
sur les particularités exposées plus haut (p. 74-75), concernant
l'expression de la face des singes anthropoïdes. On dit, par
exemple, que le Gorille en fureur peut mouvoir la peau du crâne
et en même temps hérisser les poils qui recouvrent cette région.
J'ai observé également chez des Chimpanzés un mouvement du
cuir chevelu, sans cependant voir en même temps les cheveux se
hérisser d'une manière bien évidente. Le grand Orang mâle, qui
vécut en 1876 à l'aquarium de Berlin, hérissait les cheveux et
mouvait le cuir chevelu quand il était très excité. Comme on le
sait, certains hommes peuvent aussi présenter cette particularité.
J'ai déjà parlé plus haut de l'expression des yeux de ces animaux (p. 74). J'ajouterai que le clignement de l'œil de toutes les
espèces d'anthropoïdes, quand ils sont très malades et très souf-
frants, m'a fait souvent une impression vraiment émouvante.
Le front de ces animaux se plisse assez fréquemment et surtout,
comme le dit fort bien Darwin, quand ils froncent les sourcils. Le
grand naturaliste anglais trouve que, comparée à la face humaine,
celle des anthropoïdes est *généralement* inexpressive, ce qui tient
principalement à ce que, selon lui, aucune émotion psychique ne leur
fait froncer le sourcil. Le froncement, qui constitue l'une des particularités les plus importantes dans l'expression du visage humain,
est dû à la contraction des sourciliers qui abaissent les sourcils
et les rapprochent l'un de l'autre, de manière à produire sur le
front des plis verticaux. Il paraît que l'Orang et le Chimpanzé possèdent ce muscle, mais il semble qu'ils le mettent rarement en

action, au moins d'une manière bien visible (1). Chez des Chimpanzés que Darwin retirait d'une chambre obscure, pour les placer subitement à la lumière éclatante du soleil, il n'observa qu'une seule fois un froncement très léger des sourcils. Une autre fois, le même observateur chatouilla le nez d'un Chimpanzé avec un brin de paille et comme l'animal contractait légèrement son visage, il vit apparaître des rides peu marquées entre les sourcils. Jamais Darwin n'a observé de froncement sur le front de l'Orang (2). J'ai vu moi-même, chez le Gorille et le Chimpanzé, une contraction de la région sourcilière, qui ne porte que des poils raides, et un plissement de la peau au-dessus de la racine du nez ; les rides ainsi produites étaient assez nettes pour que j'aie pu les dessiner.

Selon Darwin, lorsqu'on chatouille un jeune Chimpanzé, — c'est surtout, paraît-il, l'aisselle qui est sensible au chatouillement, comme chez les enfants, — il articule un rire étouffé ou assez franc ; mais quelquefois aussi le rire n'est accompagné d'aucun son. Les coins de la bouche sont alors tirés en arrière, ce qui plisse parfois un peu les paupières inférieures. Toutefois ce plissement, qui est un trait caractéristique du rire humain se montrait encore plus nettement chez d'autres singes. Chez le Chimpanzé, les dents de la mâchoire supérieure ne se découvrent pas lorsqu'il rit, et cela distingue son rire du nôtre. Darwin remarque en outre que, lorsque le rire des jeunes Orangs chatouillés cesse, on voit passer sur leur face une expression qui, suivant une remarque de M. Wallace, peut se comparer à un sourire. Darwin a observé quelque chose d'analogue chez le Chimpanzé (3).

Je puis confirmer, pour l'avoir observé moi-même, ce que dit Darwin sur le rire étouffé des Chimpanzés qu'on chatouille. Plusieurs Chimpanzés de l'aquarium de Berlin montraient une distorsion des coins de la bouche, analogue à un sourire, un peu sardonique à vrai dire, dès que le Dr Hermes, directeur de cet établissement, jouait avec eux. Celui qui excellait plus que tous les autres à sourire ainsi, c'est le Chimpanzé appelé Auguste, qui, en 1879 charmait les visiteurs par sa gaîté intarissable. Le Gorille représenté dans la fig. 3, lorsqu'il était de bonne humeur, contractait également les coins de la bouche, grâce au jeu des muscles décrits à la page 118.

Quand on *excite* le Gorille il grince des dents en tenant la

(1) Dans les *Annales and Magazine of natural history*, 1871, t. VII, p. 342, Macalister dit qu'on ne peut séparer le sourcilier de l'orbiculaire des paupières. Je n'ai pas davantage pu séparer ces deux muscles.

(2) *L'Expression des émotions*, etc., p. 153.

(3) *L'Expression des émotions*, etc., p. 143.

bouche ouverte, et, poussant des cris furieux, il se prépare au combat. On sait que les anthropoïdes peuvent avancer les lèvres, quelquefois d'une manière étonnante, et les projeter en forme de pointe. Darwin dit : « Ils agissent ainsi, non seulement lorsqu'ils sont légèrement contrariés, maussades ou désappointés, mais aussi quand ils sont effrayés par un objet quelconque. »

Plus souvent j'ai observé, chez des Chimpanzés, un plissement de courte durée et même une sorte de vibration des régions situées à côté et au-dessus du cartilage nasal. Dans tous ces cas tous les muscles, décrits à la p. 118 et agissant sur le nez et la lèvre supérieure, entraient un peu en action.

III. — LE COU ET LA POITRINE.

Le muscle peaucier qui, chez l'homme, s'étend en haut jusque dans la région des dents inférieures et en bas un peu au-delà du creux sous-claviculaire, possède à peu près la même extension chez le Gibbon et les autres singes (fig. 50). Chez le Chimpanzé, au contraire ce muscle prolonge ses faisceaux supérieurs jusqu'à l'arcade zygomatique et même au delà. Chez l'Orang également j'ai vu ces faisceaux remonter assez haut sur la face. Chez les Chimpanzés, les Orangs et les Gibbons, certains faisceaux supérieurs de ce muscle semblent se comporter comme des muscles inférieurs (p. 120.) J'ai observé un cas où le peaucier envoyait un faisceau large d'environ 18mm. jusqu'à l'origine des lignes temporales inférieures. Chez le Gorille, j'ai trouvé les faisceaux supérieurs du peaucier recouverts partiellement par le risorius (p. 119, fig. 50, [10]).

Chez l'Orang, le muscle en question envoie en arrière des faisceaux inférieurs, qui se relient à la portion de l'aponévrose brachiale recouvrant le deltoïde. Le rôle de ce muscle est d'élever la peau du cou et de contribuer à l'abaissement de la mâchoire inférieure. Lorsqu'il remonte très haut, comme dans les cas précités, il contribue probablement à dilater latéralement la peau des régions moyenne et inférieure de la face. Ce renflement latéral est, en effet, un trait caractéristique de ces animaux. Ce muscle joue sans doute aussi quelque rôle dans la distension des coins de la bouche, lorsque ces animaux grincent des dents. Il se peut aussi qu'il entre en action lorsqu'ils émettent des sons prolongés de roulement, sortant des sacs laryngers, sons que ces animaux articulent en ouvrant la bouche subitement et en la refermant de nouveau rapidement.

Le puissant abaisseur de la tête de ces animaux se décompose nettement, surtout chez l'Orang et le Gibbon, en une portion sternale et une portion claviculaire. Ces deux parties se séparent l'une de l'autre vers le bas. Selon l'indication très exacte de Bischoff, les quatre espèces d'anthropoïdes possèdent toutes un muscle qu'on n'a jamais encore observé chez l'homme. Ce muscle s'étend de la partie externe de la clavicule jusqu'à l'apophyse transverse de la première vertèbre cervicale. Bischoff lui a donné le nom de muscle omocervical *(M. omocervicalis)*. Il se retrouve, avec une origine variable (sur l'acromion, sur l'épine scapulaire), chez les autres singes. Contrairement à Huxley, l'anatomiste de Munich considère ce muscle comme « une preuve éclatante de la parenté de tous les singes entre eux. » Je reproduis cette opinion sans commentaires.

Les muscles qui s'étendent entre la tête, le sternum et la clavicule, forment, avec les omohyoidiens, le revêtement extérieur du sac larynger, que je décrirai plus loin. Le grand pectoral du Gorille se partage, comme celui de l'homme, en une portion claviculaire et une portion costo-sternale. La première est séparée du deltoïde par un large intervalle rempli de tissu conjonctif et de graisse. Mais cette portion et la partie inférieure du même muscle laissent entre elles une lacune assez large, dans laquelle, selon Bischoff, se logerait le sac larynger. Je ne crois pas qu'il en soit ainsi, car cet organe éprouverait une compression, une strangulation entre ces portions de muscles au moment de leur contraction. Toutefois on pourrait admettre que ces intervalles puissent réaliser un agrandissement de l'espace occupé par le sac larynger lorsqu'il se gonfle. Bischoff admet, et avec raison, que la portion claviculaire du grand pectoral n'existe pas chez l'Orang-Outan. Chez ce singe la portion supérieure de ce muscle a son origine sur le manche du sternum. La portion sterno-costale inférieure est reliée à la portion inférieure du petit pectoral. Chez le Chimpanzé et le Gibbon le muscle qui nous occupe présente une séparation nette des portions destinées à la clavicule et au sternum.

Le petit pectoral offre des caractères très intéressants. Chez le Gorille, on distingue, dans ce muscle, une portion supérieure formant une masse plus distincte, plus difficilement décomposable en faisceaux, insérée de la deuxième à la cinquième côte, et une portion inférieure. Cette dernière naît par trois faisceaux, de la quatrième à la septième côte et son segment supérieur s'étale largement sur le segment inférieur de la portion supérieure. Chez le Chimpanzé, une portion supérieure plus faible naît de la

deuxième à la quatrième côte et une portion inférieure, à trois
pointes ou faisceaux, s'attache de la quatrième à la septième côte.
Cette portion inférieure manque parfois. J'ai vu la portion supérieure s'insérer sur l'apophyse coracoïde de l'omoplate, tandis
que l'autre se rattachait à l'arête de la grosse tubérosité humérale.
Chez l'Orang, une portion supérieure à trois chefs naît de la
deuxième à la cinquième côte et s'insère sur l'apophyse coracoïde.
Une portion inférieure, également à trois faisceaux, vient des
cinquième, sixième et septième côtes et s'insère sur la grosse
tubérosité humérale et sur l'arête de cette tubérosité.

Ce segment inférieur se prolonge vers le bas au-delà du grand
pectoral. Chez le Gibbon *(Hylobates albimanus)* la portion supérieure part de la deuxième côte, la portion inférieure de la
troisième, de la quatrième et de la cinquième côte. Nous devons
remarquer à ce propos que, chez l'homme également, le petit
pectoral est parfois divisé en faisceaux, qui peuvent s'insérer soit
à l'apophyse coracoïde, soit au ligament capsulaire de l'articulation
scapulo-humérale. Chez les anthropoïdes les tendons de ce muscle
sont excessivement grêles.

Selon Duvernoy, toute la région occipito-cervicale du Gorille
est recouverte par une aponévrose, comme par un capuchon. Chez
le mâle adulte cette aponévrose aurait une épaisseur de 20ᵐᵐ.
Chez la femelle, mentionnée à la p. 5, nous retrouvons déjà des
indices de ce ligament en forme de capuchon. Selon l'indication
exacte de cet anatomiste français, cette aponévrose n'est pas encore
développée chez le Gorille jeune et se trouve remplacée alors par
une couche de tissu conjonctif et de graisse. Chez un jeune singe
de cette espèce, j'ai vu le muscle trapèze divisé en faisceaux
charnus, séparés par des couches adipeuses (fig. 50, ¹⁵). Cette
aponévrose est en rapport avec le puissant développement du
trapèze, qui est d'ailleurs également très développé chez les autres
anthropoïdes. Chez le Gorille mâle adulte, les fortes et longues
apophyses épineuses des vertèbres cervicales sont recouvertes
par un ligament cervical très solide ; cette région présente en
outre des muscles interépineux très puissants ; les spinaux de la
nuque, les semi-spinaux du dos, du cou et de la tête y sont
également très développés. Les apophyses épineuses des vertèbres
dorsales du Gorille (fig. 17), et même celles du Chimpanzé et de
l'Orang, sont également très puissantes. Aussi les muscles semi-
spinaux, les spinaux quadripartites et les interépineux sont-ils
très puissants. Toutes les autres masses charnues recouvertes
par le trapèze, dans la nuque du Gorille mâle adulte, sont très
volumineuses ; citons surtout le splenius de la tête et du cou

(*M. splenius capitis et colli*), le long du cou (*M. longissimus cervicis*), le long de la tête (*M. longissimus capitis*), que je considère simplement comme des parties du long extenseur de l'épine dorsale, enfin les grands droits postérieurs et obliques de la tête. Je suis très disposé à considérer ces derniers, avec Chappuy, comme des muscles épineux et interépineux modifiés.

L'angulaire de l'omoplate des anthropoïdes est divisé comme celui de l'homme. Le sous-clavier est peu développé, même chez le Gorille, où il se rend à l'apophyse caracoïde par un tendon, qui remonte obliquement.

Le deltoïde est très puissant chez tous les anthropoïdes. Chez le Gorille il s'étale en avant et latéralement pour ne s'insérer que vers le milieu de l'humérus. Chez ce singe, il se distingue du brachial interne, mais d'une manière peu nette. Chez le Gibbon, il se prolonge à peu près autant que chez le Gorille et il en est de même chez l'Orang; mais chez le Chimpanzé il ne descend pas aussi bas. Bischoff, d'accord avec les indications antérieures de Vrolik, prétend que le coraco-branchial du Chimpanzé possède, à son origine, une deuxième portion assez forte, qui descend sur le trochin et s'insère sur son arête. Dans cette espèce simienne, ce muscle présente en effet deux portions, mais je les ai vues insérées sur l'apophyse coracoïde de l'omoplate. Chez le Gorille, l'Orang et le Gibbon ce muscle se comporte comme chez l'homme.

IV. — LE BRAS ET LA MAIN.

Chapman et Bischoff donnent le nom de grand dorso-condyloïdien (*Musculus latissimo-condyloideus*) — c'est ainsi que je crois devoir traduire ce terme latin — à un muscle qui existe chez tous les singes et qui, partant du tendon par lequel le grand dorsal s'attache à l'arête de la petite tubérosité humérale, descend du côté postéro interne du bras. Ce muscle aboutit, toujours d'après Bischoff, en partie à l'aponévrose qui recouvre le biceps brachial, en partie, chez le Babouin, par exemple, au ligament intermusculaire interne et à l'épitrochlée. Chez le Gibbon, il ne descend que jusqu'au milieu du bras, mais chez l'Orang il se prolonge jusqu'à l'épitrochlée où il est perforé par le nerf cubital. Selon Bischoff, l'homme ne possède pas ce muscle.

Les caractères de ce muscle sont en effet assez remarquables chez les anthropoïdes. Il naît le plus souvent à côté de l'insertion du grand dorsal. Chez le Gorille seul, je l'ai vu partir, en même temps que les deux parties du petit pectoral, de l'apophyse coracoïde de l'omoplate, puis se relier sur une certaine étendue de son trajet, avec le coraco-brachial et s'attacher finalement, dans la partie supérieure du dernier tiers de l'humérus, au ligament intermusculaire situé entre le brachial interne et le triceps brachial. Chez le Chimpanzé, il part au contraire du grand dorsal et se partage en une portion antérieure allant au condyle interne de l'humérus et une portion postérieure allant soit au faisceau médian du triceps brachial, soit au condyle interne de l'humérus. Chez l'Orang, ce muscle peut également se partager. Chez un singe de cette espèce, j'ai vu la portion antérieure, semi-aponévrotique, très mince, descendre de l'apophyse coracoïde, sous la forme d'un tendon excessivement grêle; tandis que la portion postérieure partait du grand dorsal. Les deux portions réunies se reliaient au triceps et au brachial interne. Chez d'autres sujets, le muscle était réduit simplement à sa portion postérieure venant du grand dorsal. Chez le Gibbon à mains blanches, ce muscle part du point de jonction des tendons du grand dorsal et du grand rond brachial et s'insère sur le ligament tendineux, situé entre le biceps brachial et le brachial interne. Cette insertion a lieu d'ailleurs dans la région moyenne du corps de l'humérus. Chapman et Chudzinsky ont vu ce muscle développé anormalement chez quelques hommes à peau colorée (1).

Le biceps brachial de l'homme s'insère, comme on sait, par un tendon antérieur arrondi et un peu aplati, sur la tubérosité bicipitale du radius. Mais certains faisceaux de tissu conjonctif, enveloppant le muscle comme une gaine, vont sous le nom d'aponévrose bicipitale, se perdre dans le fascia tendineux de l'avant-bras. Chez le Gorille cette aponévrose se prolonge, sous forme d'un faisceau tendineux très puissant, du fascia antibrachial jusqu'au fascia palmaire. Chez le Gibbon le faisceau court de ce muscle ne naît pas toujours, comme on le dit d'autre part, du trochin ou du tendon du grand pectoral (Huxley) mais de l'arête du trochin, en se reliant dans ce cas au grand dorsal, au trapèze, au brachial interne déjeté latéralement et au triceps brachial. Le brachial interne du Gorille et du Chimpanzé se partage d'ailleurs en deux ou même en trois faisceaux. A l'avant-bras du Gibbon le long supinateur *(Musculus supinator longus)* s'étend, comme Bischoff le dit bien, seulement jusqu'au milieu du radius, sans atteindre l'apophyse styloïde de cet os, comme chez les autres anthropoïdes et chez l'homme.

(1) *Proceedings of the Acad. of Natur. Sciences of Philadelphia* 1879, p. 388. *Revue d'Anthropologie,* 1873 et 1874.

Le palmaire grêle manque chez le Gorille ; mais *non* chez les autres singes anthropoïdes. Les longs fléchisseurs des doigts et les lombricaux ont les mêmes caractères que chez l'homme (fig. 51 et 52). Le long fléchisseur du pouce n'existe pas chez le Gorille. Pour Duvernoy, il est remplacé par un tendon du long fléchisseur de l'index. Je n'ai trouvé aucune trace de ce tendon.

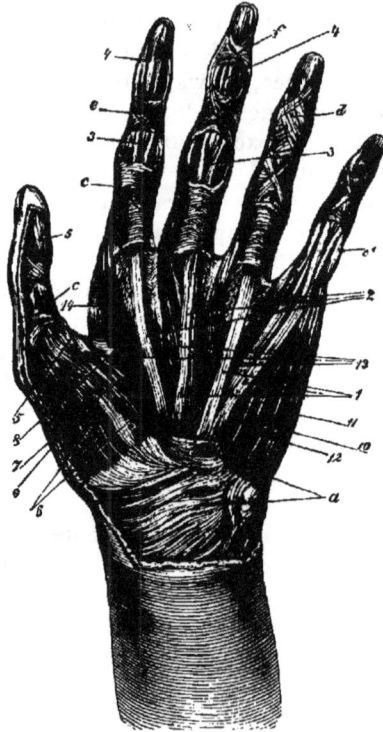

Fig. 51. — Muscles de la paume de la main humaine. *a*, ligaments du carpe, notamment le ligament palmaire proprement dit ; *c*, *c*, ligaments engainants ; *d*, *e*, *f*, ligaments cruciformes et annulaires des tendons des doigts; 1, 2, tendons du fléchisseur superficiel et du fléchisseur profond des doigts ; 3, perforation réciproque des tendons de ces muscles ; 4, prolongement des tendons du fléchisseur profond (perforant) ; 5, tendons du long fléchisseur du pouce ; 6, court abducteur du pouce ; 7, court fléchisseur ; 8, adducteur ; 9, opposant du pouce ; 10, court fléchisseur ; 11, abducteur ; 12, opposant du petit doigt; 13, muscles lombricaux ; 14, premier interosseux dorsal.

Ce même muscle manque également au Chimpanzé et à l'Orang, mais forme un cordon charnu distinct chez l'*Hylobates albimanus*. Chapman prétend que le rond pronateur du Gorille naît par un seul faisceau (1). J'ai au contraire trouvé ce muscle avec deux chefs chez un individu de cette espèce. Le faisceau inférieur ou

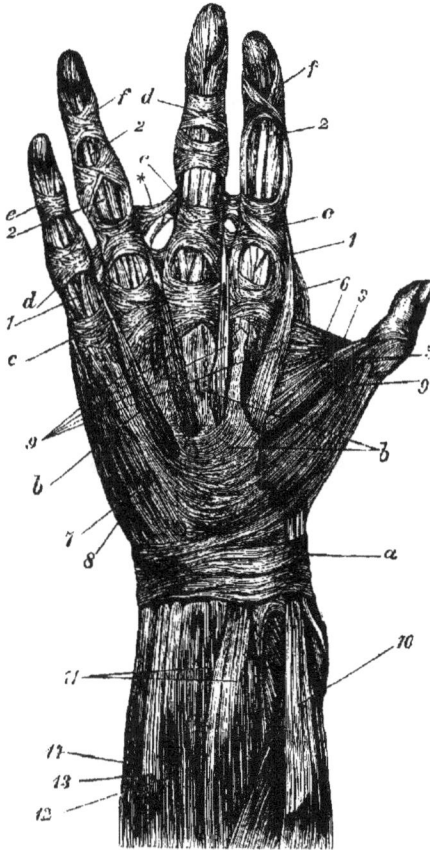

Fig. 52. — Muscles de la paume de la main du Gorille. *a*, ligament palmaire; *b*, restes de l'aponévrose palmaire, très solide chez cet animal ; *c-f*. ligaments engainants, annulaires et cruciformes des tendons des fléchisseurs des doigts ; 1, 2, ces mêmes tendons ; 3, espace situé entre les faisceaux du court fléchisseur du pouce. Chez l'homme, on voit dans cet espace le tendon du long fléchisseur du pouce (fig. 51, 5) ; 4, abducteur ; 3, 3′, court fléchisseur ; 5, adducteur du pouce ; 6, opposant ; 7, court fléchisseur; 8, abducteur du petit doigt ; 9, lombricaux ; 10, radial antérieur, et, à côté, le long radial de la main; 12, fléchisseur commun superficiel des doigts; 13, fléchisseur du petit doigt ; 14, fléchisseur du coude; 15, rond pronateur qui se prolonge très bas.

postérieur partait (comme chez l'homme) de l'apophyse coronoïde du cubitus. Chez ce singe et chez le Chimpanzé il se prolonge très bas sur le radius (fig. 52).

(1) *Proceedings of the Academy of Natural Sciences of Philadelphia* 1879, p. 388.

HARTMANN. — Les Singes.   9

Le fléchisseur superficiel de la main du Chimpanzé naît par un de ses faisceaux sur l'épitrochlée, par l'autre il s'insère sur le radius. Selon Bischoff, le long abducteur du pouce de l'Orang, du Babouin, des *Pithecia* et des *Hapale* est conformé comme celui de l'homme. Chez le Gorille, le Chimpanzé, le Gibbon, le Cercopithèque et le Macaque, le tendon serait au contraire séparable en deux parties. L'un de ces tendons n'appartiendrait pas, comme chez l'homme, à un court extenseur du pouce, car ce muscle ferait complètement défaut et la division du tendon devrait être considérée simplement comme une division prolongée de son insertion sur l'os trapèze et sur le métacarpien du pouce. C'est pourquoi cette division du tendon existerait aussi chez le Gorille, qui possède d'ailleurs un court extenseur du pouce. Sous ce rapport, les singes se ressembleraient de nouveau plus entre eux qu'ils ne ressemblent à l'homme.

Suivant mes propres recherches, le long abducteur du pouce des anthropoïdes constitue un muscle, qui n'est pas plus apparent qu'un autre muscle voisin dont l'origine et le trajet moyen rappellent le court extenseur du pouce humain. L'abducteur m'a présenté deux tendons, chez les quatre espèces. Il était inséré sur l'os trapèze. Le muscle placé à côté avait son insertion au-dessus de la base du premier os métacarpien. Je n'ai pas réussi à trouver un long extenseur du pouce chez le Gorille. Il s'agit maintenant de savoir quelle est la signification de ce second muscle qui se trouve à côté de l'abducteur du pouce de ces animaux. Je crois qu'on peut, sans hésiter, le regarder comme un court extenseur du pouce, car il produit certainement une extension du métacarpien de ce doigt et, dans cette action, il est secondé par le long extenseur, qui agit également sur les phalanges. Il faut à ce propos tenir compte que le pouce, relativement très court, des anthropoïdes n'a pas à déployer cette activité si diverse, qui caractérise les mouvements du pouce humain et que par suite le développement moins parfait de l'un des (courts) fléchisseurs ne saurait guère nous surprendre. Chez le Gorille, il n'y a pas de muscle extenseur spécial de l'index, ou, lorsqu'il en existe parfois un, il est très faiblement développé. Il est au contraire nettement marqué chez l'*Hylobates albimanus* (fig. 6). Chez le Chimpanzé, il en part un tendon pour le doigt médian. Chez l'Orang, on trouve un extenseur commun profond pour le deuxième, le troisième, le quatrième et le cinquième doigt. Ce muscle, de même que les autres extenseurs et fléchisseurs de la main du Gibbon, se distinguent par leur extrême ténuité. Chez ce singe, les liaisons multiples des tendons extenseurs entre eux présentent en outre de l'intérêt (fig. 53).

Chez le Chimpanzé, j'ai vu un fléchisseur commun superficiel
des doigts qui donnait des ventres distincts pour le troisième
doigt et le petit doigt. Chez ce singe un fléchisseur superficiel,
destiné à l'index, partait de la tubérosité humérale interne et du
ligament intermusculaire postérieur. Le fléchisseur profond des
doigts se rend aux deuxième, troisième, quatrième et cinquième
doigts. Chez l'Orang, le premier de ces muscles donne un ventre
à deux tendons pour l'index et un autre pour les troisième,
quatrième et cinquième doigts. Le fléchisseur profond n'a que
deux tendons. Chez le Gibbon, au contraire, le fléchisseur superficiel présente quatre ventres.

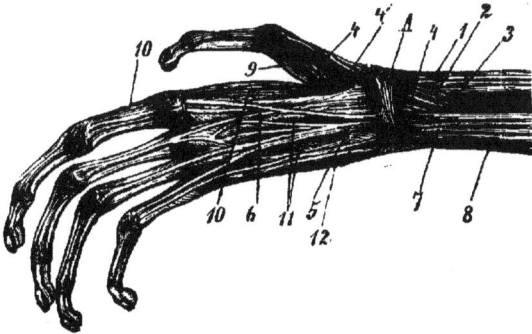

Fig. 53. — Muscles du côté dorsal d'une main de Gibbon. 1, long radial (à deux
tendons), et court radial externe ; 2, long abducteur ; 3, court extenseur ;
4, long extenseur du pouce ; 5, extenseur commun des doigts ; 6, extenseur
de l'index ; 7, extenseur du petit doigt ; 8, cubital externe ; 9, premier interosseux dorsal ; 10, son prolongement sur l'index ; 11, 12, les autres interosseux de cette région. Ligament dorsal du carpe.

Dans le carpe du Chimpanzé et de l'Orang, on trouve constam-
ment, autant du moins que j'en puis juger d'après mes observations personnelles, un os dit sésamoïde ou tendineux. Cet os est
articulé avec le scaphoïde et le trapèze, en un point où les faisceaux fibreux des ligaments dorsaux et des ligaments palmaires
se rejoignent. Chez le Chimpanzé, le tendon du long abducteur du
pouce envoie une bande à l'os sésamoïde, tandis que les autres
faisceaux du tendon divisé de ce muscle se rendent au trapèze et,
en partie du moins, aussi à la base du premier os métacarpien.

Ces animaux ne sont nullement dépourvus du court fléchisseur
du pouce, comme Bischoff le prétend. Le court abducteur du
pouce du chimpanzé part de l'os sésamoïde mentionné, par un
faisceau antérieur (radial). Un faisceau médian du même muscle
vient de la bande ligamenteuse, qui se rend à l'os sésamoïde.
Quant au reste du muscle, il prend au contraire son origine sur

le ligament palmaire. Chez l'Orang-Outan un faisceau antérieur
(radial) du court abducteur du pouce part également de l'os
sésamoïde, tandis que les faisceaux médians se relient au ligament
palmaire. De puissants muscles dorsaux se dirigent vers la base
du premier métacarpien. Dans une main d'Orang disséquée le
long fléchisseur du pouce envoyait un mince filet tendineux à cet
os. L'os sésamoïde précité existe d'ailleurs aussi chez le Gorille,
bien que Duvernoy et Rosenberg ne semblent pas se douter de
son existence (1).

. La paume de la main du Gorille présente un court abducteur, un
court fléchisseur à deux faisceaux, un opposant et un adducteur
du pouce. Le ventre du court fléchisseur est allongé, étendu
davantage du côté radial, et relié à l'opposant; il est parfois très
faiblement développé. Le petit doigt du même singe possède un
abducteur, un court fléchisseur et un opposant. Dans la paume du
Chimpanzé, on trouve un court abducteur, un opposant, un court
fléchisseur à deux chefs et un adducteur du pouce ; on y voit de
plus un abducteur, un court fléchisseur et un opposant du petit
doigt. Chez l'Orang, j'ai observé un court abducteur, un court
fléchisseur à deux ventres distincts, un opposant et un adducteur
du pouce. Langer et Bischoff décrivent en outre, à côté du court
fléchisseur du pouce, un petit muscle indépendant, qui s'insère
sur la deuxième phalange et remplace le long fléchisseur ; je n'ai
jamais pu découvrir ce muscle. Les mêmes anatomistes prétendent
qu'*un* adducteur s'étend du troisième métacarpien à la première
phalange du pouce, et qu'un *second* va du deuxième métacarpien
au métacarpien du pouce, mais que parfois aussi ce dernier se
rend au tendon extenseur. J'ai pu moi-même constater l'existence
d'un adducteur double, mais non celle du passage du tendon de
l'un de ces muscles (appelé deuxième opposant par Langer) au
tendon extenseur. Au côté externe de la paume de l'Orang il existe
un abducteur, un court fléchisseur et un opposant du petit doigt.
Le gibbon possède un court abducteur, un opposant faible, un
court fléchisseur à deux chefs et un adducteur du pouce. Chez
l'*Hylobates albimanus,* on peut séparer ce dernier en 4 ou 5 portions, qui s'insèrent sur toute la longueur du premier métacarpien.
Du côté du petit doigt on voit un abducteur, un court fléchisseur
et un opposant. Chez cet animal une partie du premier interosseux
dorsal de la main s'insère sur le deuxième métacarpien, l'autre se
rend à la base de la deuxième phalange de l'index (fig. 53, 9, 10).

' (1). Hartmann dans *Archiv für Anatomie, etc.,* de Reichert, Du Bois-
Reymond, 1875, p. 743, 1876, p. 636.

V. — LE PIED DE L'HOMME ET CELUI DES ANTHROPOÏDES.

Bischoff a décrit, dans les régions profondes de la paume et de la plante du Chimpanzé, du Gibbon, du Mandril et d'autres singes, les muscles auxquels Halford (1) a donné le nom de *contrahentes digitorum* (contracteurs des doigts et des orteils). Recouverts par les tendons des longs fléchisseurs des doigts et des orteils, ainsi que par les lombricaux, ces muscles sont placés sur les muscles interosseux. Je n'ai pas trouvé trace de ces muscles contracteurs chez le Gorille. Chez un Chimpanzé femelle, j'ai vu un muscle contracteur pour le quatrième et un autre pour le cinquième doigt ; il en existait de plus un pour le quatrième et un pour le cinquième orteil. Chez l'Orang, j'ai observé un contracteur du quatrième et un autre du cinquième doigt, et de plus deux contracteurs faibles pour le quatrième et le cinquième orteil. Le Gibbon à mains blanches me montra ces mêmes muscles au deuxième, au quatrième et au cinquième doigt, ainsi qu'au quatrième et au cinquième orteil.

En corrélation avec la hauteur des os iliaques, le grand fessier de ces animaux n'a qu'une largeur faible par rapport à sa longueur. Son tendon d'insertion descend très bas sur le fémur, jusque vers l'articulation du genou. Le moyen et le petit fessier ont une longueur qui est également en rapport avec celle du bassin, bien qu'ils s'insèrent sur le grand trochanter et dans la dépression postérieure située entre les trochanters. Le *scansorius*, découvert par Troill (2), chez le Chimpanzé, décrit par Bischoff comme un muscle puissant chez l'Orang, paraît manquer chez le Gorille et le Gibbon. Le muscle pyriforme est le plus souvent soudé aux parties voisines. Le tenseur du fascia fémoral, également puissant et large chez ces singes, est excessivement réduit ou manque même complètement chez l'Orang. Le couturier ne s'insère pas, comme chez l'homme, sur le tibia en dedans de la partie inférieure de la tubérosité tibiale, mais descend au-delà de celle-ci. Chez le Gorille, il a trois chefs, dont l'un s'insère sur le fascia jambier, tandis que les deux autres se fixent sur la crête médiane du tibia. Chez le Chimpanzé et le Gibbon, ce muscle se prolonge également assez bas. Chez l'Orang, il ne se prolonge pas autant, mais chez

(1) *Not like man bimanous and biped, not yet quadrumanous, but cheiropodous* (Melbourne, 1863). *Lines of demarcation between man, Gorilla and Macaque* (Melbourne, 1864). Je ne connais ces deux mémoires que d'après la citation de Bischoff : Anatomie, etc., des *Hylobates leuciscus*, p. 23-24.
(2) *Memoirs of the Wernerian Natural History Society*, III, 29.

ces singes le muscle grêle et le semi-tendineux (*musculus gracilis, semitendinosus*) descendent également assez bas. Le biceps crural est remarquablement développé chez l'Orang, où son faisceau long se partage en deux portions, dont l'inférieure va au péroné, pour s'y relier au faisceau court.

Le plantaire grêle (*musculus plantaris*), dont Bischoff nia d'abord l'existence même chez le Chimpanzé, existe chez cet animal, comme Brühl l'avait déjà indiqué ; on le rencontre même, chez cette espèce, aussi régulièrement que chez l'homme (où il manque parfois). Pas plus que d'autres auteurs, je n'ai trouvé ce muscle chez le Gorille, l'Orang et le Gibbon. Le sous-poplité existe chez tous les anthropoïdes. Jusqu'à présent je n'ai trouvé le péronéo-tibial (*musculus peroneo tibialis*), découvert par Gruber (1) et recouvert par le sous-poplité, que chez le Chimpanzé parmi les singes anthropoïdes ; mais je l'ai vu bien développé chez un Cercopithèque rouge (*Cercopithecus ruber*).

Le muscle jumeau du mollet, pourvu de deux chefs faciles à isoler l'un de l'autre, et le muscle soléaire, ne présentent, dans la jambe des anthropoïdes, dont le mollet est généralement faible, ni la largeur relative, ni le développement, qui concourent à former le renflement arrondi si gracieux de cette partie du corps humain ; ces muscles paraissent en quelque sorte déjetés latéralement, surtout chez l'Orang et le Gibbon. Le tendon d'Achille existe, à vrai dire, mais il est également moins saillant et moins large que chez l'homme. Les longs extenseurs et les longs fléchisseurs, ainsi que les muscles tibiaux sont développés chez tous les anthropoïdes. Le troisième péronier (*musculus peroneus tertius*), qu'on devrait considérer simplement comme un ventre du long extenseur commun des orteils (2), n'existe pas chez ces singes. Je ne puis me résoudre à reconnaître, avec Huxley, Bischoff, etc., un abducteur dans ce renflement musculaire. Brühl a également signalé, chez le Chimpanzé, un muscle rudimentaire, situé entre le court péronier et le petit orteil, et appelé quatrième péronier ou péronier intermédiaire (*musculus peroneus intermedius*). Ce muscle existe quelquefois chez l'homme ; je ne l'ai observé jusqu'à présent que sur un Chimpanzé très vieux. Le long extenseur commun des orteils du Chimpanzé et du Gorille traverse un ligament transversal particulier, formé de fibro-cartilage, qui s'étend sur le tarse. Il actionne les orteils du deuxième au cinquième (fig. 55). D'après

(I) *Beobachtungen aus der menschlichen und vergleichenden Anatomie* (Berlin, 1879), Heft 2, p. 85.
(2) Ruge aussi considère ce muscle comme une partie du long extenseur commun des orteils (*Morphologisches Jahrbuch*, IV, 630, Rem.).

une figure, donnée par Brühl, les tendons des longs et des courts
extenseurs des orteils se raccordent d'abord et se séparent ensuite
de nouveau chez le Chimpanzé. Ce n'est qu'en m'imposant une
certaine contrainte que j'ai pu constater cette disposition ; aussi
ai-je essayé de reproduire dans la figure 55 celle qui se présentait
à moi comme la plus conforme à la nature des faits. Le long
extenseur du gros orteil est développé chez tous les anthropoïdes.
Le court extenseur commun des orteils fournit un ventre puissant,
dirigé obliquement et destiné au gros orteil (fig. 55). Celui-ci possède, chez le Gorille, un abducteur, un fléchisseur à deux chefs
et un opposant (voir fig. 54).

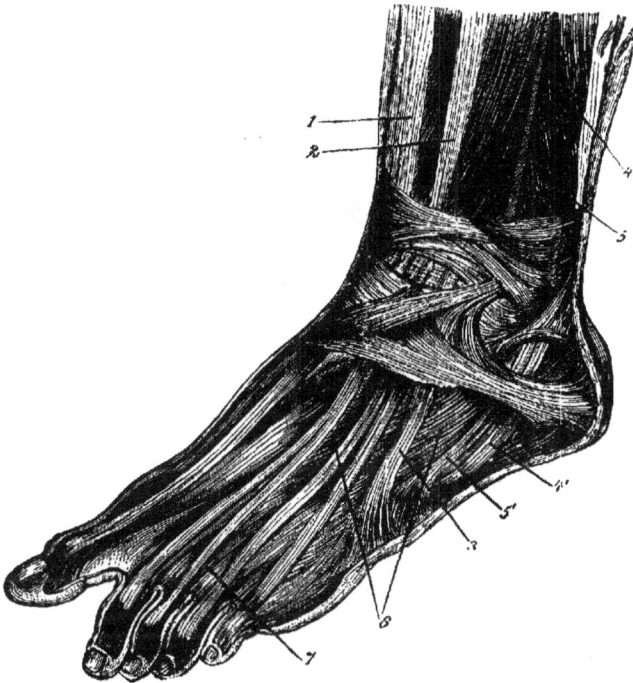

Fig. 54. — Muscles du pied humain. 1, tibial antérieur et long extenseur du gros
orteil ; 2, long extenseur commun des orteils ; 3, tendon du troisième péronier ; 4, long péronier ; 5, court péronier; 4′, 5′, tendons de ces muscles
6, tendons du long extenseur 7, tendons du court extenseur des orteils.

Le ventre destiné au gros orteil se détache du court extenseur
commun des orteils et acquiert une certaine indépendance. Au
pied droit d'un chimpanzé, j'ai vu en outre un cinquième ventre
de ce muscle, qui se rendait au petit orteil (fig. 55). Comme j'avais
précisément dessiné ce spécimen, j'ai fait représenter son pied

ci-contre, malgré cette anomalie d'ailleurs intéressante, qui se retrouve parfois aussi chez l'homme (fig. 55).

Chez ce sujet, le court fléchisseur commun des orteils fournissait des tendons perforés au deuxième et au troisième orteil. Le long fléchisseur commun des orteils envoyait des tendons perforés au quatrième et au cinquième orteil. Le long fléchisseur du gros orteil se fendait en deux tendons, dont l'un se rendait à l'orteil même, tandis que l'autre se reliait au long extenseur commun des orteils et fournissait les tendons perforants destinés au troisième et au quatrième orteil. Les tendons perforants du deuxième et du cinquième orteil partaient de l'autre fléchisseur.

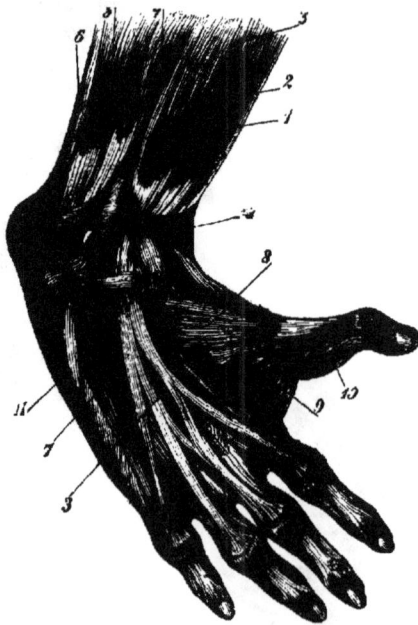

Fig. 55. — Muscles du côté supérieur du pied d'un chimpanzé. 1, tibial antérieur; 2, extenseur du gros orteil; 3, long extenseur commun des orteils; 4, court péronier; 5, long péronier; 6, tendon d'Achille; 7, court extenseur commun des orteils; 8, son ventre destiné au gros orteil; 9, premier interosseux dorsal; 10, adducteur du gros orteil; 11, abducteur du petit orteil.

Les muscles lombricaux du pied du gorille sont puissants. Le premier interosseux est également bien développé et présente deux chefs. Le petit orteil de ce singe possède un court fléchisseur et un abducteur. Je n'ai pas pu, jusqu'à ce jour, constater sûrement l'existence d'un opposant de cet orteil. Au grand orteil et au petit orteil le Chimpanzé ne présente aucune disposition qui diffère essentiellement de celle décrite ci-dessus pour le Gorille. Le court fléchisseur commun des orteils forme les tendons perforés du deuxième et du troisième orteil. Le long fléchisseur commun envoie au quatrième et au cinquième orteil des tendons perforés, au deuxième et au cinquième des tendons perforants ; au troisième et au quatrième orteil, ces derniers viennent du long fléchisseur du gros orteil. Ce dernier muscle fournit, comme chez le gorille, un faisceau qui se relie au tendon du long fléchisseur des orteils. Le gros orteil de l'Orang possède un abducteur, un opposant peu développé, un court fléchisseur à deux chefs et un adducteur.

Ici également l'un des longs fléchisseurs des orteils paraît représenter le long fléchisseur du gros orteil de l'homme. Il envoie des tendons perforants au deuxième et au cinquième orteil ; les tendons perforants du troisième et du quatrième orteil proviennent de l'autre long fléchisseur des orteils. Le gros orteil ne reçoit pas de long tendon fléchisseur. Les tendons perforés sont le plus souvent fournis par le court fléchisseur. Le tendon perforé du quatrième orteil est en outre renforcé par une branche tendineuse du long fléchisseur, décrit en premier lieu. L'autre long fléchisseur envoie un filet tendineux au cinquième tendon perforé. Au gros orteil du Gibbon, j'ai observé un abducteur, un court fléchisseur à deux chefs, un opposant peu développé et un adducteur, dont l'insertion s'étale largement en éventail. Le premier interosseux dorsal se prolonge, comme dans la main de ce singe (p. 131, fig. 53), sur la première phalange du deuxième orteil. L'un des longs fléchisseurs fournit ici des tendons perforants au deuxième, au troisième et au quatrième orteil, et envoie de plus un tendon au gros orteil. Le petit orteil reçoit un tendon perforé grêle particulier. Tandis que le premier de ces longs fléchisseurs représente celui du gros orteil de l'homme, le long fléchisseur commun des orteils n'aboutit qu'au cinquième orteil. Chez ce singe et chez l'Orang, comme d'ailleurs aussi chez le Gorille et le Chimpanzé, ces deux muscles sont reliés par un faisceau tendineux. N'oublions pas de mentionner à cette occasion qu'assez souvent le long fléchisseur du gros orteil de l'homme envoie un tendon au deuxième orteil et même parfois au troisième. Selon l'indication très exacte de Bischoff, une masse charnue recouvre le tendon encore indivis, mais déjà élargi du long fléchisseur commun des orteils chez le Gibbon. Cette lame tendineuse fournit des tendons perforés au troisième et au quatrième orteil. Le deuxième orteil reçoit un tendon perforé du court fléchisseur des orteils. La masse charnue précitée semble représenter ici le plantaire carré (*musculus quadratus plantæ*), qui est souvent indépendant, bien que à un faible degré, chez les autres anthropoïdes. En ce qui concerne les muscles du petit orteil de l'Orang et du Gibbon, je dois me borner à mentionner que l'opposant paraît faire défaut chez le dernier de ces deux singes (fig. 55).

On voit, d'après la description précédente, que, malgré maintes particularités (constantes en apparence), malgré des variations considérables et nombreuses, la disposition des muscles des anthropoïdes doit être considérée, somme toute, comme très semblable à celle des muscles humains, bien que les nombreuses descriptions des auteurs divergent à cet égard. Cette disposition présente, à vrai dire, surtout aux membres inférieurs, plusieurs particularités préjudiciables pour l'aptitude à marcher debout ; en outre, elle offre dans d'autres parties du corps d'autres caractères d'animalité ; néanmoins ce qui *prédomine*, dans le système musculaire de ces êtres, c'est sa ressemblance avec celui de l'homme.

CHAPITRE V

L'*appareil digestif* des anthropoïdes donne lieu également à des comparaisons intéressantes. L'orifice buccal est limité, comme nous l'avons vu, par de grosses lèvres très protractiles. La muqueuse buccale et les gencives sont couleur de chair, plus foncées chez les animaux vieux que chez les jeunes ; chez ceux-là, ces parties sont quelquefois tachetées de gris-brunâtre ou de gris-bleuâtre. Ehlers décrit, dans la muqueuse buccale du Gorille et du Chimpanzé, des plis très marqués, qu'il appelle plis buccaux. Ils s'étendent de la face antérieure des deux mâchoires, au niveau de la canine, en arrière et latéralement sur la muqueuse de la joue (1), Je n'ai observé que les plis supérieurs chez le Gorille, représenté dans la figure 3 ; chez les autres Gorilles et chez les autres anthropoïdes, j'ai vu ces plis à peine indiqués et ces indices étaient même si variables que je ne me sens nullement porté à donner à ce caractère une importance particulière. Deux petits ligaments labiaux, l'un supérieur, l'autre inférieur, existent chez tous ces animaux. Ils sont très souvent peu développés, mais néanmoins toujours reconnaissables.

La *langue* de ces singes est peu large ; sa base n'est pas, comme chez l'homme, pourvue de grands follicules cryptiformes ; ceux-ci ne sont que faiblement représentés et en quelque sorte dissimulés. Autour de ces follicules, s'élèvent des papilles folliculaires et villeuses, qui deviennent cornées et parfois même très dures chez le Gorille vieux. Des papilles du même genre proéminent aussi entre les glandes folliculaires des amygdales. Les papilles linguales, entourées d'un rebord saillant, sont moins nombreuses que chez l'homme ; elles sont plus souvent, notam-

_____

(1) *Beiträge zur Kenntniss des Gorilla und Chimpanse*, p. 32, pl. II, fig. 3-6.

ment chez le Chimpanzé, disposées en forme d'un T ou d'une croix, qu'en forme de V (Gorille).

La *luette* et la *voûte palatine* n'offrent rien de particulier, rien qui diffère du type humain (1). La voûte palatine présente un certain nombre de plis ou mieux de saillies allongées, tantôt simples, tantôt ramifiées, qui varient beaucoup, dans les détails, suivant les individus. Elles s'étendent, de la suture palatine médiane, sur les côtés vers les bords alvéolaires de la mâchoire, et sont disposés avec une certaine régularité. Elles sont surtout nettement développées chez le Chimpanzé vieux ; on les voit encore distinctement chez le Gibbon. Ces reliefs, qui sont légèrement développés chez l'homme, où ils varient également beaucoup suivant les individus, ont été surtout décrits par Ehlers et Bischoff chez les anthropoïdes, depuis que Gegenbaur a attiré l'attention des anatomistes sur cette question.

Les *dents* nous fournissent des matériaux de comparaison importants. La formule dentaire $i\frac{2}{2}$, $c\frac{1}{1}$, $p\frac{2}{2}$, $m\frac{3}{3}$ des singes catharrhiniens ou de l'ancien continent, s'applique en général aux anthropoïdes. Pour les dents de lait, la formule est $i\frac{2}{2}$, $c\frac{1}{1}$, $m\frac{2}{2}$. Magitot (2) et Giglioli ont constaté que les dents de lait sortent dans le même ordre que chez l'homme : 1° les incisives inférieures ; 2° les incisives supérieures ; 3° les molaires antérieures ou prémolaires ; 4° les grosses molaires ; 5° les canines. Le crâne d'un Chimpanzé, âgé d'environ deux ans, originaire de la côte du Loango, présente vingt dents de lait. Selon Magitot et Giglioli, l'éruption des dents permanentes ou définitives a lieu dans l'ordre suivant : 1° premières grosses molaires ; 2° incisives inférieures et puis incisives supérieures ; 3° prémolaires ; 4° canines ; 5° secondes grosses molaires ; 6° troisièmes grosses molaires. Giglioli a constaté, dans un crâne de Gorille mâle, que l'éruption des canines permanentes a lieu presque en même temps que celle des troisièmes molaires et après celle des secondes molaires. Le temps exigé pour l'éruption des canines paraît plus long que pour les autres dents.

La forme des dents permanentes des anthropoïdes varie suivant les espèces et aussi suivant le sexe. Chez le Gorille, les deux inci-

---

(1) Chez l'*Orang-Outan*, le plus souvent la luette (uvula) n'est pas développée (Bischoff, *Beiträge zur Anatomie des Gorilla*, p. 37, et Rückert, *Pharynx als Sprach-und Schluckapparat*, München, 1882, p. 24, pl. III, fig. 10) ; cependant j'ai observé et dessiné un exemplaire qui avait la luette, les piliers du voile du palais bien développés et la base de la langue voûtée.
(2) *Bulletin de la Société d'anthropologie de Paris*, 1869, p. 113.

sives médianes supérieures sont larges, taillées en biseau et beaucoup plus grandes que les deux incisives supérieures externes. Les quatre incisives inférieures, au contraire, ont à peu près la dimension des incisives supérieures externes ; elles sont moins larges et taillées également en biseau. Les puissantes canines supérieures du mâle vieux sont courbées un peu en arrière et en dehors. Leur forme fondamentale est celle d'une pyramide triangulaire, cunéiforme. Le côté antérieur est courbe et présente, près de son bord interne, un profond sillon, qui s'étend depuis la base de la couronne jusque près de sa pointe. Le côté externe, formant, par son intersection avec le côté interne, une arête postérieure aiguë, est un peu convexe en avant, plan ou légèrement concave en arrière. Le côté interne est concave et présente une profonde gouttière longitudinale, qui le parcourt un peu en arrière de sa ligne médiane. Les canines inférieures du mâle vieux sont plus courtes que ses canines supérieures ; elles sont arquées et dirigées en dehors et légèrement en arrière. Elles ont également la forme d'une pyramide triangulaire. Leur côté antérieur est arrondi et parcouru dans sa portion interne par un sillon longitudinal beaucoup plus court que le sillon correspondant de la canine supérieure. Le côté externe est un peu convexe et, comme celui de la canine supérieure, un peu dirigé en arrière. La portion postérieure présente deux sillons longitudinaux (rarement un seul) qui, partant de la base de la couronne, se prolongent un peu au-delà du milieu de la dent. Le côté interne est (légèrement) concave, comme dans les canines supérieures. Les canines inférieures proéminent comme des piliers au-devant de ces dernières (fig. 15 et 16). Dans les canines du Gorille mâle jeune, les arêtes ne sont pas encore bien marquées, bien que ces dents présentent déjà nettement la forme d'une pyramide triangulaire. Les canines de la femelle adulte sont beaucoup plus petites que celles du mâle adulte et plus aplaties du dehors en dedans. La forme pyramidale triangulaire des canines supérieures est peu prononcée. Leur face externe est concave et pourvue d'une crête longitudinale médiane à peine visible. Au contour interne (du côté de la cavité buccale) se trouvent deux ou trois sillons longitudinaux, qui s'étendent depuis la base jusque vers le milieu de la couronne. Les canines inférieures sont pyramidales triangulaires. Chacune d'elles a une face antérieure, une face postérieure et une face interne (regardant la cavité buccale). Les prémolaires antérieures du mâle vieux sont larges et présentent un gros tubercule externe et un tubercule interne plus petit. Chez le mâle, les quatre tubercules des trois molaires supérieures affectent une disposition plus régulière, plus symétrique que chez la femelle ; chez celle-ci les tubercules sont placés davantage en alternance. Elles ressemblent, sous ce rapport, à celles de l'homme, avec cette différence qu'elles sont plus grosses. Les premières prémolaires inférieures du mâle sont pointues et ont la forme pyramidale quadrangulaire. Leur face antérieure et leur face externe sont convexes, la face interne ou buccale est plane et la face postérieure creusée en gouttière. Les deux prémolaires inférieures, au contraire, ont deux tubercules antérieurs (l'un externe, l'autre interne) et un tubercule postérieur. Ce dernier s'use généralement de bonne heure. Chaque molaire a deux tubercules externes et deux tubercules internes opposés les uns aux autres et de plus un tubercule postérieur. Il faut reconnaître qu'il y a là une analogie avec ce qui existe chez l'homme. Elle est encore plus accentuée chez la femelle.

Chez le Chimpanzé, les deux incisives médianes de la mâchoire supérieure ont également la forme de larges biseaux, tandis que les incisives externes et celles de la mâchoire inférieure sont plus petites. Il existe souvent, chez le mâle, un intervalle assez considérable entre elles et les canines. Ces dernières représentent chacune une pyramide triangulaire à bord antérieur obtus, descendant en ligne droite ; le bord postérieur est tranchant, échancré dans son tiers supérieur, et se termine à la base de la couronne par un tubercule postérieur. Les prémolaires ont un tubercule externe et un tubercule interne ; les molaires présentent deux tubercules externes et deux autres internes, reliés entre eux par des bandes d'émail sinueuses. Les canines inférieures de cet animal ont bien aussi la forme fondamentale d'une pyramide triangulaire, mais leur arête antérieure est très obtuse, tandis que les arêtes interne et postérieure sont assez marquées. La face antérieure n'est pas canaliculée comme dans la canine supérieure. L'arête latérale est très courbe. Les molaires ont un cinquième tubercule postérieur très net. Celui-ci est également bien développé chez l'homme. Les incisives supérieures de l'Orang-Outan sont conformées comme celles des autres anthropoïdes décrites ci-dessus. Les canines supérieures sont pyramidales triangulaires et présentent un sillon antérieur longitudinal. Les canines inférieures ont également un sillon semblable sur leur côté postérieur. Les molaires, comparées à celles des autres anthropoïdes, ne présentent rien de particulier.

Les canines des anthropoïdes âgés, considérés jusqu'ici, s'usent fortement à leur contour postérieur. Les dents de ces animaux sont caractérisées par des cannelures transversales inégales, résultant du développement non uniforme des couches d'émail. Ces canne-

lures se développent à mesure que la dent s'accroît. Outre les
gouttières, mentionnées tout particulièrement plus haut, on trouve
encore des empreintes longitudinales, surtout sur la face antérieure
des incisives.

La face antérieure des incisives du Gibbon est lisse ; ici les
incisives médianes supérieures sont les plus grosses, tandis que
les incisives médianes inférieures sont les plus petites. Les canines
supérieures, longues et fortes, déprimées latéralement, ont une
arête postérieure aiguë et présentent une gouttière longitudinale
antérieure et une gouttière interne. Les arêtes des canines inférieures sont obtuses. Aux molaires inférieures, le cinquième
tubercule est exactement placé au milieu du contour postérieur.

On a parfois prétendu que les entailles, qui existent toujours
au contour externe des molaires des anthropoïdes et s'étendent
jusqu'aux racines de ces dents, constituent un caractère important, qui distingue ces dents de celles de l'homme, où généralement
ces entailles ne se prolongent pas jusqu'aux racines. Toutefois les
molaires humaines montrent parfois aussi des gouttières très
profondes et très étendues. Je ne crois donc pas devoir accorder
une importance particulière à ce prétendu caractère distinctif. Ce
qui me paraît plus important, c'est le puissant développement des
canines, qui est comparable à celui des canines des carnivores.
Dans certains cas, on observe une molaire surnuméraire, tant
chez l'homme que chez les anthropoïdes, quelquefois même chez
le Gibbon (1).

L'*estomac* et l'*intestin* de ces animaux ne présentent qu'un petit
nombre de caractères peu différents de ceux que ces mêmes
organes offrent chez l'homme. La longueur de ces viscères varie
aussi bien chez ce dernier que chez les anthropoïdes. Chez le
Gorille et l'Orang seuls, j'ai vu les plis de la muqueuse, appelés plis
de Kerkring, développés avec quelque netteté. Le cæcum de ces
singes est long, large, suspendu librement et mobile dans le
péritoine ; son appendice vermiforme est volumineux, très long,
surtout chez l'Orang et tordu en spirale.

Le *foie* se partage en deux lobes principaux, — qui ne sont pas
très nettement séparés chez l'Orang. — Je n'ai jamais constaté
une seconde division des bords de ces lobes, comme Bolan et
Auzoux l'ont représentée chez le Gorille. Bischoff n'a pas découvert, sur la face inférieure du foie du Gorille, la disposition en H
des sillons, qui est si nette chez l'homme. Cette remarque peut

---

(1) Par exemple, chez l'*Hylobates syndactylus*. Voir Giebel, *Odontographie*,
Leipzig, 1855, p. 2.

également s'appliquer aux autres anthropoïdes. En général, les sillons inférieurs du foie n'entaillent pas sa substance jusqu'à une profondeur uniforme de chaque côté. Les vésicules biliaires du Gorille et de l'Orang ne sont pas très volumineuses; chez le Chimpanzé, j'ai trouvé cet organe très développé et contourné; chez le Gibbon même il est encore assez volumineux.

La *rate* est haute chez le Gorille, le Chimpanzé et le Gibbon ; elle est moins haute et plus large chez l'Orang. Partout son contour gauche est fortement aplati. Le *pancréas* n'offre rien de remarquable.

Le *larynx* de ces animaux est, dans ses traits essentiels, semblale à celui de l'homme. Cette similitude existe surtout à l'entrée de cet organe. La portion vocale antérieure, proprement dite, de la glotte est courte, à peu près aussi longue que la portion respiratoire. Le corps de l'os hyoïde du Chimpanzé est profondément excavé en avant. Aux cornets de Morgagni se relient les sacs laryngers ou aériens, qui existent chez le Gorille, le Chimpanzé et l'Orang. Ce sont des poches à parois minces, extensibles, unies aux parties voisines, en un grand nombre de points, par du tissu conjonctif. Le sac larynger droit paraît être généralement plus grand que celui de gauche. Selon la description exacte de Duvernoy et d'Ehlers, il existe chez le Gorille seul une portion supérieure de cet organe. Chez cet animal et chez l'Orang, le sac larynger déploie un diverticule inférieur, qui se prolonge derrière le muscle abaisseur de la tête jusqu'à l'épaule, et un autre qui s'étend jusqu'au grand pectoral. Chez le Chimpanzé, la partie postérieure est seule développée. On prétend avoir observé, dans beaucoup de cas, l'existence d'un seul sac larynger impair communiquant avec les deux cornets de Morgagni ; je crois, avec Ehlers, que cela est invraisemblable. On peut admettre que, dans ces cas, l'un de ces organes ait passé inaperçu, par suite d'une asymétrie considérable. Chez l'Orang vieux, les sacs laryngers, recouverts d'une paroi adipeuse dans sa couche externe et reliés entre eux par du tissu conjonctif, pendent, avec toute la peau du cou, en un repli flasque et massif sur la partie médiane de la poitrine (p. 33, fig. 9). Parmi les Gibbons, le Siamang seul (p. 36) possède un sac larynger impair, d'après Sandiford (1); tandis que, selon Broca (2), ce singe aurait deux sacs distincts se rapprochant entièrement l'un de l'autre à leur extrémité supérieure, tout près du larynx. Les deux

(1) *Ortleetkundige Beschryving van en volwassen orang-œtan. Verhandelingen over de natuurlijke der Needel Bezittingen*, Leiden, 1840, p. 33.
(2) *Bulletin de la Société d'anthropologie de Paris*, 1869, t. IV, p. 368-371.

moitiés de la glande thyroïde sont habituellement reliées par une pièce intermédiaire.

La *trachée* renferme en moyenne de 16 à 18 anneaux cartilagineux ; toutefois, chez le Siamang, on en compte 21. Sa ramification donne en général une branche droite plus grosse et une branche gauche un peu plus faible. La première émet en outre un rameau latéral situé au-dessus de l'artère (1). D'après Huxley et Ehlers, le *poumon* du Gorille est divisé, comme celui de l'homme, c'est-à-dire que le poumon droit se partage en trois lobes et le poumon gauche en deux lobes. J'ai également observé ce type ; mais chez un exemplaire, j'ai trouvé trois lobes gauches. Chez le Chimpanzé, j'ai vu le poumon droit divisé en trois lobes, le poumon gauche en deux. Bischoff a vu, chez un Chimpanzé, quatre lobes à droite et deux à gauche. Un Orang que j'ai examiné n'avait à droite et à gauche qu'un seul lobe ; celui de droite présentait trois entailles faibles, partant des bords extérieurs, celui de gauche avait deux entailles semblables ; cependant, chez cet animal, on constate habituellement un développement bien marqué des entailles situées entre les lobes. Dans le poumon des Gibbons, on décrit quatre lobes à droite et un seul ou quelquefois aussi deux à gauche. J'ai vu, moi-même, chez un Gibbon, trois lobes à droite et deux à gauche. Il semble qu'il existe, à cet égard, dans chaque espèce d'anthropoïdes, des variations individuelles assez considérables, dont les poumons humains mêmes ne semblent pas exempts.

Les *parties sexuelles du mâle* ont dans leurs traits généraux la même forme et la même disposition que chez l'homme. D'ailleurs je ne dois pas omettre de dire que la verge du Babouin à queue de porc et celle de certains autres cynocéphales ressemble à celle de l'homme, plus encore que celle des anthropoïdes (à l'exception du Gorille). Le scrotum de ces derniers est court et ferme. Le testicule droit, séparé du testicule gauche par une large couture, est placé plus haut que ce dernier. Les parties génitales internes des *femelles* offrent également beaucoup de ressemblance avec celles de la femme : nous ne voyons ici que des différences faibles. Bischoff a raison, quand il dit que les grandes lèvres et le mont de Vénus manquent *presque* entièrement. Une menstruation, ayant même lieu régulièrement, a été parfaitement bien constatée par les observations de Bolau, d'Ehlers et d'Hermès, au moins chez

---

(1) Voir Aeby. *Der Bronchialbaum der Säugethiere und des Menschen.* Leipzig, p. 7 et suiv.,pl. V, fig. 11.

le Chimpanzé. Il est probable que ce phénomène se produit aussi chez les autres espèces. A ce moment, il se fait un gonflement et une rubéfaction des parties génitales externes. Les grandes lèvres, peu distinctes en dehors de la période menstruelle, proéminent alors fortement. Les petites lèvres et le clitoris sont très grands et très développés. Le gonflement et la rubéfaction, constatés chez le Chimpanzé, sont souvent excessifs dans ces parties, chez certains Babouins et certains Macaques, et s'observent également dans les callosités fessières de ces espèces.

CHAPITRE VI

LE SYSTÈME NERVEUX DE L'HOMME ET DES ANTHROPOÏDES

I. — L'ENCÉPHALE.

Ce qui nous intéresse surtout dans le système nerveux, c'est la *structure de l'encéphale*. Ch. Bastian dit, en parlant de l'encéphale des *singes*, que cet organe présente, dans cette famille, beaucoup de caractères communs, qui confirment la proche parenté de ces animaux. Selon cet auteur on observe, dans ce groupe, différents

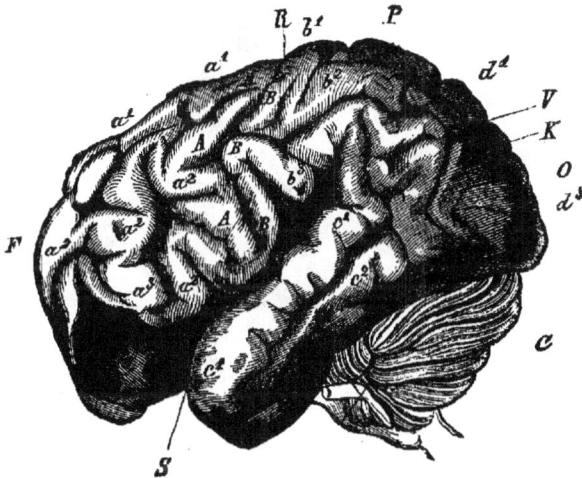

Fig. 56. — Encéphale de l'Orang, vu de profil (Vogt d'après Gratiolet). *F.* lobe frontal ; *P*, lobe pariétal; *O*. lobe occipital; *R*, sillon de Rolando; *S*, scissure de Sylvius ; *C*, cervelet.

degrés de développement, qu'on ne saurait disposer en une série continue. De l'encéphale des lémuriens, qui ne diffère pas beaucoup de celui des rongeurs, nous pourrions, par l'intermédiaire de certaines formes de passage bien déterminées, arriver aux hémisphères cérébraux plus perfectionnés des grands singes anthropoïdes, du Chimpanzé, du Gorille et de l'Orang-Outan (1).

En ce qui concerne la question de savoir à quelle espèce de singe anthropoïde il faut attribuer le cerveau le mieux organisé, il existe parmi les anatomistes des opinions très divergentes. Beaucoup d'entre eux admettent que l'encéphale du Chimpanzé offre le développement le plus simple, tandis que celui de l'Orang aurait l'organisation la plus élevée. Chez tous ces singes, les deux hémisphères, séparés toujours par une profonde scissure longitu-

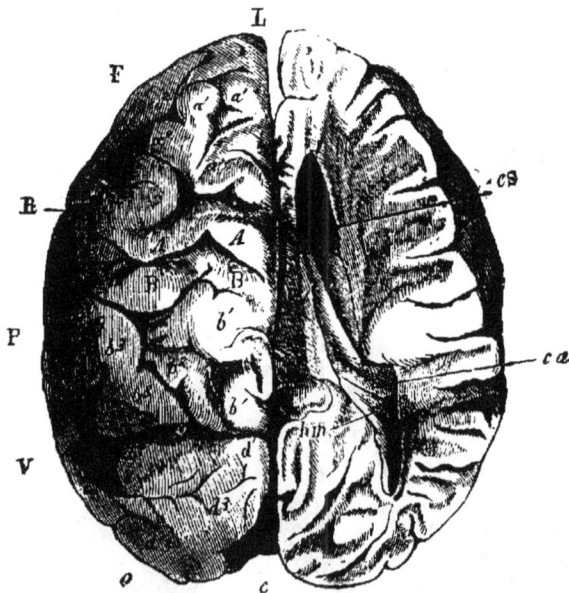

Fig. 57. — Encéphale du Chimpanzé, vu d'en haut. La partie supérieure de l'hémisphère droit est enlevée; le ventricule latéral est aussi mis à découvert (Vogt d'après Marshall). L, scissure longitudinale. Pour le reste mêmes lettres que dans la figure 56. *c s*, éminence striée dans la corne antérieure du ventricule ; *c a*, grand pied d'hippocampe dans la corne descendante; *h n*, petit pied d'hippocampe dans la corne postérieure.

dinale, recouvrent le cervelet de manière à ne laisser à découvert qu'une très petite portion postérieure de celui-ci. Sous ce rapport, l'encéphale du Gorille est, à mon avis, un peu inférieur à celui des

(1) *Le cerveau, organe de la pensée chez l'homme et les animaux.* (Bibliothèque scientifique internationale.)

autres anthropoïdes. Dans un seul cas, chez un Orang, j'ai vu le
cerveau déborder légèrement le cervelet (voir aussi fig. 56) (1).

Selon Retzius, le recouvrement est incomplet chez certains
Lapons, tandis que, chez les races slaves et turco-tartares, il est
en général complet. Chez les races germanique et romane, le
cerveau dépasse le cervelet. Mais chez les Mongols, les Indiens
et les Nigritiens, c'est à peine si le cerveau recouvre le cervelet,
sans le dépasser en général.

Tandis que l'encéphale du Gorille a la forme fondamentale d'un
ovoïde allongé, qui rappelle celle de l'encéphale humain, celui du
Chimpanzé et de l'Orang a une forme plus nettement ovoïde

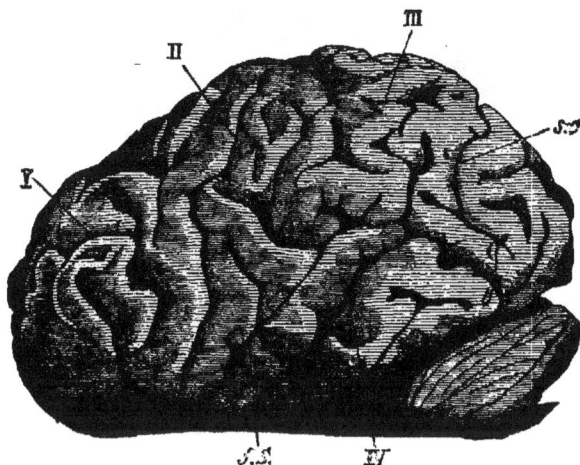

Fig 58. — Encéphale du Gorille, vu de profil (d'après Bolau et Pansch). I, lobe
      frontal ; II, sillon de Rolando; III, lobe pariétal ; IV, lobe temporal; C, cer-
      velet; *f s*, scissure de Sylvius ; s c, scissure externe verticale, qui sépare
      le lobe pariétal du lobe occipital.

arrondie. Il en est surtout ainsi chez le Chimpanzé (fig. 57).
L'encéphale du Gorille (fig. 58) se distingue, à mon avis, de celui
du Chimpanzé, mais non pas de celui de l'Orang (fig. 56), par des
circonvolutions particulièrement compliquées.

Chez le Gorille, le Chimpanzé et l'Orang l'insula de Reil, dans la
scissure de Sylvius, est en général débordée (du moins d'après
mes observations personnelles) par l'opercule (*operculum*); tou-

(1) Pansch écrit en parlant de l'encéphale d'un Gorille : « En plaçant l'encéphale
horizontalement le cerveau dépasse peut-être légèrement le cervelet. » *Abhandlungen* (Hamburg, 1876), p. 84. Pourquoi cet auteur se contente-t-il de dire
peut-être ?

tefois dans certains cas, paraît-il, ce caractère n'existe pas (1).
D'ailleurs, selon les données exactes de Bastian, la scissure de
Sylvius est beaucoup moins horizontale chez ces trois anthropoïdes que chez l'homme ; elle y présente exactement la même
position que dans le cerveau du cercopithèque noir, du Wanderou
et d'autres Macaques. Chez le Gorille, sa direction se rapproche
davantage de l'horizontale que chez les autres singes anthropoïdes. Le sillon central ou de Rolando est surtout très marqué
chez le Chimpanzé (fig. 57, R); mais chez les autres espèces on

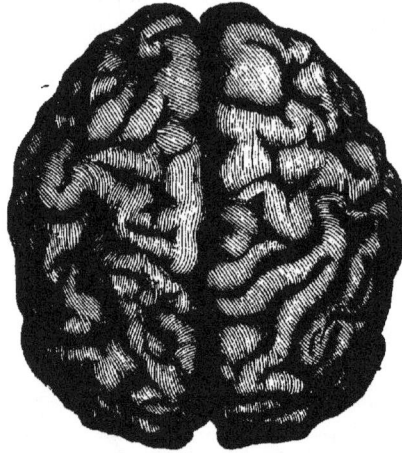

Fig. 59. — Encéphale de l'Orang, vu d'en haut (Duncan, d'après un exemplaire
du muséum *of Royal College of Surgeons*). F, lobe frontal ; O, lobe
occipital.

peut également très bien suivre son trajet (fig. 58, II ; 56, R). La
scissure dite simienne, entre le lobe pariétal et le lobe occipital
(sillon occipital externe de Meynert prolongé) (Gorille, fig. 58,
s e), est surtout développée chez le Chimpanzé (fig. 57, d'). Les
lobes frontaux du Gorille sont hauts, tandis que ceux du Chimpanzé sont bas et courts. On prétend que ceux de l'Orang, qui
sont hauts et courts, se terminent en un rostre arqué (2), qui
toutefois n'existe pas toujours.

Chez les anthropoïdes considérés ci-dessus, de même que
chez beaucoup de singes inférieurs, outre les scissures précitées,
on en décrit encore trois autres moins importantes, à savoir : la
scissure parallèle, qui est placée derrière celle de Sylvius et

(1) Voir Pansch, l. c., p. 84.
(2) Par exemple Bastian, l. c. I, fig.

parallèlement à celle-ci; la scissure calloso-marginale, située sur
la face interne des hémisphères cérébraux, immédiatement au-
dessus du corps calleux, et la scissure du pied d'hippocampe
(*fissura calcarina*) (fig. 60).

Au voisinage du point où a lieu la réunion des scissures
internes, cette dernière se relie à la surface inférieure de la partie
postérieure des hémisphères. La circonvolution, appelée frontale
supérieure, par beaucoup d'anatomistes (*gyrus supramarginalis*)
et qui, d'après Gratiolet, manquerait chez les anthropoïdes, est
parfaitement bien développée, comme je puis le confirmer avec
Rolleston (1) et Bastian (fig. 56, Orang, et fig. 58, Gorille).

Selon Bischoff, la *troisième* circonvolution frontale (circonvolution de Broca) n'est que très faiblement développée chez le
Chimpanzé, l'Orang et le Gibbon. « Son grand développement chez
l'homme, dit cet auteur, constitue une des principales différences
entre l'encéphale du singe et celui de l'homme (2). » Selon lui, cette
circonvolution ferait absolument défaut chez la plupart des singes.
Mais Pansch soutient à bon droit qu'elle est bien développée chez
les singes, y compris les anthropoïdes. Je ne saurais ici suivre
Pansch jusqu'au bout dans ses discussions, mais cependant je

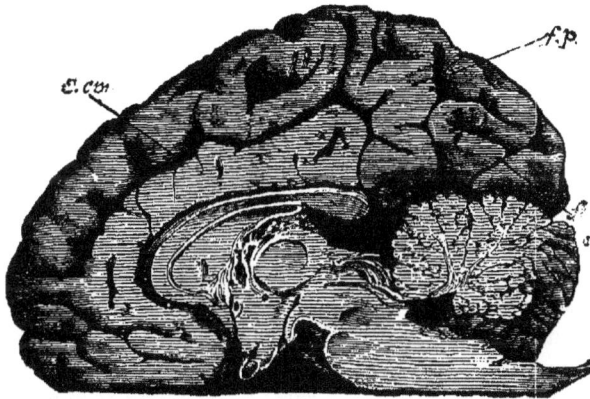

Fig. 60. — Coupe longitudinale du cerveau du Gorille (Bolau et Pansch). *s, cm.*
scissure calloso-marginale ; *f, p,* scissure verticale interne ; *f, e,* scissure de
l'ergot de Moran, la partie postérieure de la scissure du pied d'hippocampe.

suis forcé d'admettre son opinion à cet égard (voir fig. 59, chez
l'Orang). Gratiolet fait observer que les *plis* dits *de passage* qui
jouant le rôle de circonvolutions operculaires, sont placés comme

(1) *The natural history Review*, 1861. p. 201.
(2) *Sitzung der mathematisch-physikalischen Klasse der königl. bairisch.
Akad. d. Wissensch.* vom 4. Februar, 1871, p. 100.

des valvules (p. 149) sur les circonvolutions des lobes postérieurs des singes, n'apparaissent que superficiellement chez l'homme. Chez le Chimpanzé, le pli de passage supérieur n'existe pas ; chez l'Orang au contraire il est volumineux ; il est également grand et ondulé chez l'homme. Chez les singes en question, le deuxième pli de passage est caché, tandis qu'il ne l'est pas chez l'homme, où l'opercule n'existe pas (1).

Ce qui frappe tout d'abord dans la *structure interne du cerveau* de ces animaux, c'est la brièveté du corps calleux. On signale aussi l'épaisseur et la mollesse de la commissure antérieure, ainsi que la minceur de la commissure postérieure du troisième ventricule. Dans les ventricules latéraux on retrouve toutes les parties décrites dans le cerveau humain. Les tubercules quadrijumeaux sont très semblables à ceux de l'homme. Le quatrième ventricule ne renferme aucune formation remarquable. La base de l'encéphale, c'est-à-dire sa surface inférieure, ne diffère également pas beaucoup du type humain. Toutefois la section transversale des nerfs optiques, au-devant de leur chiasma, me parut un peu plus ovale que chez l'homme.

II. — LES HOMMES MICROCÉPHALES.

Dans ces dernières années on n'a pas hésité à reconnaître un caractère pithécoïde, un cas d'atavisme, chez les hommes *microcéphales*, dont la microcéphalie est liée d'habitude à un degré plus ou moins grand d'imbécillité. De plus, on a cru voir une analogie simienne dans la conformation du cerveau de beaucoup d'individus, atteints non de microcéphalie, mais de quelque autre infirmité. Considérons d'abord cette dernière catégorie. R. Krause a examiné le *cerveau* d'un garçon de sept ans et demi, un enfant *pithécoïde*, comme dit l'auteur, qui, bien que n'ayant pas les caractères d'un microcéphale, montrait néanmoins une conformation simienne. Les deux hémisphères cérébraux étaient asymétriques ; dans la région où, sur l'hémisphère gauche, se trouve la scissure pariéto-occipitale *(fissura parieto-occipitalis)*, les deux hémisphères s'écartaient l'un de l'autre, formaient un bord convexe en dehors et en arrière, de manière à laisser le cervelet à découvert. A la surface inférieure des lobes frontaux, on voyait un rostre ethmoïdal très marqué. Les deux scissures de Sylvius n'étaient pas fermées et à gauche moins qu'à droite ; la valvule n'était que

(1) Gratiolet , *Mém. sur les plis cérébraux de l'homme et des primates.*

peu développée et l'insula de Reil, avec ses sillons, était presque
à découvert. Cette conformation rappelait presque entièrement
celle des singes anthropoïdes. Les deux sillons centraux ou de
Rolando, moins profonds que dans un cerveau normal, se
dirigeaient presque en ligne droite vers le bord des hémisphères
sans former un angle l'un avec l'autre. Des sillons précentraux,
fortement marqués et très profonds, semblaient remplacer les
sillons centraux. Le sillon interpariétal, naissant plus en dehors
que chez l'homme, était relié au sillon pariéto-occipital, ce qui
est une disposition typique de l'encéphale des singes. Le sillon
occipito-transversal s'étendait ici, sous la forme d'une scissure
profonde, la scissure simienne, transversalement sur le lobe
occipital et le séparait presque complètement du lobe pariétal. La
scissure dite calcarine (p. 151) naissait déjà sur la surface du
lobe occipital, ne rejoignait la scissure pariéto-occipitale qu'après
un long trajet et se rendait directement au côté droit dans la
scissure du pied d'hippocampe (fissura hippocampi). Cette anomalie
existe également typiquement dans l'encéphale des singes. La
première circonvolution occipitale était séparée du lobe occipital
supérieur par le sillon pariéto-occipital. Une disposition analogue
existe, selon Gratiolet, chez beaucoup de singes. La circonvolution
temporale supérieure était remarquablement réduite des deux
côtés et n'avait qu'une largeur moyenne de 5^{mm}. C'était là une
particularité qui, d'après Krause, rappelle le cerveau du Chimpanzé, chez lequel la circonvolution temporale supérieure est
toujours réduite. Krause se demande donc s'il n'y aurait pas des
cerveaux qui, sans être microcéphaliques, pourraient néanmoins
présenter une conformation simienne typique. Le poids du
cerveau décrit ci-dessus différait à peine du poids normal;
il présentait toutes les circonvolutions et tous les sillons, ses
circonvolutions étaient peut-être même plus nombreuses que
celles qui caractérisent la conformation normale ; il paraissait
différencié à tous les points de vue, mais se rapprochait néanmoins par toute sa configuration plus du type simien que du type
humain. Krause remarque en outre que, si cet encéphale lui eût
été soumis sans indication d'origine, il se serait cru parfaitement
autorisé à le rapporter à un singe anthropoïde, un peu plus voisin
de l'homme que le Chimpanzé (1).

Il est hors de doute que certains homme, enfants ou adultes,
qui ont eu en partage une conformation corporelle disgracieuse,

(1) *Correspondenzblatt der Deutschen anthropologischen Gesellschaft*,
1877, p. 133,

qui sont affligés d'une incapacité physique et d'une faiblesse mentale plus ou moins prononcées, ont dans leur aspect, leurs manières gauches, leur vie nomade et insouciante, quelque chose qui rappelle sans contredit les caractères du singe.

Différents degrés de l'idiotisme fournissent leur contingent d'individus, dont les manifestations vitales bornées rappellent absolument l'animalité. Krause décrit le garçon de sept ans et demi, qu'il a examiné, comme un enfant éveillé, aimant les jeux et la danse. Quand on le taquinait, il se mettait en colère. Cet enfant était très agile ; il aimait à grimper ; il avait beaucoup de force dans les mains et les bras ; ses mains étaient calleuses et rappelaient celles du Chimpanzé. Il pouvait s'asseoir à terre, les jambes écartées. Sa démarche était mal assurée ; il tombait facilement ; en courant, il tenait les genoux coudés en avant et les jambes fléchies ; il aimait à sautiller et c'est alors surtout qu'il ressemblait à un singe. Aux deux pieds, le gros orteil était écarté, en formant un angle avec le pied, et donnait ainsi l'impression d'un orteil préhensile ; Krause crut d'abord que cet écartement avait dû se produire parce que l'enfant, dans sa démarche mal assurée, aurait cherché à se procurer une base de sustentation plus large. Mais plus tard, cet auteur renonça à sa première idée, car il ne retrouva pas d'adaptation de ce genre chez d'autres enfants atteints d'affections céphaliques, par exemple chez des hydrocéphales. Cet enfant pouvait à peine parler, il ne savait guère dire que papa et maman, et, ces mots mêmes, il n'avait appris à les exprimer que fort tard en prononçant successivement les syllabes ; le plus souvent il n'articulait que des sons analogues à un grognement. Il imitait l'aboiement du chien, en articulant le son rrr, rrr. Souvent il frappait le sol des pieds et des mains ; battait des mains, grinçait des dents, absolument comme Krause l'avait observé chez le Chimpanzé et le Gorille. Ce garçon était plus petit que les enfants de son âge et avait les yeux malades. Sa tête semblait écorchée ; son front était étroit. L'instinct d'imitation était particulièrement développé chez lui. Tout son être, tous ses mouvements avaient un caractère simien frappant. Ses parents le négligeaient beaucoup, etc. (1).

Quand j'étais étudiant, j'eus l'occasion d'observer un être semblable, âgé de douze ans, sur l'ancienne route, près de la porte de Rosenthal, à Berlin. Il s'agissait, dans ce cas, d'un garçon qui avait la tête grosse, le front bas, fuyant dans la partie supérieure,

(1) *Correspondenzblatt der Deutschen anthropologischen Gesellschaft.* 1877 p. 133.

le regard vitreux, la physionomie chagrine, le cou mince, le ventre gonflé, les jambes torses, les mains grandes ainsi que les pieds. Le maintien de cet individu était vacillant, sa démarche mal assurée. Une bave spumeuse découlait souvent de sa large bouche. Quand il marchait, il aimait à se tenir aux meubles, aux clôtures, etc.; assez souvent, il tombait sur le flanc, comme à bout de forces, et restait ensuite longtemps accroupi. Il paraissait prendre un plaisir particulier à se traîner sur la paume des mains et sur les genoux et souvent alors il se plaisait à frapper le sol avec l'une ou l'autre main, en fermant les doigts. Cette particularité, sa démarche, enfin les sons gutturaux, les seuls que ce garçon pût produire, constituaient ce que je pus observer de simien chez lui. Tout le reste constituait les manifestations vitales d'un homme dégradé physiquement et mentalement et qui, sans avoir été épileptique, était atteint d'un certain degré d'idiotisme. Je ne sais ce qu'il est devenu dans la suite.

A l'occasion d'une discussion du cas signalé par R. Krause, Virchow se demande si la psychologie, qui prendrait pour point de départ un semblable cerveau, est une psychologie simienne. Il se tient pour convaincu que tout homme, qui a observé la jeune microcéphale Marguerite Becker (de Burgel, près de Hanau), conviendra qu'au point de vue psychologique, elle ne tenait aucunement du singe. Toutes les aptitudes, toutes les propriétés positives du singe manquaient chez cette enfant; il n'y a là rien de la psychologie simienne, mais simplement la psychologie d'un petit enfant incomplet, défectueux. Chaque trait, chaque trait en particulier, est humain. Il y a quelques mois, l'auteur que nous citons avait gardé la petite fille dans son appartement et s'était occupé d'elle pendant des heures entières: jamais il n'a remarqué chez elle quoi que ce soit, qui, d'après sa manière de voir, rappelât même de loin les phénomènes psychologiques du singe. C'est, selon lui, un être humain dégradé, qui ne diffère en rien de la nature de l'homme (1).

J'ai eu également l'occasion d'observer Marguerite Becker et (pendant les années 1868 et 1869) un autre microcéphale du sexe féminin, dans l'asile municipal d'aliénés à Berlin. En ce qui concerne la première de ces créatures, je ne puis ajouter rien d'essentiel aux observations publiées par Virchow. L'autre sujet (1), que j'observai à Berlin, Ida X., avait alors treize ans et cinq mois; cette enfant avait le corps bien proportionné, mais très élancé;

---

(1) *Verhandlungen der Berliner Anthropologischen Gesellschaft.* 1877.
(2) *Verhandlungen,* etc., 1878, p. 25.

son profil rappelait, d'une manière atténuée, celui des microcéphales aztèques et celui qui se retrouve aussi dans les têtes des anciens monuments de Mayapan, à Palenque, Copan, etc. Toutefois, je ne dois pas omettre de dire que Ida avait les yeux bleu clair et les cheveux lisses d'un blond pâle. Ce sujet était entièrement passif, ne pouvait prononcer que les syllabes « da da » ([J]-da?) et témoigna, une fois, un léger déplaisir lorsque, pour mesurer les différentes parties de son corps, on lui appliqua un mètre froid en acier au côté interne de la base de la cuisse.

Les renseignements communiqués par Virchow sur la microcéphale Esther Jacobowitz, une juive hongroise de Waschabel (Nagy Miholy), dans le comté de Zemplin, sont également très intéressants (1). Virchow fait observer que, chez Esther J., nous voyons de la manière la plus frappante ce qui, à son avis, constitue la différence capitale entre l'homme et les singes, en ce que nous ne constatons, dans tous les cas, que des phénomènes négatifs, tandis que tout ce qui distingue le développement positif de la vie des singes manque dans ce sujet. Il en était de même chez Ida X. On pourrait, remarque en outre Virchow, certainement trouver, dans cette absence de caractères positifs, quelque chose de l'animalité ; mais pour reproduire l'animal dans sa manière d'être réelle et dans son essence, pour démontrer que la microcéphalie est une véritable théromorphie, il faudrait que le côté positif de la vie animale fût mis en évidence de quelque manière. Or cela n'a pas lieu.

Virchow eut en outre l'occasion d'observer deux jumeaux, dont l'un était tout à fait normalement développé, tandis que l'autre (Charles R.) était microcéphale. On avait là deux individus de la même portée, c'était donc une occasion particulièrement favorable pour permettre de décider, avec moins de chances d'erreur, si c'était un cas d'atavisme ou un cas pathologique. A ce point de vue, il fut très intéressant de constater que l'enfant microcéphale présentait un effet des phénomènes pathologiques *positifs* (2).

Si je passe en revue les biographies de certains microcéphales bien connus, recueillies par C. Vogt(3), si j'examine leurs actions, que cet auteur a si bien décrites, je ne puis rien y découvrir, qui rappelle spécialement la manière de faire et de vivre des singes. Tous ces individus ne donnent que l'impression d'êtres humains ayant subi un arrêt de développement physique et intellectuel.

(1) *Verhandlungen,* etc., 1878, p. 25.
(2) L. c. p. 28.
(3) *Archiv für Anthropologie,* 1867, p. 129.

Selon les expériences de Virchow, l'ensemble des perturbations de l'encéphale se concentre, chez de semblables microcéphales, dans le cerveau. Les parties antérieures de cet organe en sont le plus frappés ; les parties postérieures le sont bien moins. Celles qui se développent les dernières en souffrent davantage, tandis que celles qui se développent d'abord échappent le mieux à la perturbation (1).

Klebs, Schaafhausen, etc., ont cherché à établir que les mères d'enfants microcéphales avaient souffert pendant la vie fœtale (de ces derniers) de violentes douleurs abdominales. Ces auteurs considèrent donc les crampes utérines comme des phénomènes importants, préjudiciables au développement de l'encéphale des rejetons. Flesch (2) également pense pouvoir accorder aux crampes utérines quelque importance pour la production de la microcéphalie. Mais il se demande en outre si ces états morbides de la matrice ne seraient peut-être eux-mêmes qu'une conséquence d'une maladie grave préexistant chez le fœtus. Ce même auteur est d'ailleurs bien plus disposé à attribuer la production de la microcéphalie à l'influence *paternelle*. En présence du fait que, dans ces cas, il existe de puissants motifs pour croire à une compression (de la part de l'utérus), et à défaut d'une explication meilleure, Flesch se tient pour autorisé à penser que cette compression pourrait être le résultat d'adhérences des enveloppes de l'œuf. Ces adhérences pourraient probablement amener un trouble inflammatoire de la nutrition (3).

Aeby également reconnaît, dans la microcéphalie, non pas une manifestation probable de l'atavisme, mais la conséquence d'une dégénérescence pathologique. « Les microcéphales ne nous reportent donc pas à la pierre miliaire devant laquelle l'homme a passé à une époque très reculée. L'abîme entre l'homme et l'animal ne saurait être comblé, ni même sa largeur diminuée par eux. »

Virchow enfin arrive, à la suite de ses observations, aux conclusions suivantes, que nous tenons à reproduire ici : 1º Il n'existe aucune espèce simienne, qui présente exactement la configuration particulière de l'encéphale des microcéphales ; 2º La psychologie fournit précisément les plus puissants arguments contre les

---

(1) *Verhandlungen der Berliner Anthropologischen Gesellschaft*, 1877, p. 283.

(2) *Correspondenzblatt der deutschen anthropologischen Gesellschaft*, 1877, p. 134. H. Gerhartz, *Ueber die Ursachen der Mikrocephalie*. Inaugural dissertation (Bonn, 1874).

(3) *Anatomische Untersuchung eines Mikrocephalen Knaben. Festschrift zur 300 jährigen Jubelfeier der Würtzburger Universität*. Separatabdruck, p. 27.

hommes-singes ; 3° Le côté instinctif de l'activité psychique, qui
fait presque entièrement défaut aux microcéphales, occupe le
premier rang chez les anthropoïdes, comme chez les autres
animaux (1).

A ce qui précède, sur ce sujet, j'ajouterai les lignes suivantes :
Chez les peuples sauvages, les guérisseurs, les chamans, les
magiciens, les astrologues etc., quand ils exécutent les contorsions,
les sauts, les danses et les autres manipulations, inséparables de
leur profession, prennent assez souvent des attitudes qui ont le
caractère simien. Dans cet état d'exaltation, où ils ne sont pas
toujours responsables de leurs actes, de semblables gens peuvent
agir parfois presque ou même tout à fait inconsciemment.

Nulle part cela ne s'observe plus souvent que chez les inspirés
appelés Haschaschs en arabe, qui vagabondent tantôt en qualité
de derviches, tantôt en qualité de bardes ou de dompteurs d'animaux, et que leurs pérégrinations amènent depuis le cœur du
continent noir jusqu'aux portes de Dolma-Bakhtsche. A la même
catégorie appartiennent aussi les moines danseurs et mendiants
de la religion mahométane, qui, sur les places et dans les rues de
la noble Bokhara, ainsi que dans d'autres capitales de l'Asie centrale, régalent le public de leurs singeries. Dans ce cas, il s'agit
d'ailleurs souvent de mouvements exécutés routinièrement ou
provoqués par l'action de drogues stimulantes. Mais, quoi qu'il en
soit, il semble que, avec un tel genre de vie et de semblables
travaux professionnels, l'homme doive imiter fatalement la manière
d'agir des anthropoïdes. Considérez un zikr, un exercice religieux
mahométan, accompagné des hurlements et des contorsions obli-
gatoires, et vous serez tenté de vous croire en présence d'une
troupe de singes fous. Si l'on vous mettait sous les yeux un exercice de ce genre, en y joignant, en qualité d'acteurs, des fakirs
noirs vêtus, si possible, d'un uniforme militaire, l'illusion serait
encore plus complète.

Le *système nerveux périphérique* des anthropoïdes n'a pas encore
été disséqué avec la minutie désirable. Ce qu'on en sait par les
observations de Vrolik, Gratiolet et Alix, ce que mon expérience
personnelle m'a appris, dans ce domaine, ne permet d'établir
aucune différence tranchée entre la structure de ces organes et
celle du système nerveux périphérique de l'homme.

H. V. Ihering a étudié les rapports du plexus nerveux lombo-
sacré avec la colonne vertébrale chez l'homme et les mammifères

(1) *Verhandlungen der Berliner Anthropologischen Gesellschaft*, 1877,
p. 291.

et il est arrivé à conclure que, à ce point de vue, il existait la conformité la plus entière entre l'homme et les singes anthropoïdes. Suivant cet auteur, l'homme se place anatomiquement si bien dans la série des singes anthropoïdes, qu'essayer de lui assigner une autre place dans la classification zoologique, c'est s'exposer toujours au reproche qu'on a obéi à des considérations autres que celles qui se basent sur des faits (1).

Les *organes des sens* des singes anthropoïdes ne présentent également aucun caractère digne de mention, par lequel ils diffèrent des nôtres. L'étude détaillée, par exemple, que je fais en ce moment (et qui n'est pas encore publiée) des yeux de ces êtres, m'a démontré que leur œil est très semblable à l'œil humain. Aux doigts et aux orteils de ces animaux on peut trouver des corpuscules tactiles bien développés.

Le *système vasculaire* de ces singes n'a pas encore été étudié d'une manière approfondie. Leur cœur ressemble beaucoup à celui de l'homme. Chez le Gorille, le Chimpanzé et l'Orang, on observe les mêmes conditions d'origine des gros troncs artériels que chez nous. Souvent chez l'Orang, avec une certaine *constance* chez le Gibbon, autant du moins qu'on en peut juger par ce qu'on sait, on trouve, paraît-il, une origine commune pour l'artère sous-clavière droite et l'artère carotide gauche, qui proviendraient d'un seul tronc. Mais on sait que, chez l'homme aussi, ce genre d'anomalie n'est pas très rare. Bischoff et d'autres anatomistes ont avancé, avec beaucoup de raison, que la disposition humaine du cœur et des gros vaisseaux semble, chez ces animaux, en relation avec leur genre de vie. Car, bien que ces singes vivent surtout sur les arbres, ils tiennent néanmoins, même dans ce cas, leur corps dans une position verticale.

Dans la distribution des vaisseaux du membre inférieur, on observe une différence qui ne manque pas d'intérêt. En effet, dès le haut de la cuisse, une artère, accompagnée de veines et d'un gros tronc nerveux, se détache de l'artère crurale et s'étend, avec les organes qui l'accompagnent, jusqu'au dos du pied. Chez le Gorille cette branche perfore le muscle couturier.

(1) *Das peripherische Nervensystem der Wirbelthiere* (Leipzig, 1878), p. 219.

LIVRE IV

LES DIFFÉRENTES ESPÈCES DE SINGES ANTHROPOÏDES

Jusqu'à une époque récente on croyait généralement qu'il n'existait qu'une seule espèce de *Gorille*, parce qu'on regardait les différences observées çà et là dans la conformation extérieure et dans la forme du squelette, chez les quelques spécimens examinés, comme l'expression d'une variation purement individuelle ou comme celle de différences dues à l'âge et au sexe. Il y a peu de temps, Alix et Bouvier reçurent de Landana, au Congo, le squelette et la peau d'un vieux Gorille femelle que MM. le Dr Lucan et Petit avaient tué, près du village du chef nigritien, Manyema, sur les bords du Quillou, à 4°35′ de latitude méridionale. Cet exemplaire était d'une taille moindre que le gorille ordinaire (*Gorilla Gina*), il avait aussi la tête proportionnellement plus petite que ce dernier. Selon Alix et Bouvier, le premier de ces animaux présente des crêtes occipito-temporales (crête occipitale transverse, voy. p. 45) beaucoup plus fortes et des fosses temporales plus profondes. La portion du crâne, étendue en arrière des arcades orbitaires, devient plus étroite. L'intervalle entre les orbites est aussi moins large. La saillie, qui s'élève en forme de carène du milieu de cet intervalle, est plus développée, les os nasaux sont moins aplatis et plus bombés ; les orbites sont plus grands par rapport au volume total du crâne ; les branches montantes des os jugaux sont plus larges et plus voûtées, etc. Un caractère intéressant est fourni par une petite saillie verticale styloïde sur la face postérieure des apophyses orbitaires externes. Dans la colonne vertébrale, les apophyses épineuses des première, deuxième et troisième cervicales n'ont qu'un faible développement en hauteur; celles des trois vertèbres cervicales inférieures ont seules une hauteur et une grosseur considérables, comme chez le *Gorilla Gina*. Les apophyses transverses de la première lombaire se distinguent par leur longueur et atteignent, dans leur extension transversale, presque l'angle de la dernière côte. La crête iliaque de ce Gorille prétendu nouveau est plus convexe, la tubérosité ischiatique un peu plus nettement délimitée, le col du fémur plus oblique, le calcanéum plus grêle, son crochet inférieur plus courbé. La clavicule est plus courte et moins courbée ; l'omoplate est plus bombé, au voisinage de son bord interne ; son bord externe se montre très nettement concave, tandis qu'il est très convexe chez le *Gorilla Gina*. L'acromion est plus fort à sa base. La fosse olécrânienne de l'humérus est perforée (p. 52). Les os de l'avant-bras et de la main, de la jambe et du pied sont plus grêles ; leurs saillies et leurs rugosités sont moins prononcées. La dimension moindre des membres antérieurs et postérieurs est en rapport avec la petitesse relative de la tête. La coloration grise et brune sur le tronc, noire aux membres, avec des parties rouges sur la tête et rougeâtres dans la région pubienne, ne diffère pas essentiellement de celle que divers auteurs avaient décrite auparavant, très superficiellement, même d'après des peaux réparées artificiellement. Mais le pelage se distingue essentiellement par une différence très nette entre la coloration brune du ventre et la coloration grise du dos, par la teinte rougeâtre des poils du pubis, en outre par une production de poils abondants sur les joues et le menton, où ils forment un collier touffu. La principale différence consiste, d'après nos auteurs, en ce que tout le dos est revêtu de longs poils serrés, tandis que, chez les autres Gorilles, cette région est nue ou recouverte seulement de poils courts et usés. Ils en concluent que cette espèce nouvelle pour eux et appelée par eux *Gorilla Manyema*, du nom du chef nigritien cité plus haut, n'a pas autant que le *Gorilla Gina* l'habitude d'appuyer le dos contre les arbres, mais est à proprement parler arboricole, ce qui signifie que ce singe passerait sa vie sur les arbres mêmes (1).

Je dois avouer que, si j'avais voulu tenir compte de toutes les différences individuelles des crânes et des squelettes des Gorilles de même âge environ et du même sexe, que j'ai eu l'occasion d'examiner, j'aurais pu établir peut-être une demi-douzaine d'es-

(1) *Bulletin de la Société zoologique de France*, 1877, p. 1.

pèces de Gorilles ou même davantage. J'ai trouvé des différences de ce genre aussi bien chez des individus mâles que chez des femelles de même âge et je les ai décrites avec détail dans mon travail ostéologique sur le Gorille. Je ne puis m'empêcher d'admettre le caractère purement individuel de ces différences. Bien des choses dans la description d'Alix et Bouvier, telles, par exemple, que les indications touchant la petitesse relative de la tête, la gracilité et la surface lisse des os des membres, me semblent directement imputables au jeune âge du spécimen de Manyema. Des gens peu compétents pourraient bien être frappés de l'assertion touchant la brièveté des apophyses épineuses des premières vertèbres cervicales de l'exemplaire envoyé de Landana. Mais les trois premières cervicales des Gorilles ordinaires n'ont également que des apophyses épineuses peu élevées (fig. 17). Des différences individuelles et sexuelles, dans le développement en hauteur des apophyses épineuses cervicales, s'observent non seulement chez les Gorilles, mais aussi chez des Chimpanzés et même chez l'homme. Je tiens pour fort risqué de vouloir fonder uniquement, ou même principalement, sur cette particularité un caractère distinctif spécifique. Enfin les indications sur la couleur du poil de cette espèce, supposée nouvelle, me semblent peu dignes de considération. Je me suis étendu davantage plus haut (p. 23) sur les nombreuses différences individuelles qu'on observe dans la coloration du poil de différents spécimens de Gorilles. J'ai également vu des poils longs, serrés, et non pas toujours des poils courts, rares, usés, sur le dos de beaucoup de Gorilles des deux sexes. L'état décrit par Alix et Bouvier pourrait être rapporté plutôt à une peau très vieille et teigneuse, ou à celles d'individus jeunes atteints par une forme de gale très répandue en Afrique. Tout Gorille aime à se frotter de temps en temps le dos contre un tronc d'arbre et s'y appuie très volontiers. Le Chimpanzé fait de même. Beaucoup d'autres mammifères, le Chat, le Lion, le Sanglier, le Cerf, l'Eléphant, etc., le font également. L'homme même ne dédaigne pas, dans certaines circonstances, de prendre une attitude semblable. Aussi longtemps que nous n'aurons pas de preuves plus convaincantes de la spécificité du *Gorilla Manyema Alix et Bouvier*, je préfèrerai laisser cette espèce en litige.

Je me sens moins sûr de moi, je l'avoue franchement, quand il s'agit de décider si l'on doit admettre une ou plusieurs *espèces de Chimpanzés*. J'ai toujours considéré, comme forme, en quelque sorte typique, du *Troglodytes niger*, l'animal que j'ai pris dans le livre II pour point de départ de toute ma description. Les

Chimpanzés, qui nous arrivent d'ordinaire de la côte occidentale de l'Afrique, appartiennent à ce type. Ces animaux ont une face modérément prognathe, une tête le plus souvent arrondie, même chez le mâle vieux, et de grandes oreilles, ayant à peu près la forme représentée dans la figure 6, avec une coloration carnée terne de la peau et un revêtement pileux noir. Le *Pseudanthropos* (*Troglodytes*) *leucoprymnus*, de Reichenbach(1), n'a été établi que d'après le revêtement de poils blanchâtres autour de l'anus, qui existent chez tous les véritables Chimpanzés et n'ont par conséquent aucune valeur spécifique. Lainier, conservateur au musée du Havre, a fait dessiner un grand Chimpanzé (peut-être mâle), d'après une peau détériorée ; mais cette figure ne donne pas une idée complètement nette de l'aspect extérieur de cet aminal (2). Le *Troglodytes vellerosus Gray* des montagnes de Camérone (3) ne permet pas davantage de savoir exactement à quoi s'en tenir. Les indications de Duvernay sur le *Troglodytes Tschégo*, une espèce indiquée comme nouvelle, se rapportent à un exemplaire mâle vieux d'une forme encore douteuse.

D'après les matériaux rapportés en Amérique par Du Chaillu, Jeffries Wyman a essayé d'établir encore deux autres espèces de singes anthropoïdes, le Nschego-Mbouwé (*Troglodytes calvus*) et le Koulo-Kamba (*Troglodytes Koolo-Kamba*). J'ai vainement cherché à trouver, dans les descriptions prises pour base, une explication suffisante pour légitimer ces deux espèces données comme nouvelles. Les figures qui accompagnent le texte ne font malheureusement qu'embrouiller encore davantage la question. Celle du Nschego-Mbouwé est faite d'après la peau très mal bourrée d'un Chimpanzé, celle du Koolo-Kamba d'après une femelle de Gorille. Cependant de tout cela il résulte que nous sommes en présence de caractères qui diffèrent beaucoup, *peut-être* même spécifiquement, de ceux du Chimpanzé typique.

La Mafuca (souvent appelée à tort Mafoca) du Jardin zoologique de Dresde, originaire de la côte du Loango, et dont il a été si souvent question en 1875 et 1876, était un animal excessivement sauvage, d'une taille de 1ᵐ20. Par sa face prognathe, la petitesse de ses oreilles, insérées très haut et écartées de la tête, par le puissant développement des arcades sus-orbitaires, la largeur du bout du nez, l'existence de bourrelets adipeux aux joues, sa robuste stature, ses hanches effacées, son abdomen affaissé, la

---

(1) *Die vollstandigste Naturgeschichte der Affen* (Leipzig und Dresden), p. 191.
(2) Chenu, *Encyclopédie d'Histoire naturelle : Quadrumanes*, p. 31.
(3) *Catalogue of Monkeys, Lemurs and Fruit-Eating-Bats in the British Museum* (London, 1870), Appendix, p. 127.

puissante conformation des mains et des pieds, elle rappelait beaucoup le Gorille. Lorsque je vis cette vilaine créature, pendant les premiers jours de septembre 1875, dans la plénitude de sa force, je fus fermement convaincu que j'avais devant moi un Gorille femelle, qui n'avait pas encore complètement achevé sa croissance. Cette opinion fut partagée par des zoologistes tels que

Fig. 61. — Mafuca.

K.-Th. von Siebold et d'autres, mais combattue vivement par Bolau et A.-B. Meyer. Je dessinai alors le profil, (fig. 61), de l'animal qui se reposait par hasard après de folles incartades. Cette figure, malgré de petits défauts (1), reproduit certainement très bien l'aspect général, absolument original, et surtout l'expression physionomique de ce singe (fig. 61). Bischoff a cherché à conclure, d'après les caractères du cerveau de Mafuca, que cet animal était tout bonnement un Chimpanzé. Cette assertion ne mérite pas qu'on lui accorde une importance diagnostique.

Si, à l'époque où Mafuca vivait encore, j'avais eu à ma dispo-

(1) Ainsi, par exemple, les oreilles sont dessinées un peu trop petites. Bien que les poils contribuent à grossir le sommet de la tête, on ne saurait cependant nier cette disproportion. J'aurais pu facilement modifier cela, mais j'ai mieux aimé reproduire simplement la figure originale.

sition le cadavre du Gorille femelle à peu près du même âge, dont
il a été question plus haut (p. 5), j'aurais été encore bien plus
disposé à reconnaître dans la première un véritable Gorille, tellement grande était la similitude dans l'aspect général de ces deux
animaux. Notre Gorille femelle a la lèvre supérieure haute et le
nez un peu plus petit. J'en ai parlé avec détail dans mes travaux
antérieurs (1). La lèvre supérieure de Mafuca est *un peu* plus
haute encore, mais pour le reste la conformité physique de ces
deux animaux est très grande. Les mains de notre Gorille femelle
sont, à vrai dire, plus larges que celles de la Mafuca, qui fut plus
tard classée par Brehm comme une nouvelle espèce d'anthropoïde, à mains étroites. Néanmoins ces mains sont très puissamment développées. L'assertion que j'ai déjà combattue plus haut
(p. 14) et d'après laquelle le type féminin devrait être mis en
première ligne dans la description, convient moins au Gorille qu'à
tout autre singe, car chez lui c'est précisément l'habitus *masculin*
qui donne les caractères du type avec une évidence extraordinaire.

A quel type donc appartenait Mafuca? Plusieurs naturalistes la
prirent d'abord pour un hybride du Gorille et du Chimpanzé. Moi-
même je penchais pour cette opinion et C. Vogt est encore de cet
avis, dans le magnifique ouvrage illustré avec tant d'art et écrit
avec tant de génie, qu'il publia il y a quelque temps (2). H. von Koppenfels a souvent entendu parler de semblables croisements par
les habitants des rives de l'Ogowé. En eux-mêmes ils n'ont absolument rien d'impossible, et l'on en a observé directement plusieurs
cas entre d'autres espèces de singes, qui, à vrai dire, vivaient en
captivité. Koppenffels prétend même avoir tué deux hybrides
semblables, qu'il avait rencontrés en compagnie de plusieurs
Gorilles. Ce voyageur chercha à en abattre d'autres de la même
bande, mais, en rampant sur les mains et les pieds à travers un
épais taillis, il fut forcé de fuir devant la fourmi de Westwood
(*Anomma arcens*), dont les morsures sont très douloureuses. Les
peaux et les squelettes de ces prétendus hybrides parvinrent au
Muséum d'histoire naturelle de Dresde. A.-B. Meyer remarque
que notre voyageur s'est fait illusion dans ce cas et que les
dépouilles qu'il a envoyées en Europe appartenaient à de véritables
Chimpanzés (3). Il ne faut pas oublier que, tout en étant un chas-

---

(1) Voy. p. ex. Hartmann, *Der Gorilla,* et *Zeitschrift für Ethnologie,* 1876,
p. 129.
(2) *Die Säugethiere in Wort und Bild,* von C. Vogt und Specht (München,
1882), p. 11.
(3) *Mafoca Betreffendes.* Separatabdruck aus *d. Sitzungsberichten der
Gesellsch. für Natur und Heilkunde,* zu Dresden, XXVII. Sitzung, 1876, p. 9.

seur courageux et en général bon observateur de la nature, Koppenfels n'était pas zoologiste et a pu se tromper au sujet des animaux qu'il avait tués. Mais cela n'infirme en aucune façon la possibilité de l'existence de semblables produits de croisement. Meyer sera bien forcé de se convaincre que beaucoup de personnes ne prendront jamais au sérieux la phrase où il dit : « Ce serait se battre contre des moulins à vent, c'est-à-dire soulever des difficultés où il n'en existe pas, que de vouloir s'arrêter à cette question d'hybridité. »

Admettons que les trophées de chasse de Koppenfels soient de simples Chimpanzés, il n'en est pas moins très intéressant d'apprendre que ce chasseur a trouvé ces animaux vivant en compagnie avec des Gorilles. Espérons que dans l'avenir des voyageurs compétents prendront la peine de consacrer toute leur attention à cette question (1).

Le Chimpanzé femelle, Paulina, amené, fin juin 1876, de Chinchoxo à Berlin, par Falkenstein (Expédition de Gussfeld au Loango), présentait une physionomie très différente de celle qu'ont d'habitude les Chimpanzés. Les différences existent surtout dans les oreilles très écartées de la tête, les arcades orbitaires proéminentes (2), le nez plus large, la couleur foncée de la peau, qui tirait fortement sur le bistre, etc. J'ai vu plusieurs Chimpanzés, les uns vivants, les autres morts, qui présentaient plus ou moins nettement ces caractères de la Paulina. Je n'aurais rien à objecter si l'on voulait élever ces individus au rang de représentants d'une variété distincte. Je conseillerais seulement de donner à tout hasard à cette variété le nom spécifique de *Troglodytes Koolo-Kamba* (p. 164), de Du Chaillu et Wyman. Malheureusement ce nom est encore assez mal fondé.

Certaines gens, pour la plupart peu autorisés, ont cherché à faire croire que la Paulina était le portrait ressemblant de la Mafuca. En réalité il y avait une différence considérable dans l'aspect de ces deux animaux. Pour beaucoup de naturalistes, ainsi que pour moi, Mafuca demeure une énigme jusqu'à nouvel ordre. Nous laissons à d'autres le soin de la résoudre par quelques phrases sonores. Paulina, au contraire, et les animaux qui lui ressemblent rappellent par beaucoup de traits la figure publiée par Gratiolet et Alix, de leur *Troglodytes Aubryi,* bien que cette figure ne soit que la contrefaçon de l'exemplaire disséqué par les naturalistes français. Il était en effet dépourvu de poils par suite

(1) Pour plus de détails, voy. Hartmann, *Der Gorilla*, p. 148-154.
(2) Hartmann, *Der Gorilla*, fig. n° VI, p. 25.

d'une macération prolongée dans un mauvais liquide conservateur. Le revêtement pileux et l'absence de poils déterminent précisément, chez les spécimens de ces animaux, des différences extérieures considérables ; mais, malgré cela, j'en reviens toujours à croire à une ressemblance de la Paulina et consorts avec le Chimpanzé d'Aubry.

Les formes de Chimpanzés mentionnées ici (Paulina et *Troglodytes Aubryi*), qui présentent certaines particularités de la conformation extérieure, rappellent aussi le bam du pays des Niams-Niams de l'Afrique centrale, découvert, peut-être d'abord par A. de Malzac et caractérisé ensuite plus exactement par Schweinfurth.

Dans l'Histoire naturelle de Cassell (1), P.-M. Duncan a décrit et figuré le Nschego-Mbouwé (*Troglodytes Tschego Duvern.*, *Troglodytes calvus Du Chaillu et I. Wyman*), dont le profil, dessiné malheureusement simplement d'après un exemplaire empaillé, rappelle, d'une manière frappante (à part le nez très ratatiné) et par maint caractère, le profil de la Mafuca. Le même ouvrage donne la figure du Koolo-Kamba, comme une espèce distincte d'anthropoïde (identifiée dans la légende systématique avec le *Troglodytes Aubryi* sous le nom de *Troglodytes Koolo-Kamba*). Cette figure représente un tronc de Chimpanzé de l'espèce ordinaire sur lequel on a placé, vue de face, la tête du Chimpanzé d'Aubry, publiée par Gratiolet et Alix. Quel parti la science honnête peut-elle tirer d'un semblable gâchis? La Mafuca fut finalement érigée par Brehm au rang de représentant de l'espèce déjà établie par Duvernay sous le nom de *Troglodytes (Andropithecus) Tschego* (2). Ph.-L. Martin admet également cette opinion (3). Ce dernier remarque que ce singe ne peut être classé ni avec le Chimpanzé, ni avec le Gorille. Martin expose en outre les raisons qui lui font émettre cet avis (4).

C'est à mes yeux une tâche très difficile que d'établir s'il faut se décider à admettre une seule ou plusieurs espèces de Chimpanzés. Les faits tels qu'ils se présentent actuellement m'ont affermi dans la conviction qu'on ne peut établir qu'une classification *provisoire* de ces animaux. C'est pourquoi je proposerais volontiers de reconnaître les *variétés* suivantes, qui accusent une certaine constance : 1° L'ancien représentant véritable de l'espèce (*Troglodytes niger E. Geoff. St-Hil.*). Il a la tête arrondie, les

(1) *Natural History* (London), I, 39.
(2) *Thierleben*, II, 80, 81.
(3) *Illustrirte Naturgeschichte des Thierreichs* (Leipzig, 1880), I, 11.
(4) Pour plus de détails dans Hartmann, *Der Gorilla*, p. 156.

arcades orbitaires plus fortement développées chez le mâle que
chez la femelle ; la face n'est pas très prognathe ; l'angle facial
égale 70° ; les oreilles sont grandes, hautes de 75 à 78^{mm} ; la taille
varie de 1,100 à 1,300^{mm}. Le visage, les mains et les pieds ont une
coloration carnée terne. Rarement on observe une couleur fondamentale brun noirâtre ou bigarrée de ces parties du corps. Le
pelage est noir ou plus rarement noir avec un reflet brun rouge.
2° Une seconde variété, le Bam ou Mandjaruma (*Troglodytes
niger varietas Schweinfurthii Giglioli*). Elle présente une tête
allongée, des arcades orbitaires peu prononcées, un nez large,
une lèvre supérieure *un peu* moins haute que dans la variété
précédente, des oreilles un peu plus petites et un angle facial
de 60°. Les membres de cette variété, contrairement à ceux de
l'autre, qui est plus trapue, sont plus grêles, mais néanmoins
puissamment développés. La peau, couleur de chair terne dans le
jeune âge, devient brun rouge terne, brun noir ou noirâtre à
mesure que le corps se développe. Le pelage est nuancé de noir
et de rouge brun ou de noir brunâtre, quelquefois même brun
rougeâtre avec pointes de poils jaune fauve ou gris jaunâtre,
surtout dans le dos. A cette variété appartiennent le Mandjaruma,
figuré par Issel, la Paulina du Loango, figurée d'après une photographie dans mon ouvrage ostéologique sur le Gorille (1) ; de plus
le *Troglodytes Aubryi* (?) et des animaux tels que ceux dont j'ai
publié les portraits photographiques dans *Archiv für Anatomie*, etc. (2) . On pourrait main tenant discuter pour savoir si
l'on doit admettre ou non *une autre* espèce anthropoïde intermédiaire au Gorille et au Chimpanzé. On devrait peut-être considérer
comme telle le *Troglodytes Koolo-Kamba*, de Du Chaillu, le
Troglodytes Tschego, de Duvernay (?), le grand singe (empaillé)
du Musée du Havre (p. 200), ceux dont j'ai représenté les têtes
dans *Zeitschrift für Ethnologie*, 1876, p. 121 et dans *Archiv
für Anatomie*, 1875, pl. VII, fig. 1, peut-être aussi Mafuca et le
singe découvert par Livingstone, à Manyema (3). Le nom de *Troglodytes Tschego*, de Duvernay, ne me semble pas très convenable,
parce que, dans l'Afrique occidentale, ce nom spécifique latinisé
sert à désigner le Chimpanzé en général. Néanmoins cette désignation pourrait être conservée dans la science à défaut d'une

(1) *Der Gorilla*, fig. VI, p. 25. Dans la légende de cette belle figure on a mis
par erreur mâle au lieu de *femelle* (p. 204).
(2) Jahrgang 1876, pl. VII, fig. 2, 4.
(3) Livingstone, *The last journal in Central Africa*, from 1865 to his death
by H. Waller (London, 1874), II, 52-55. Traduit en allemand par Boyes (Hambourg, 1875).

autre meilleure, pour le cas où, disposant de matériaux plus abondants, on arriverait à démontrer effectivement l'existence d'une semblable espèce autonome.

En ce qui concerne l'Orang, l'unité spécifique n'est également pas encore sûrement établie. Les Malais de sa patrie admettent différentes formes de cet animal, appelé par eux Meias d'une manière générale. On est vraiment déconcerté lorsqu'on passe en revue les descriptions qui ont cours, parmi ces gens, sur les prétendues formes d'Orangs. On se sent alors tenté de croire à des différences spécifiques, d'autant plus que certains zoologistes mêmes, entre autres Brühl, se sont décidés à admettre l'existence d'au moins deux espèces. Wallace, qui connaît si bien les Orangs, se tait sur ce point dans son ouvrage sur l'Archipel Malais. Cependant il semble ressortir de toutes ses descriptions qu'il penche pour ne reconnaître qu'une seule espèce de ces singes. Peut-être en existe-t-il cependant des variétés constantes, localisées même ; et plutôt que de se renfermer dans des négations péremptoires, qui ne mènent à aucun résultat sérieux, il vaut mieux attendre que ces variétés soient bien établies.

Pour les Gibbons, la question de la diversité spécifique est, comme on sait, tranchée depuis longtemps (Voy. ci-dessus p. 35).

LIVRE V

VIE ET MŒURS DES SINGES ANTHROPOIDES

CHAPITRE PREMIER

LES ANTHROPOIDES DANS LEUR PATRIE

I. — LES GORILLES.

Le *Gorille* habite les régions boisées de l'Afrique occidentale, à peu près entre le 2e degré de latitude nord et le 5e degré de latitude sud, entre les 6e degré et 16e degré environ de longitude est de Greenwich. Sa principale aire d'extension, dans la partie septentrionale de cette région du continent africain, se trouve dans les bassins du Gabon, de l'Ogowé et du Danger. Ford dit que ce singe habite principalement la chaîne de montagnes qui, à environ 100 milles anglais des côtes de la Guinée, s'étend entre le Camerone et Angola, sous le nom de Serra do Cristal. Autrefois on ne le trouvait, dit-on, qu'aux sources du Danger (Mouni, Mooney). Mais au temps de Ford (vers 1851) on pouvait le rencontrer à une demi-journée de l'embouchure de ce fleuve. En 1851 et 1852 ces animaux séjournèrent en grand nombre tout au bord de la mer, chassés probablement de l'intérieur du pays par le manque d'aliments. A cette époque on s'en procura en quelques mois quatre spécimens. Ils disparurent ensuite de nouveau complètement du voisinage de la côte, à tel point qu'un capitaine de vaisseau américain offrit 6,000 dollars pour un spécimen vivant sans pouvoir se le procurer. Selon H. von Koppenfels, le Gorille habite la région située entre l'embouchure du Mouni et celle du Congo.

Sur la côte du Loango, cet animal est rare, d'après Peschuel Lœsche. Il se tient là dans les forêts des montagnes ou dans les régions qui précèdent immédiatement celles-ci. Il y a quelques dizaines d'années environ, on en rencontrait encore des individus isolés près de l'embouchure du Lemme et du Kuilu (Quillou), ainsi que dans les gorges du plateau de Buala ; actuellement c'est seulement au Banya qu'on les voit s'avancer jusqu'à la côte, et notre reporter croit aussi avoir entendu un jour la voix du Gorille retentir dans cette région. Personnellement ni lui, ni Falkenstein, ni Güssfeldt n'ont vu cet animal à l'état sauvage (1). Le spécimen apporté en 1876 à Berlin par nos voyageurs (fig. 3, 4) avait été donné à Falkenstein, au mois d'octobre 1875, à Ponte-Negra, sur la côte du Loango, par un négociant portugais, nommé Laurentino Antonio dos Santos. Cet animal, encore très jeune, avait été apporté quelques jours auparavant, des régions du Quillou, par un nègre, qui avait tué la mère d'un coup de fusil (2).

D'après les informations antérieures d'Owen, le pays habité de préférence par les Gorilles, dans le bassin du Gabon, présente une alternance agréable de collines et de vallées. Les hauteurs y sont couvertes de grands et beaux arbres ; les vallées regorgent d'herbes et de broussailles disséminées. Il y existe un certain nombre d'arbres et d'arbustes, dont les fruits ne sont pas, il est vrai, tous alimentaires pour les indigènes, mais au contraire recherchés avidement par les Gorilles. Ceux-ci choisissent de préférence les fruits des végétaux suivants : 1° du palmier à huile (*Elœis guineensis*), auquel ils enlèvent d'ailleurs aussi les feuilles non encore développées, formant le chou dit palmiste ; 2° d'un prunier, Gray plum-tree (*Parinarium excelsum*), qui porte une drupe farineuse, insipide ; 3° du papayer (*Carica Papaya*) ; 4° des bananiers (*Musa paradisiaca, M. sapientum*) ; 5° de deux scitaminées (*Amomum granum paradisi s. Afzelii, A. malaguetta*), dont la dernière fournit, d'après Lindley, le poivre dit maniguette ; 6° de l'*Amomum grandiflorum ;* 7° d'un arbre qui produit un fruit semblable à la noix, dont le Gorille brise la coque à l'aide d'une pierre. Cet arbre est probablement une sterculiacée, analogue à celle qui fournit la noix de goura ; 8° d'un autre arbre indéterminé et encore mal connu des botanistes, à fruit semblable à la cerise. Du Chaillu dit que l'animal est aussi très friand de canne à sucre et d'ananas sauvages. Bien qu'il se tienne d'habitude loin des habitations de l'homme, il dévalise parfois cependant les champs de

(1) *Die Loango-Expedition* (Leipzig, 1882), Abth. III, Heft I, p. 248.
(2) *Die Loango-Expedition*, Abth. II, p. 150.

canne à sucre et les rizières des nègres. Ces assertions sont
confirmées par Koppenfels. Savage nous informe que ce singe
dévore également des animaux, auxquels il fait la chasse et qu'il
tue, ainsi que des cadavres humains. Cela n'a rien de bien invraisemblable. De même que la plupart des singes, le Gorille détruit
quelquefois de petits mammifères, des oiseaux, les œufs de ceux-ci,
des reptiles et des insectes. Ceux qu'on a tenus jusqu'à présent
en captivité à Berlin se comportaient comme de parfaits omni-
vores, auxquels l'alimentation animale semblait même convenir
tout particulièrement.

Dans le petit village de Ntondo, près du Quillou, Güssfeldt vit
un de ces fétiches de crânes d'animaux, appelés Bunsi, qui caractérisent particulièrement le pays de Bakunya. Ils se composent
d'amas de crânes d'animaux tués à la chasse et offerts en quelque
sorte en sacrifice au dieu fétiche par le chasseur, qui pense assurer
par là ses succès à la chasse. On y trouve le plus souvent des
têtes d'antilopes, de buffles et souvent aussi des *crânes de Gorilles*.
C'est en ce lieu que notre voyageur put voir deux beaux échantillons de crânes avec des crêtes osseuses très développées. Quand
il demanda où l'on trouvait les Gorilles et où on les avait tués, les
habitants de Ntondo lui indiquèrent une forêt voisine (1).

Güssfeldt décrit les forêts de Mayombe, habitées précisément
par des gorilles, à peu près de la manière suivante : Ces forêts ne
répondent pas à l'idée que nous nous faisons d'une forêt vierge
tropicale et désenchanteraient peut-être un voyageur de l'Amérique
méridionale, car elles ressemblent davantage à nos bois de haute
futaie. Les lianes des forêts vierges tropicales, qui envahissent
tout, qui forment un second dôme de feuillage, dans les masses
verdoyantes des cimes d'arbres contiguës, et ne permettent au
voyageur d'avancer que la hache à la main, y sont excessivement
rares ; elles ne font toutefois pas entièrement défaut, comme le
prouve la liane à caoutchouc (*Landolphia florida*), si abondante
autrefois et actuellement presque détruite ; mais elles sont peu
nombreuses et permettent de voir dans toute leur beauté la belle
venue des troncs élevés, semblables à des troncs de hêtre. Les
broussailles de nos grands bois sont ici, en grande partie, rempla-
cées par les puissants végétaux, à feuilles parallélinerviées, de la
famille des Scitaminées dont les principaux représentants sont
appelés Matombe par les indigènes. On y trouve aussi des fougères,
même des fougères arborescentes. En beaucoup d'endroits on
marche sur des feuilles sèches. Jamais la hache n'entame les troncs

(1) *Die Loango-Expedition*, Abth., t. I, p. 123.

de cette forêt, si ce n'est lorsqu'il s'agit de défricher pour établir un nouveau village. Les troncs tombent et demeurent tels qu'ils sont tombés, même quand l'étroit sentier, qui traverse le fourré, se trouve barré par eux pendant des années. Une demi-obscurité éternelle y règne sans cesse et, par des journées très sombres, on pourrait croire à une éclipse de soleil. Un air humide, comme celui d'une serre chaude, remplit l'atmosphère et pèse, comme un fardeau insolite, sur l'esprit et le corps. Le silence solennel, qui règne en ces lieux, n'est que très rarement interrompu par le cri plaintif d'un oiseau. Lorsqu'on a cheminé des heures entières à travers ces bois, toujours par monts et par vaux, jamais en plaine, par des chemins qui paraissent impraticables pour un homme blanc, couverts partout de racines lisses, glissantes, lorsqu'à tout instant on a les pieds embarrassés dans des branches et des lianes, qu'on est accroché par les vêtements à d'autres branches, qu'on a le visage fouetté par d'autres encore, on soupire après le mouvement libre et sans entraves, après l'air et la lumière et l'on salue avec joie la clairière dans laquelle est bâti le village de Bayom entouré de bananiers et de palmiers (1). Dans l'ouvrage, cité plus haut, sur l'expédition allemande au Loango, on a représenté, d'après une des belles aquarelles de Peschuël-Lœsche, une forêt habitée par des Gorilles, au Mayombe, sur les rives du Quillou. J'ai donné ci-contre une copie de cette planche intéressante (fig. 62).

Le Gorille vit en communautés, composées d'un mâle, d'une femelle et de petits d'âge variable, dans les parties reculées et touffues des forêts. Il visite, d'après Koppenfels (2), le même gîte tout au plus trois ou quatre nuits de suite. Habituellement il couche là où il se trouve à la tombée de la nuit. Contrairement à d'autres narrateurs, Koppenfels raconte que cet animal construit des nids sur les arbres pour y passer la nuit. Il choisit pour cela des troncs dressés verticalement, dont la grosseur ne dépasse guère 30 centimètres ; il casse et courbe un peu, les unes vers les autres, les branches situées à 5 ou 6 mètres du sol, les recouvre de rameaux arrachés et d'un lit formé des rares mousses qui croissent dans cette contrée de l'Afrique. Le mâle passe la nuit accroupi au pied du tronc, auquel il appuie le dos. Il protège là sa femelle et ses petits couchés dans le nid, contre les attaques nocturnes des léopards, qui font la chasse à toutes les espèces de singes.

(1) L. c., p. 103.
(2) Les indications que nous donnons ici, d'après Koppenfels, décédé malheureusement trop tôt, sont tirées de son article dans la *Gartenlaube* (1877, n° 25), de lettres à sa famille (dont on m'a communiqué des extraits) et d'une longue missive, datée d'Adalinalonga, 26 mars 1874, et adressée au professeur Bastian.

Le jour, ces animaux parcourent les districts de la forêt, autour
de leur campement temporaire, et les explorent pour chercher

Fig. 62. — La patrie du Gorille.

leur nourriture. Dans la marche, ils appuient sur le sol le dos
des doigts repliés en dessous. Plus rarement ils s'appuient sur la
paume des mains posée à plat. Les pieds touchent le support par

leur plante aplanie ; les orteils sont alors généralement étendus et un peu écartés les uns des autres, plus rarement courbés vers le sol. Leur démarche est chancelante, comme Huxley le dit fort bien ; le mouvement du corps, qui n'est jamais vertical, comme celui de l'homme, mais incliné en avant, est comparable à une sorte de roulis ou à un balancement latéral. Les bras étant plus longs que ceux du Chimpanzé, son corps n'est pas aussi ramassé ; car, de même que cet animal, il lance les bras en avant, pose les mains sur le sol et donne ensuite au corps, entre elles, un mouvemement qui est à moitié un saut, à moitié une oscillation. Quand il prend l'attitude de la marche, son corps est, dit-on, très incliné, puis il tient sa grande masse en équilibre, en fléchissant ses bras au-dessus de sa tête (1). Malgré sa forme en apparence massive et lourde, le Gorille, montré, comme l'ours, une grande adresse corporelle ; c'est un excellent grimpeur. Quand il circule dans les arbres, rapporte Koppenfels, il s'aventure jusqu'à leur sommet. Il essaye d'abord la solidité des branches, et quand une seule de ces dernières ne suffit pas, il en saisit trois ou quatre à la fois. Il parcourt également des branches plus fortes, en avançant avec précaution à quatre pattes. Notre voyageur a vu des individus adultes sauter, à l'approche du danger, d'une hauteur de 30 à 40 pieds, et s'élancer avec une extrême impétuosité à travers les taillis. Ceux qui ont renseigné Huxley s'accordent tous pour dire qu'il n'y a dans chaque bande qu'un seul mâle adulte ; que, lorsque les jeunes mâles grandissent, un conflit s'élève pour savoir qui dominera et, après avoir tué ou chassé les autres, le plus fort d'entre eux s'établit comme chef de la communauté.

Nous avons déjà plus haut (p. 172) parlé de l'alimentation du Gorille. Koppenfels observa un jour un mâle avec deux femelles et deux petits en train de prendre leur repas. La femme et les enfants étaient obligés de cueillir les fruits d'un petit arbre voisin pour le chef de famille, qui ne se dérangeait pas, et quand ils ne le faisaient pas assez lestement ou qu'ils en prenaient trop pour eux, le vieux se mettait à grogner violemment et à leur appliquer de vigoureux soufflets.

Les nègres, qui habitent la patrie du Gorille, qui généralement ne sont pas plus courageux qu'il ne faut et racontent des histoires enjolivées à faire frémir, pour surfaire leur réputation de chasseurs, qui laisse bien à désirer, parlent habituellement de ce singe comme d'une bête terrible et extrêmement dangereuse. Mais ce

---

(1) *De la place de l'Homme*, etc., p. 158. La fig. 12 représente un Gorille en marche (vu par derrière), très bien figuré, d'après une étude du célèbre peintre d'animaux Wolf.

que même la fantaisie la plus extravagante des enfants de la
Nigritie n'a pu dépeindre d'une manière assez épouvantable,
Du Chaillu l'a donné en régal à ses lecteurs. Nous voulons nous
épargner ici le récit de ces histoires lugubres, dont Brehm dit,
avec raison, qu'elles semblent des essais de quelque méchant
romancier, qui aurait donné libre cours à sa plume (1). Dans sa lettre
à Bastian, que j'ai sous les yeux, Koppenfels s'efforce d'amoindrir
ce qu'on dit de la prétendue férocité du Gorille. Il le fait même
dans un épanchement très poétique qui accompagne sa lettre.

Dans un autre passage il dit : « Tant que le Gorille n'est pas
importuné, il n'attaque pas l'homme ; bien plus, il évite de le
rencontrer. » Habituellement ces singes émettent des sons gutturaux graves, qui tantôt sont prolongés comme Kh-eh, Kh-eh
(Savage), tantôt ressemblent à un bruit sourd ou à un grognement. Lorsque l'animal est dérangé par l'homme, il prend généralement la fuite en poussant des cris ; mais quand il est acculé
ou blessé, il se met résolument sur la défensive. Sa grande taille,
sa force et son agilité en font alors un adversaire redoutable. Il
fait, dans ce cas, retentir une sorte de rugissement ou d'aboiement furieux, se dresse entièrement sur ses jambes, comme un
ours irrité, s'avance ainsi d'un pas lourd et attaque son ennemi.
En même temps les poils du sommet de la tête et de la nuque se
hérissent, ses dents se montrent à découvert, ses yeux lancent des
éclairs sauvages et féroces. Ses poings frappent violemment sa
poitrine ou s'agitent dans l'air. Si alors on cesse de l'exciter, qu'on
se retire lentement et à temps avant que la fureur du singe ait
atteint son maximum, il cesse, d'après Koppenfels, de prendre
l'offensive. Si l'on agit autrement, il pare les coups d'estoc et de
taille avec l'adresse d'un escrimeur accompli (absolument comme
l'ours), saisit son antagoniste au bras qu'il brise ou le précipite
sur le sol et le déchire avec ses terribles canines.

Les chasseurs du pays attaquent le Gorille et le tuent à coups
de fusil. Savage raconte que, lorsque l'animal approche, le chasseur l'attend, le fusil en joue, et, s'il n'est pas sûr de son but, il
permet au Gorille de saisir le canon et fait feu au moment où celui-
ci, selon son habitude, le porte à sa bouche. Si le coup rate, le
singe broie immédiatement le canon entre ses dents, lorsque
celui-ci n'est pas très solide. Des chasseurs Ogowés, attaqués par
ce singe, ont parfois essayé, en dernière ressource, de se défendre
contre l'animal qui se ruait sur eux, à l'aide de la hache de combat, employée par ces tribus. Buchholz m'a raconté qu'il a vu la

---

(1) *Illustrirtes Thierleben* (Hildburghausen, 1861), t. I, p. 17.

peau d'un mâle blessé probablement de cette manière au bras.
Mais d'ordinaire un semblable duel est fatal au chasseur.

Peschuël-Lœsche s'est entretenu avec deux chasseurs de Loango
qui avaient tués des Gorilles. Ils lui rapportèrent qu'ils ne recher-
chaient *pas* ces terribles animaux, mais les rencontraient quelquefois, par hasard, dans les forêts. Quand ils trouvent l'un d'eux
isolé, ils s'approchent très près de lui en rampant et le tuent à coups
de fusil; puis ils s'enfuient rapidement pour se mettre à l'abri de
la vengeance des Gorilles qui pourraient se trouver dans le voisinage. Au bout de quelques heures, ils reviennent avec du renfort
et emportent leur gibier. Au Loango on ne mange pas la chair de
ces animaux; mais elle sert d'aliment sur les rives du Gabon
(selon Ford et Savage). Gautier raconte même que les nègres de
ce pays la fument et en font un de leurs plus grands régals.

Il est rare que des Européens aient eu le bonheur de tuer des
Gorilles. Du Chaillu prétend avoir été du nombre de ces privilé-
giés; mais en cela il est contredit par d'autres voyageurs. Winwood Reade, Compiègne, Buchholz, Lenz et de Brazza ont
vainement couru après cette chance. Dans sa lettre à Bastian citée
plus haut, Koppenfels dit que, jusqu'au mois de mars 1871, il a tué
quatre de ces singes. Il raconte, dans un numéro de la *Gartenlaube*,
quelques-unes de ses aventures de chasse, avec les ornements
qu'on ne peut guère éviter quand on s'adresse aux lecteurs d'une
feuille de ce genre. Le 24 décembre 1874, Koppenfels, accompagné
d'un jeune Galloa, se trouvait sur les bords du lac d'Eliva et surprit en ce lieu une famille de Gorilles composée des parents et de
deux petits. La femelle grimpa sur un iba ou manguier et, le
secouant, en faisait tomber les fruits. Le mâle se rendit au bord
de l'eau pour boire. C'est à ce moment que Koppenfels le tua d'un
coup de feu. La femelle et les jeunes se sauvèrent précipitam-
ment. Une autre fois, notre compatriote se trouvait aux environs
de Bousou, village bakalay, situé près de l'Eliva Sanka et limité au
sud-est par les montagnes d'Aschangolo et d'immenses forêts
vierges. En ce lieu, il surprit la bande de Chimpanzés et de Gorilles,
mentionnée à la page 166, qui se régalait de noix de goura. Il
abattit un grand et un petit Chimpanzé. Une troisième fois il tua,
dans les montagnes d'Aschangolo, un Gorille mâle de 1 mètre
09 cent., qui, atteint au cœur, bondit en l'air les bras étendus et,
après avoir tournoyé, retomba sur le visage. Dans cette culbute,
l'animal avait saisi une liane grosse de 5 centimètres et l'avait
entraînée sur le sol avec des branches mortes et des branches
vertes.

Les Gorilles mâles adultes atteignent une taille qui varie de

1 mètre 50 à près de 2 mètres ; rarement elle dépasse 2 mètres.
Les femelles atteignent jusqu'à 1 mètre 50. Un singe de cette espèce,
examiné par Ford, pesait 170 livres, non compris les viscères tho-
raciques et pelviens. Le Gorille abattu par Koppenfels, dans les
montagnes d'Aschangolo, pouvait avoir un poids supérieur à
400 livres. Chez les Mpongwés, les Orungous, les Kammas, les
Galloas et les Bakalays, ce singe est appelé Ndjina, Njeïna, Ind-
jina ; les Fans le nomment Nguyala. Sur la côte du Loango on
l'appelle N'pungu ou M'Pungu.

II — LES CHIMPANZÉS

Ainsi que nous l'avons dit plus haut (voir liv. I et III) le
Chimpanzé a une aire d'extension plus grande que le Gorille. Dans
l'Afrique occidentale il se trouve depuis la latitude des possessions portugaises, à Cachêu, au nord, jusque vers celle de Coanza
au sud. On sait qu'il existe dans certaines contrées de l'Afrique
septentrionale et méridionale ; on présume qu'il vit aussi dans
l'est, au sud de l'Abyssinie, dans le pays de Djuba et même, d'après
A. Nachtigall, dans les parties reculées de Sofalla dans le sud-est
de l'Afrique. (Ce dernier renseignement me vient d'une source
dont je ne puis nullement garantir l'exactitude.)
Les Chimpanzés sont également des animaux sylvicoles par
excellence. Ils se nourrissent de différents fruits sauvages, mais
visitent aussi, chaque fois qu'ils en ont l'occasion, des plantations
abandonnées ou même encore exploitées ; dans certaines circonstances, ils paraissent ne pas dédaigner non plus une nourriture
animale. Près de la côte du Loango ils se tiennent de préférence
dans les montagnes ou au voisinage de celles-ci. Ils se trouvent
là, dans le bassin du Luemme jusqu'à la lagune de Tschissambo ;
dans celui du Quillou ou du Banya jusqu'à la côte.
Cet animal vit par familles isolées ou par petits groupes de plusieurs familles. Dans quelques contrées, par exemple, dans l'Afrique
centrale très boisée, il paraît aimer plus encore que le Gorille le
séjour permanent sur les arbres ; dans d'autres, par exemple, près
de la côte sud-ouest, il semble se complaire davantage à la vie
terrestre. Le Chimpanzé Bam du pays des Niam-Niams se loge
dans ce que Piaggia et Schweinfurth nomment des galeries, c'est-
à-dire dans des arbres forestiers de hauteur différente, formant

comme des étages superposés, dans l'immense fourré desquels il est difficile de l'approcher. Des plants de bananier y couvrent la surface du sol. Les gros troncs, entièrement couverts de poivrier sauvage, se dressent verticalement et supportent des branches garnies de mousses longues d'une toise, sur lesquelles croit la remarquable fougère que Schweinfurth a nommée Oreille d'éléphant; à une grande hauteur, dans les branches plus grêles, des termites arboricoles suspendent leurs constructions, qui ont la forme et la grosseur d'un tonneau. D'autres troncs morts ou en décomposition servent de support aux colossales suspensions du *Mucuna urens* et, surplombés de festons impénétrables, forment des galeries de verdure, hautes comme une maison, et dans lesquelles règne une obscurité continuelle (1).

Lorsque le Chimpanzé marche à quatre pattes, il s'appuie plus rarement sur la paume des mains que sur le côté dorsal des doigts repliés en dessous. Il pose ses pieds sur la plante ou bien sur les orteils reployés. Sa démarche est chancelante, vacillante. Il est moins encore que le Gorille capable de se tenir longtemps debout. Dans cette position, il cherche des points d'appui pour ses mains ou les croise derrière la tête, qu'il rejette un peu en arrière, pour se tenir en équilibre.

Ces animaux émettent des sons perçants qui retentissent, comme des plaintes, à travers les grandes forêts tropicales. Peschuël-Lœsche dit que leurs gémissements épouvantables, leurs cris perçants et leurs hurlements, qui éclatent le matin et le soir, et parfois aussi pendant la nuit, peuvent rendre ces êtres très odieux au voyageur. « Comme ce sont de véritables virtuoses dans l'art d'émettre des sons désagréables, perceptibles de très loin, et que l'écho répète en les variant, on ne saurait estimer le nombre de ceux qui prennent part à ce vilain tapage; parfois on croit en entendre plus d'une centaine. En règle générale, ils semblent se tenir à terre dans des broussailles touffues ou dans des massifs de Scitaminées et ne grimpent sur les arbres que pour se procurer des fruits. Leur piste s'imprime très nettement sur la terre meuble; ils séjournent surtout volontiers dans les endroits où croit l'Amomum et où l'on trouve disséminées partout les péricarpes rouge vif de ce fruit. » Notre voyageur relate que les Cercopithèques, qui sont malicieux, très agiles et abondent partout au Loango, taquinent les Chimpanzés jusqu'à ce que ceux-ci fassent retentir la forêt de leurs clameurs désagréables.

Ces animaux vagabondent sans cesse, cherchant toujours de

(1) Schweinfurth, *Im Herzen von Afrika* (neue Ausgabe, Leipzig, 1878,) p. 385.

nouveaux champs de pâture. Ils construisent également des nids.
Selon Koppenfels, le mâle passe la nuit au-dessous du nid de sa
famille, sur une fourche formée par des branches. Suivant du
Chaillu, le Nschego-Mbouwé se construit même un auvent au-dessus
de son nid. Une figure médiocre, probablement dessinée à Londres, représente cette disposition. Koppenfels pense que ce prétendu auvent n'est pas autre chose que le nid sous lequel le mâle
se tient assis. D'après Reichenbach, il se peut aussi que ce soit
un végétal parasite, peut-être un *Loranthus*, qui ait fait croire à
la construction d'un semblable toit.

Quand on les excite, les Chimpanzés frappent le sol à coups
redoublés de leurs mains, mais ne se donnent pas de coups de
poing sur la poitrine, comme fait le Gorille. Habituellement ils
prennent la fuite devant l'homme. Acculés ou blessés, ils se servent des mains et des dents pour se défendre. Pour avoir le dessus,
dans une lutte corps à corps avec un Chimpanzé adulte, il faut
toute la force et le sang-froid d'un homme robuste et courageux.
Je me rappelle toujours la femelle adulte de Hambourg qui eût été
certainement capable de terrasser un homme solide. Vouloir lutter
avec la terrible Mafuca (liv. IV) eût été une véritable imprudence.
Le Soko découvert par Livingstone à Manyema, à l'ouest du lac
Tanganika, se défend également avec courage dès qu'il est
attaqué.

Les chasseurs indigènes abattent les Chimpanzés à coups de
fusil ou de flèches, mais ils les tuent aussi à coups de javelots.
Les Niam-Niams recherchent le Bam dans les forêts à galeries,
entrelacées de lianes serrées, dans des parties de chasse de 20 à
30 hommes; ils le prennent dans des filets et c'est alors seulement
qu'ils le tuent à coups de lance. Dans différentes contrées de
l'Afrique on mange la chair de ce singe. Son crâne sert également
de fétiche dans certains endroits. Dans un village du pays des
Niam-Niams, sur les bords du Diamwonou, Schweinfurth en vit
deux spécimens plantés sur des pieux au milieu de crânes
d'hommes, de Cercopithèques, de Babouins, d'Antilopes, de San-
gliers, etc.

Au Gabon, le Chimpanzé reçoit, comme nous l'avons déjà dit
(p. 3), les noms de Nschégo, Nschiego, Ndjeko. Cette dénomination est employée par les Mpongwés, les Galloas, les Kammas et
les Orungous. Les Aschiras et les Malimbas lui donnent celle de
Koulou. Les indigènes du pays des Niam-Niams l'appellent Ranja
ou Mandjarouma. Les trafiquants, qui parlent l'arabe, emploient la
dénomination Bam ou M'bam.

L'*Orang-Outan* habite les grandes îles asiatiques de Bornéo et
de Sumatra. Il est plus abondant dans la première de ces contrées,
où on le trouve principalement à quelques journées de marche à
l'ouest de Sungi-Kapajan, sur les rives du Sampiet, près de Kota-
ringin, et dans d'autres territoires isolés des côtes méridionale et
occidentale (1). Les Dayacks de Long-Wai racontèrent à Bock que
les Orangs existaient aussi plus au nord et près du Tweh, ainsi
que dans la région de Dusem à l'ouest de Kutai (2). Selon Wallace,
l'aire géographique, occupée par cet animal à Bornéo, est très
étendue ; il existe dans un grand nombre de districts côtiers du
sud-ouest, du sud-est, du nord-est et du nord-ouest, mais ne
séjourne que dans les forêts basses et marécageuses. De prime-
abord on ne s'explique pas pourquoi ces singes sont inconnus
dans la vallée de Sarawak, tandis qu'on les trouve très nombreux
à Sambez, dans l'ouest, et à Sadong, dans l'est. Mais lorsqu'on
étudie mieux les habitudes et les mœurs de ce singe, on voit que
cette anomalie apparente est motivée suffisamment par les conditions physiques du district de Sarawak. A Sadong, où Wallace
observa l'Orang, on ne le trouve que dans des contrées basses,
marécageuses et couvertes de grandes forêts vierges. Dans ces
marais se dressent un grand nombre de montagnes isolées ; les
Dayacks se sont établis sur certaines d'entre elles et les ont plan-
tées d'arbres fruitiers. Ceux-ci attirent beaucoup les Orangs ; ils
dévorent les fruits non mûrs et le soir se retirent toujours dans
les marais. Partout où le sol s'élève un peu et devient sec, ce
singe ne peut vivre. C'est ainsi, par exemple, qu'il existe abon-
damment dans les parties basses de la vallée de Sadong, mais dès
qu'on s'élève au-delà des limites où les effets du flux et du reflux
se font encore sentir et où, par conséquent, le sol, même quand
il est plat, peut néanmoins sécher, on ne trouve plus l'Orang. La
partie inférieure de la vallée de Sadong est marécageuse, il est
vrai, mais elle n'est pas couverte partout de hautes futaies ; on y
trouve surtout des Nipas ; près de la ville de Sarawak, le pays

---

(1) Duirentuin : *Description illustrée des Mammifères et des oiseaux du
jardin Zoologique d'Amsterdam* (publiée en hollandais, vers 1862), p. 6.
(2) *Unter den Kannibalen auf Bornéo*, etc.. p. 31.

devient sec, montueux et se recouvre de petits îlots de forêts vierges et de jungles, dans les endroits autrefois cultivés par des Malais et des Dayacks.

Fig. 63. — Orang-Outan grimpant, vu par derrière.

A Sumatra, l'Orang est plus rare qu'à Bornéo. On dit qu'il y existe, principalement dans les régions au nord-est de Siak et d'Atjin. Selon Rosenberg, on ne le rencontre ici que dans les forêts basses et marécageuses du littoral, au nord de Tapanopoli, jusqu'à Singkel, dans des taillis, qui, grâce à leur inaccessibilité, ne sont foulés que rarement par le pied de l'homme (1).

Le Chimpanzé ne dédaigne pas non plus les forêts marécageuses touffues, tandis que le Gorille préfère les plateaux (pourvu qu'ils ne soient pas trop secs).

D'après Wallace, les Orangs ne se trouvent bien que dans les forêts vierges, s'étendant au loin sans discontinuité, et formées d'arbres ayant à peu près tous la même hauteur. Ces forêts sont pour eux un domaine dans lequel ils peuvent circuler librement dans toutes les directions, avec la même aisance que l'Indien dans la prairie ou l'Arabe dans le désert ; ils passent de la cime d'un arbre à celle d'un autre, sans jamais descendre à terre. Les contrées élevées et sèches sont visitées davantage par les hommes, présentent plus d'éclaircies, envahies par des végétaux peu élevés, qui ne conviennent pas pour le mode de locomotion particulier de ces animaux. Ils y seraient exposés à plus de dangers et se verraient plus souvent forcés de descendre à terre. Il existe probablement aussi, dans la contrée habitée par l'Orang-Outan, une grande quantité de fruits très variés, car les collines, formant des sortes d'îlots au milieu de plaines marécageuses, sont couvertes de jardins et de grandes cultures, dans lesquelles les arbres des plateaux se développent fort bien (2).

C'est, d'après Wallace, un spectacle singulier et intéressant que de voir un Orang cheminer lentement à travers la forêt. Il s'avance avec circonspection sur une grosse branche, en se tenant à demi redressé, car il est forcé de prendre cette attitude à cause de la grande longueur de ses bras et de la brièveté de ses jambes. Il paraît toujours choisir des arbres dont les branches s'entrelacent avec celles d'un arbre voisin ; lorsqu'il est près de ces dernières, il étend ses longs bras, saisit les branches en question des deux mains, semble essayer leur solidité et s'élance ensuite prudemment sur la grosse branche la plus voisine, sur laquelle il continue d'avancer de la même manière. La figure ci-contre, gravée d'après

(1) *Der Malayische Archipel.* Edition allemande. Leipzig, 1878, p. 100.
(2) Le manuscrit de ce volume était achevé, lorsque j'eus entre les mains l'ouvrage de O. Mohnike, intitulé : *Blicke auf das Pflanzen-und Thierleben in den indischen Maluïenlandern* (Münster, 1883). L'auteur qui a été pendant plusieurs années médecin et employé dans l'administration de l'Institut médical des Indes orientales néerlandaises, nous fournit quelques renseignements très intéressants sur l'Orang-Outan. Ce singe n'existe, paraît-il, que dans la partie septentrionale de Sumatra et il est plus abondant le long des côtes occidentales que le long des côtes orientales. On le rencontre rarement et toujours isolé. Les Dayacks (de Bornéo) aiment beaucoup sa chair et le tuent, surtout dans l'intérieur de l'île, avec des flèches empoisonnées, lancées à l'aide de sarbacanes. Ils retranchent ensuite soigneusement les parties blessées.

une photographie, prise à l'Aquarium de Berlin par l'ordre du
Dr Hermes, peut expliquer, dans une certaine mesure, le mode de
locomotion de ces singes (1) (fig. 63).

Wallace ajoute que jamais cet animal ne va par petits sauts ou
par bonds; il ne semble jamais se presser et avance cependant
presque aussi vite que le pourrait un homme courant au-dessous
de lui à travers la forêt. Ses bras, longs et puissants, sont excessivement utiles à l'Orang; ils lui permettent de grimper facilement
sur les arbres, de cueillir des fruits et de jeunes feuilles sur des
rameaux trop faibles pour le supporter, de rassembler des feuilles
et des branches pour se construire un nid. Celui-ci sert d'abri
pendant la nuit; il est disposé assez bas et toujours sur un petit
arbre, à une distance du sol qui ne dépasse jamais 20-50 pieds,
probablement parce que, à ce niveau, il est plus chaud et moins
exposé aux vents. Chaque Orang, dit-on, se fait tous les soirs un
nouveau nid. Wallace pense que cela n'est guère vraisemblable,
car, s'il en était ainsi, on devrait trouver plus souvent des vestiges
de ces nids. Notre voyageur en a bien vu un certain nombre,
aux alentours des houillères de Simunjon, où journellement on
voyait un grand nombre d'Orangs, de sorte qu'en moins d'un
an les gîtes abandonnés y deviendraient très nombreux. Les
Dayacks disent que, lorsqu'il est très mouillé, l'Orang se couvre
de feuilles de pandanus ou de fougères et c'est là peut-être ce
qui a fait croire que l'Orang se bâtit des huttes dans les arbres.
Cet animal ne quitte son gîte que lorsque le soleil est déjà assez
élevé et a séché la rosée qui mouille les feuilles. Il mange pendant
tout le milieu de la journée et retourne rarement deux jours de
suite au même arbre. Ces animaux ne semblent pas trop craindre
l'homme. Wallace n'a jamais vu deux adultes ensemble, mais
parfois le mâle ou la femelle est accompagnée de petits déjà assez
développés; quelquefois aussi on rencontre trois ou quatre petits
isolés. Les Orangs se nourrissent presque exclusivement de
fruits; à l'occasion ils mangent aussi des feuilles, des bourgeons
et de jeunes pousses de bambous, par exemple. Ils aiment surtout
la durione (*Durio zibethinus*) qui a une odeur forte, mais qui est
très savoureuse. Ils détruisent toujours beaucoup plus de fruits
qu'ils n'en mangent et abandonnent une grande quantité de débris
végétaux sous les arbres sur lesquels ils ont pris leur nourriture.
Je ne sais si les Orangs s'accommodent d'un régime animal comme
les Gorilles et les Chimpanzés. Huxley, qui a recueilli sur ces
anthropoïdes beaucoup de renseignements inaccessibles à d'autres

---

(1) Cette figure confirme en même temps ce qui est dit, page 31, sur la conformation du siège, semblable à un croupion d'oiseau.

observateurs, dit que les Orangs n'ont pas la réputation de manger des animaux vivants.

Le même auteur dit que la démarche de l'Orang est pénible et chancelante. Au départ, il court plus vite qu'un homme ; mais il peut être facilement atteint. Ses bras extrêmement longs, très peu fléchis quand il court, exhaussent beaucoup son corps, de sorte qu'il a presque l'attitude d'un vieillard, courbé par l'âge, qui s'avance appuyé sur un bâton. Dans la marche, ce singe appuie sur le sol les doigts ployés, rarement la paume des mains ; les orteils sont recourbés en dedans et le bord externe du pied est tourné vers le substratum. Plus rarement il s'appuie sur les orteils, également ployés, ou sur toute la plante du pied. Quand il marche, il s'appuie, comme Huxley le décrit exactement, sur le bord externe du pied, le talon reposant plus largement sur le sol, tandis que les orteils qu'il recourbe reposent en partie sur la face supérieure de leur première articulation et que les deux doigts externes de chaque pied se posent complètement sur cette surface.

Selon Wallace, l'Orang descend rarement à terre et seulement lorsque, poussé par la faim, il recherche des pousses succulentes au bord d'une rivière ou que par un temps très sec il s'y rend pour boire ; mais d'ordinaire il trouve de l'eau en quantité suffisante dans les cavités formées par des feuilles. Une seule fois, cet illustre voyageur a vu deux Orangs adolescents à terre, dans une fosse desséchée, au pied des collines de Simunjou. Ils s'amusaient ensemble, se mettaient debout et se tenaient mutuellement par les bras. Cet observateur pense également que l'Orang n'est capable de marcher debout que dans les cas où il peut se maintenir ainsi en se servant de ses mains ou quand il est attaqué.

L'Orang en liberté, de même que les autres anthropoïdes, boit en se baissant au bord de l'eau et en aspirant le liquide à l'aide des lèvres. Quelquefois il lui arrive aussi d'en puiser un peu dans le creux de la main et de la vider en humant ou en léchant. C'est du moins ce qu'il fait en captivité. Dans un ancien numéro du *Penny-Magazine* il existe une gravure sur bois représentant très fidèlement un Orang accroupi au bord de l'eau et se lavant les mains (1). Il est possible que cela arrive en réalité.

Selon S. Müller et Schlegel (2), les vieux mâles vivent isolés, sauf à l'époque de l'accouplement. Les femelles adultes et les

---

(1) Reproduite dans *Pœppig's Illustrirte Naturgeschichte des Thierreichs* (Leipzig, 1847), I, 9, fig, 18.

(2) *Verhandelingen over de natuurlijke geschiedenis der Nederlandsche overzeesche Bezittingen*. Leiden, 1840-45 : *Mammalia*.

mâles impubères se rencontrent souvent au nombre de deux ou trois ensemble : les premières sont le plus souvent accompagnées de petits ; quand elles sont pleines, elles s'isolent généralement et restent seules pendant quelque temps, après avoir donné le jour à leur produit. Les jeunes Orangs, dont la croissance est lente, demeurent longtemps sous la protection de leur mère. Pendant qu'elle grimpe, celle-ci porte les petits sur son sein, où ils se maintiennent cramponnés à ses longues touffes de poils. Nous ne savons encore exactement à quel âge l'Orang devient apte à se reproduire et combien de temps dure la gestation.

Cet animal est lent, flegmatique et n'a pas cette agilité qui caractérise les Chimpanzés et les Gibbons. La faim seule le pousse à se remuer ; une fois rassasié, l'animal rentre dans le repos. Quand il est assis, il courbe le dos et penche la tête de manière que ses yeux soient tournés directement vers le sol. Quelquefois il se soutient avec les mains à des branches placées au-dessus de lui ; d'autres fois il laisse pendre ses bras flegmatiquement sur les flancs. C'est dans ces attitudes que l'Orang reste pendant des heures entières à la même place, presque sans bouger, poussant seulement de temps à autre un grognement de sa voix grave. Le jour il passe habituellement de la cime d'un arbre à celle d'un autre et ne descend à terre qu'à la nuit ; si alors une cause quelconque l'effraye, il se cache dans le taillis. Quand on ne le chasse pas, il demeure longtemps dans la même localité et reste même pendant plusieurs jours sur le même arbre. Il passe rarement la nuit au sommet d'un grand arbre, probablement pour éviter le froid et le vent. A la tombée de la nuit il descend et cherche un endroit propre à dormir, dans les parties les plus basses et les plus sombres ou sur le sommet feuillu de petits arbres, parmi lesquels il choisit de préférence les nipas, les pandanus ou les orchidées parasites, qui donnent aux forêts vierges de Bornéo un aspect si caractéristique. Il prépare son nid avec de petites branches et des feuilles, croisées les unes sur les autres, et les garnit de feuilles de fougères, d'orchidées, de *Pandanus fascicularis* et de *Nipa fruticans*, etc. Parmi les nids que vit Müller, il y en avait un certain nombre de tout récents, qui étaient à une hauteur de 10 à 25 pieds du sol et avaient une circonférence moyenne de 2 à 3 pieds ; quelques-uns étaient garnis d'une couche de feuilles de pandanus, épaisse de plusieurs pouces ; dans d'autres les branches, reployées et formant le support du nid, étaient reliées en un centre commun et formaient une plate-forme régulière.

Selon les Dayacks, l'Orang quitte son gîte vers neuf heures et le regagne vers cinq heures ou un peu plus tard au crépuscule. Il se couche quelquefois sur le dos ou, pour changer, il se tourne d'un côté ou de l'autre, repliant ses jambes vers son corps et reposant sa tête dans ses mains. Quand la nuit est froide, venteuse ou pluvieuse, il se couvre le corps et surtout la tête d'une épaisse couche de feuilles de pandanus, de nipa ou de fougères.

Bien que l'Orang se tienne dans les branches des grands arbres pendant le jour, on le voit rarement accroupi sur une branche volumineuse, à la manière des autres singes et particulièrement des Gibbons. Il reste au contraire sur des branches plus faibles et couvertes de feuilles, de sorte qu'on le voit tout au sommet de l'arbre. Il n'a pas les callosités qu'ont les autres singes et même les Gibbons, et ses tubérosités ischiatiques ne sont pas développées comme celles des espèces qui ont des callosités fessières.

L'Orang grimpe lentement et avec précaution ; il prend grand soin de ses pieds ; il semble qu'il ressent beaucoup plus que les autres singes toute lésion à ces parties. Lorsqu'il grimpe, il meut alternativement une main et un pied, ou, après avoir pris un point d'appui solide avec les mains, il tire à lui simultanément les deux pieds. En passant d'un arbre à l'autre, il choisit toujours un endroit où les branches viennent se réunir ou s'enlacer. Même quand il est poursuivi de près, sa circonspection est étonnante ; il essaye la solidité des branches, les fait ployer sous le poids de son corps et en fait ainsi un pont d'un arbre à l'autre. On voit, par ce qui précède, que la description des naturalistes hollandais répond, dans les traits essentiels, à celle de Wallace.

On fait une chasse assidue à ces animaux, dans le pays qu'ils habitent. Les Malais de Samarinda, dans le sud-est de Bornéo, le prennent, selon Bock, sur les bords des rivières, qui se jettent près de cette ville dans le Mahaccam. Ces animaux ne viennent sur les rives de ces cours d'eau que le matin de bonne heure et retournent aux taillis dans le courant de la journée. Lorsque les indigènes capturent un orang vivant, ils le vendent pour trois dollars à des Chinois, qui le nourrissent d'abord avec des fruits et plus tard avec du riz, mais sans pouvoir jamais le conserver longtemps vivant en captivité. (*Unter den Kannibalen auf Bornéo,* p. 31).

Autant l'Orang est paresseux, mélancolique et en apparence indifférent dans le cours habituel de son existence, autant il est méchant et vaillant en cas de besoin. On en a vu qui, dit-on, lançaient des branches et de lourds fruits de durion, à péricarpe épineux, sur leurs agresseurs. Cela est d'autant plus vraisemblable qu'on sait que les Tscheladas (*Cynocephalus Gelada*), les Hamadryas (*Cynoc. hamadryas*) et d'autres Babouins ont également l'habitude de bombarder leurs agresseurs avec beaucoup de vivacité et d'adresse, en leur lançant des branches, des pierres et des mottes de terre durcie. Dans la lutte corps à corps, les Orangs saisissent leur adversaire par le bras, le mordent et l'égratignent partout où ils peuvent l'atteindre. Selon Wallace, aucune bête féroce n'attaque ces singes, qui seraient même de taille à se mesurer avec les crocodiles et les serpents les plus gigantesques.

Le nom d'Orang-Outan vient des mots orang (homme) et outan (sylvestre) et signifie donc simplement homme des bois. Il est incorrect d'écrire Orang-Outang qui, d'après E. V. Martens, voudrait dire homme *coupable* (1). On emploie beaucoup le nom malais Meias. On distingue le Meias-Pappou ou Meias-Zimo, le Meias-Cassou et le Meias-Rambi. Selon Rosenberg, on emploie à Sumatra la dénomination de Mawas. D'après Bock, les Dayacks-Dusans donnent à ce singe le nom de Këu.

IV. — LES GIBBONS.

Les *Gibbons* ont une manière de mouvoir tout leur corps et surtout leurs grands bras qui leur donne un aspect tout particulier. La distribution géographique et le groupement spécifique de ces remarquables animaux ont déjà été décrits dans le second chapitre. Bien que ces singes descendent à terre dans certaines occasions, ils vivent cependant principalement sur les arbres. Ils préfèrent les grandes forêts tropicales et les pays montagneux à tout autre. Beaucoup d'entre eux se cachent dans les taillis de bambous, surtout dans ceux qui sont formés par les chaumes gigantesques du *Bambusa macroculmis* et du *Bambusa gigantea*.

Le Siamang (à proprement parler Si-amang, car la première syllabe n'est qu'un article selon Rosenberg) vit en troupeaux à Sumatra et dans la presqu'île de Malacca (?) (p. 36). A Sumatra, Martens a vu, au-dessus du chemin qu'il suivait, un singe de cette espèce s'élancer d'une distance de 50 pieds environ d'un arbre à l'autre. A la tête de chaque bande, il y aurait, suivant Diard, un vieux mâle très robuste, qui remplirait le rôle de chef de la bande. Au lever du soleil, ils ont l'habitude de faire un

(1) *Die preussiche Expedition nach Ostasien. Zoologische Abtheilung* (Berlin, 1876), I Bd, II. Hälfte, p. 249.

tapage épouvantable; pendant la journée, ils demeurent silencieux. Ils sont très vigilants et prennent la fuite au moindre bruit. Dans les arbres, ils savent assez bien se tirer d'affaire; mais, à en croire certaines relations, ils ont de la peine à se mouvoir avec dextérité lorsqu'ils sont surpris à terre et peuvent alors être capturés facilement. A Sumatra, le Siamang et l'Unko habitent, selon Rosenberg, les forêts des montagnes jusqu'à une altitude de 3,000 pieds; ils se tiennent là, sur les versants, dans les arbres, et ne descendent que rarement à terre. Au moindre signe de danger, ils descendent des hauteurs avec la vélocité d'un oiseau, pour disparaître en un clin d'œil dans les sombres vallées. Le Siamang n'est pas rare dans les forêts qui entourent partiellement Tobing, ni dans les montagnes de Borissan (1). Bock rapporte que, dans les profondeurs des forêts de Sumatra, cet animal se nourrit principalement des fruits d'une plante appelée *Daun simantung*. Ce singe fait un tapage horrible, presque analogue à des rugissements (2). Quand un jeune est blessé, sa mère se tourne menaçante vers l'agresseur, sans cependant pouvoir lui faire courir un danger sérieux. Les femelles semblent traiter leurs petits avec beaucoup de tendresse; elles les lavent au bord de l'eau, puis les essuient et les font sécher, etc. Diard prétend que les jeunes, encore incapables de marcher seuls, sont toujours portés par celui des parents du même sexe qu'eux : les mâles par le père, les femelles par la mère. Les Siamangs deviennent souvent la proie des tigres et des rimau-dahann (*Felis macroscelis*). Les habitants du pays disent que ce singe est paresseux et peu intelligent. Bock également relate que les Malais, si expérimentés dans l'élevage des animaux, sont incapables de conserver longtemps en vie ce singe stupide et paresseux dans la captivité (3).

Le Houlock habite, selon Harlan, les montagnes de Garrau, près de Gulpara, dans l'Assam. Il préfère la région des collines basses aux montagnes de Garrau proprement dites, qui ont plusieurs centaines de pieds de hauteur relative. Sa nourriture favorite est, dit-on, un fruit appelé propoul qui abonde dans ce pays. Un certain Owen rencontra ces animaux, chez les Nagas et les Abors, dans les montagnes boisées de la partie orientale de l'Assam, par troupes de 100 à 150 individus. Ils font un tapage qui déchire les oreilles. Un jour qu'Owen pénétra dans leur domaine, ils le menacèrent, le poursuivirent en faisant des gestes hostiles et en

(1) *Der Malayische Archipel*, p. 100.
(2) *Unter den Kannibalen auf Borneo*, p. 327.
(3) Sir Stamford Raffles a vu un spécimen entièrement blanc de cette espèce (*Transactions of the Linnean Society*, XII, 241).

poussant des cris stridents. On prétend qu'ils ont une fois attaqué un Naga et que parfois on les a vus mettre en pièce des pythons de taille moyenne (*Python reticulatus*).

Le Wouwou (à vrai dire Uwa-uwa, d'après Martens) semble vivre plus souvent par couples que par bandes. Selon Duvaucel, il se meut dans les arbres avec une rapidité extraordinaire; il saisit les branches les plus grêles, les plus flexibles, se balance ainsi deux ou trois fois, puis il s'élance, en étendant ses bras en avant, de manière que son corps oppose à l'air une large surface et lui serve de parachute, et franchit d'un seul bond des distances de 40 pieds. Il continue ainsi des heures entières sans fatigue.

Les Gibbons sont généralement plus aptes à marcher debout que les autres anthropoïdes. Certaines espèces, telles que le Lar le Gibbon à mains blanches et le Gibbon svelte surtout, montrent en cela une grande habileté et peuvent conserver longtemps cette attitude. Ils posent, dans ce cas, la plante des pieds sur le sol, tournent les genoux et les orteils en dehors, tiennent le corps assez droit, affaissent les épaules et tournent de côté les bras à demi fléchis, en laissant pendre négligemment leurs mains grêles. Dans ce mode de locomotion beaucoup d'entre eux tiennent les bras croisés au-dessus de la tête. Quand un Gibbon avance ainsi sur un sol tout à fait uni, il lui arrive aussi de donner à ses membres supérieurs étendus le mouvement d'un balancier d'acrobate. Sur un sol inégal, ils saisissent avec leurs bras complètement étendus tout objet qui s'offre à eux et, s'y cramponnant, impriment à leur corps un mouvement de progression très rapide; ils n'en avancent que plus vite; chaque embarras nouveau de ce genre leur fait franchir plus facilement les obstacles du terrain. Quand ils sont très pressés de fuir, ils courent à quatre pattes, sans replier les doigts ou les orteils en dessous. Au repos, ces animaux se tiennent assis, sur un large support, sur leurs callosités fessières; ils croisent les bras et regardent fixement et avec indifférence droit devant eux. Quand ils sont assis sur des branches d'arbres, ils saisissent avec les mains des rameaux, situés plus haut, pour se maintenir plus solidement (fig. 14). C'est dans cette attitude qu'on a récemment photographié quelques Gibbons (*Hylobates Lar*, *Hulock*, *albimanus*), au Jardin zoologique de Londres. Les Gibbons, à part leur régime alimentaire surtout végétal, mangent aussi des animaux, quand ils en ont l'occasion. Ils dévorent, par exemple, des insectes. Bennett a vu un Siamang saisir et dévorer avec avidité un lézard vivant. Je puis confirmer, pour l'avoir observé moi-même sur des Gibbons en captivité, l'assertion de Huxley, empruntée à je ne sais quel auteur, et

suivant laquelle ces animaux boivent en plongeant les mains dans
l'eau et en les léchant ensuite. Ces singes dorment accroupis, sans
bâtir de nids, et digèrent vite comme tous les singes anthropoïdes.

La durée de la gestation des Gibbons, de même que celle des
singes anthropoïdes en général, n'est pas encore exactement
connue. La femelle donne le jour à un petit qui semble n'atteindre
son complet développement que très lentement, vers la 14e ou
15e année. La durée de la vie de ces êtres n'est pas davantage
connue exactement. Les observations faites pendant leur captivité
ne permettent de poser que des conclusions vagues à ce sujet. Si
l'on voulait, pour l'estimer approximativement, s'en rapporter à
certains phénomènes du développement des os, surtout du squelette des Gorilles vieux, il faudrait admettre que, du moins chez
les plus grandes espèces, la durée de la vie n'est guère moindre
que la durée moyenne de la vie humaine. Mais, jusqu'à nouvel
ordre, cela restera encore problématique.

Même dans les conditions d'existence conformes à leur nature,
dans l'état sauvage, ces êtres ne semblent pas à l'abri de certaines
maladies. Abstraction faite des traces d'anciennes blessures,
produites soit par les armes de l'homme, soit par les morsures et
les égratignures de leurs semblables et qu'on observe assez
souvent sur les fourrures ou sur les squelettes, on remarque
encore sur les crânes, surtout chez les Chimpanzés, des traces de
carie dentaire, de nécrose des maxillaires, ainsi que des défor-
mations, des exostoses et des fractures guéries, sur d'autres
parties du squelette.

On voit d'ailleurs, même par ces courtes descriptions, que, dans
leur vie libre, les singes anthropoïdes manifestent une intelligence
qui les place beaucoup au-dessus des autres mammifères. En
revanche, ils n'ont pas cet odorat fin et développé, cette vue
perçante, dont d'autres animaux moins élevés, notamment certains
canidés et certains ruminants, font preuve dans une foule d'occasions. Leurs nids sont construits grossièrement par rapport à
ceux de quelques autres mammifères, par exemple de beaucoup
de rongeurs. Mais n'oublions pas qu'une foule de races humaines
inférieures, telles que certains Bedjas dégradés, les Obongos, les
Fuégiens, un grand nombre d'indigènes des forêts brésiliennes
et de l'Australie s'élèvent bien peu au-dessus des anthropoïdes
dans l'art de construire leurs demeures.

CHAPITRE II

I. — LE GORILLE.

Les renseignements fournis par ceux qui, les premiers, ont observé le Gorille, étaient de nature à faire croire que les amateurs d'animaux n'arriveraient jamais à apprivoiser les individus même *jeunes* de cette espèce. Au commencement de mai, Du Chaillu reçut un jeune Gorille mâle vivant, âgé de deux à trois ans, haut de deux pieds et demi, dont la férocité et l'entêtement n'étaient comparables qu'à ceux d'un adulte de son espèce. Les nègres avaient surpris la mère avec son petit, dans une forêt, entre le Rembo et le cap Santa Catharina; ils avaient tué la première d'un coup de feu et s'étaient emparés à grand'peine du jeune en lui jetant une toile sur la tête. Pour amener cet animal au village, où se trouvait justement Du Chaillu, il fallut lui mettre autour du cou le garrot en bois, qui sert pour les esclaves. Malgré son jeune âge, ce singe avait une force extraordinaire. On réussit à l'attirer dans sa cage, mais là même il attaqua son nouveau maître, dont il déchira le pantalon, et puis se retira dans un coin en rechignant. Il ne mangeait que les baies et les fruits sauvages qu'on ramassait pour lui dans la forêt, ainsi que les parties tendres des feuilles d'ananas. Il s'échappa de sa prison et ne fut repris qu'après plusieurs tentatives infructueuses, à l'aide d'un filet qu'on jeta sur lui. « Jamais de ma vie, dit ce voyageur, je n'ai vu un animal aussi sauvage que ce Gorille. Il se jetait sur tous ceux qui l'approchaient, mordait les bâtons de bambou de sa cage, nous lançait des regards furieux et comme égarés et montrait à toute occasion son naturel foncièrement méchant et pervers. Il s'échappa une deuxième fois, mais il fut de nouveau enfermé. Il mourut ensuite subitement au bout de dix jours. »

Du Chaillu reçut plus tard un jeune Gorille femelle qui se cramponna tendrement au cadavre de sa mère et émotionna toute la localité par son chagrin. L'animal était encore trop petit pour pouvoir être nourri autrement qu'avec du lait. Comme on ne put s'en procurer, il mourut trois jours après sa capture.

Reade, ainsi que O. Lenz et Buchholz nous donnent des renseignements plus exacts sur des Gorilles en captivité. Lenz m'écrivit d'Afrique ce qui suit sur un animal de cette espèce :

« Lorsqu'après mon voyage à Okanda, je revins au Gabon, je fus pris d'une fièvre assez violente, dont je ressentis longtemps les suites fâcheuses. Je fus dédommagé, dans une certaine mesure, de ces loisirs forcés, lorsqu'on amena un Gorille vivant dans la factorerie allemande de ce pays. Cet animal est originaire de Camma (Fernando-Vaz), localité où Du Chaillu tua les individus dont il parle. Il faisait partie d'une bande composée de neuf individus. Un chien, qui avait été légèrement blessé par un vieux Gorille tué ensuite, avait empêché notre singe de fuir, jusqu'à ce qu'un nègre vînt le saisir par la nuque et lui faire lier les mains par un de ses compagnons. Ainsi garrotté, le Gorille fut amené dans notre comptoir où malheureusement on lui lima, selon la coutume, ses grosses canines de crainte qu'il ne mordît. Il s'est habitué assez facilement à la captivité et au commerce des hommes. On lui a mis au cou une chaîne de fer, longue et mince, qui lui laisse beaucoup de latitude ; pendant la plus grande partie du jour il se tient dans un tonneau, où il prend ses aises le mieux possible sur de la paille. Cet animal est très sensible au froid, au vent et à la pluie ; pendant la nuit, on entoure le tonneau d'une épaisse toile à voiles. Il est habituellement accroupi, les bras croisés, et considère toujours avec attention ce qui l'entoure. Il se place toujours de manière à appuyer le dos contre quelque objet ; car il veut avoir le dos libre et se trouver face à face avec ses ennemis. Pendant le sommeil, il s'étend de tout son long sur le dos ou sur un côté et se sert d'une main en guise d'oreiller ; jamais il ne dort accroupi comme d'autres singes. Il marche à l'aide des quatre mains, en appliquant les deux postérieures à plat sur le sol et en tenant les mains antérieures fermées, de sorte que, à vrai dire, il marche sur les jointures ; il avance ainsi avec une sorte de balancement latéral. A certains moments, il est horriblement incommodé par des puces chiques ; ses deux mains antérieures sont toutes couvertes d'ampoules dans lesquelles sont logés les œufs de ce petit insecte gênant. La question principale, lorsqu'il s'agit

de transporter le Gorille, est de pouvoir le nourrir. Déja plusieurs
fois nous lui avons donné, mais avec peu de succès, du riz, du
pain au lait, etc., en un mot, des aliments qu'on peut se procurer
à bord de même qu'en Europe. Il a bien mangé plusieurs fois un
peu de pain, une fois aussi du riz; il aime assez le biscuit de mer;
mais d'habitude il ne touche pas à ces aliments. Son mets préféré
est un fruit rouge, très abondant ici, dont il mange l'amande; il
aime également les bananes et les oranges, mais surtout la canne
à sucre, qu'il prend et mâche avec une véritable volupté, quand
on lui en présente. Il prend également le verre plein d'eau que je
lui présente, le porte correctement à la bouche et le vide. Je l'ai
rarement entendu grogner quand il était très excité; d'habitude
il est tout à fait muet. » Ce singe mourut, pendant la traversée en
Europe, et son cadavre, conservé dans du rhum, servit aux
recherches de Pansch et Bolau, citées plus haut.

Falkenstein donne une description attrayante des premiers
mois de captivité du Gorille, représenté dans les fig. 2 et 3 de
notre ouvrage. « Arrivés à la station (Chinxoxo dans le Loango),
notre premier souci fut de faire chercher tous les fruits sauvages
qu'on put se procurer et d'acquérir une chèvre pour rétablir les
forces passablement affaiblies du jeune anthropomorphe. Bien
entendu, nous suivions ses repas avec un grand intérêt et nous
nous sentîmes bien soulagés, lorsque nous le vîmes non seulement boire du lait avec plaisir, mais encore manger différents
fruits, surtout ceux de l'*Anona senegalensis*, qui croît dans les
savanes et dont il mangeait les fruits, gros comme des noix, avec
un appétit croissant à vue d'œil. Néanmoins, il resta pendant
longtemps encore si faible qu'il s'endormait en mangeant et
passait la plus grande partie du jour à dormir, pelotonné dans un
coin. Peu à peu il s'habitua aux fruits cultivés, tels que bananes,
goyaves, oranges, mangos et, lorsque ses forces augmentèrent et
qu'il assista plus fréquemment à nos repas, il se mit de lui-même
à goûter de tout ce qu'il nous voyait manger. Il fut ainsi peu à
peu amené à prendre et à supporter toutes sortes d'aliments et
nous pûmes alors espérer de jour en jour davantage de pouvoir le
transporter sans accident en Europe. » C'est peut-être le seul
moyen de rendre d'autres individus, même plus âgés, capables de
supporter la traversée; toute tentative de les amener à bord,
immédiatement après leur capture, sans les avoir préalablement
déshabitués de leur ancien mode d'existence, sans les avoir
adaptés graduellement et méthodiquement à ce nouveau genre de
vie, aura toujours pour conséquence un dépérissement plus ou
moins rapide, qui se terminera bientôt par la mort.

Falkenstein, se basant sur l'expérience acquise par l'observation des singes en liberté, recommande, en outre, d'octroyer à tous ces animaux de la viande sous une forme quelconque.

Falkenstein écrit encore ce qui suit sur le prisonnier en question : « Au bout de quelques semaines, il s'habitua si bien à son entourage et aux personnes qu'il avait appris à connaître, qu'on put le laisser courir en toute liberté, sans craindre aucune tentative d'évasion. *Jamais il n'a été attaché ou enfermé* et il suffisait simplement de le surveiller, comme on fait pour de petits enfants qui s'amusent. Il se sentait si délaissé, que sans le secours de l'homme il ne pouvait se tirer d'affaire et témoignait en retour un attachement et une confiance surprenante. Il n'accusait aucune trace d'instincts malicieux, méchants ou sauvages ; mais il se montrait parfois très entêté. Il avait différents sons pour exprimer les idées qui se développaient en lui ; c'était tantôt le ton de la supplication la plus attendrissante, tantôt celui de la crainte ou de l'effroi. Dans quelques rares cas on percevait en outre un grognement dénotant de la répugnance.

« Quand il paraissait au comble du bien-être, il se dressait sur ses pieds et prenait plaisir à se frapper la poitrine des deux mains. De plus, et sans qu'on le lui eût appris, il exprimait souvent sa bonne humeur en battant des mains absolument comme l'homme, et, faisant des culbutes, titubant dans tous les sens, tournoyant sur lui-même, il exécutait des danses si folles, que parfois nous croyions fermement qu'il s'était enivré de quelque manière. Cependant il n'était ivre que de contentement et ce n'est que dans ces occasions qu'il donnait la mesure de sa force en exécutant les bonds les plus extravagants.

« Nous fûmes surtout frappés de l'adresse qu'il déployait en mangeant. Quand par hasard un des autres singes venait dans la chambre, rien n'était en sécurité, il saisissait avec curiosité tous les objets, pour les rejeter ensuite avec une sorte de préméditation ou pour les laisser tomber avec indifférence. Le Gorille agissait tout autrement ; il prenait toujours la tasse ou le verre avec un soin tout naturel, tenait le vase des deux mains, pendant qu'il le portait à la bouche, et le posait de nouveau doucement et avec précaution ; aussi je ne me rappelle pas que nous ayons perdu une seule pièce de notre ménage par sa faute. Et cependant nous n'avons jamais appris à cet animal ni la manière de se servir des ustensiles, ni aucun autre tour d'adresse, afin de l'amener en Europe autant que possible à l'état de nature. Pendant le repas, ses mouvements étaient calmes et bien coordonnés ; de chaque mets il ne prenait que ce qu'il pouvait saisir entre le pouce, le médius et l'index ; il regardait faire avec indifférence lorsqu'on prenait une partie des aliments entassés 'devant lui; mais lorsqu'il n'avait encore rien reçu, il grommelait avec impatience, examinait, de sa place à table, tous les plats et accompagnait chaque assiette desservie par les jeunes nègres d'un grondement contrarié ou d'une toux sourde et sèche. Il cherchait aussi à saisir le bras de ceux qui passaient près de lui, pour manifester son mécontentement d'une façon plus expressive encore en les mordant ou en les frappant gauchement. Une minute après, il jouait de nouveau avec eux comme avec ses semblables, et se distinguait par là absolument de tous les autres singes, surtout des Babouins, qui semblent avoir une haine instinctive pour beaucoup d'individus de la race noire et qui déchargent leur colère sur eux avec une prédilection toute spéciale.

« Il buvait en aspirant et en se baissant jusqu'au vase, sans jamais y plonger les doigts et sans jamais le renverser ; toutefois quand le vase était petit, il lui arrivait aussi de le porter à sa bouche. Il grimpait avec assez d'adresse ; mais de temps à autre son instinct pétulant le rendait imprévoyant, de sorte qu'un jour il tomba sur le sol du haut d'un arbre, heureusement peu élevé. Sa propreté était excessive; lorsque par hasard il avait mis sa main dans des toiles d'araignée ou des ordures, il cherchait à s'en dégager avec un effroi comique ou tendait les deux bras pour se faire secourir. Il se distinguait même par une absence complète d'odeur et aimait par-dessus tout à jouer et à patauger dans l'eau, sans que d'ailleurs le bain qu'il venait de prendre l'empêchât de s'amuser en se roulant aussitôt après dans le sable avec d'autres singes. Parmi les qualités exprimant nettement son individualité, nous devons signaler surtout son bon caractère et sa ruse ou, pour mieux dire, son espièglerie. Lorsqu'on le corrigeait, comme il arriva plusieurs fois au début, il ne gardait jamais rancune, mais s'approchait en suppliant, se cramponnait à nos jambes et nous regardait avec une expression si singulière qu'il désarmait toute colère. Quand il voulait obtenir quelque chose, il savait manifester ses désirs avec toute l'énergie et la cajolerie qu'y mettrait un enfant. Si, malgré cela, il n'obtenait pas satisfaction, il avait recours à la ruse et regardait attentivement si on le surveillait. C'est précisément dans ces cas, où il poursuivait avec ténacité une idée conçue, qu'il montrait, d'une manière indiscutable, un plan arrêté d'avance et un jugement droit. Si par exemple il ne devait pas sortir de la chambre ou ne pas y rentrer et que plusieurs tentatives pour accomplir sa volonté aient été repoussées, il semblait se résigner à son sort et s'étendait à terre

à peu de distance de la porte avec une indifférence simulée. Mais
bientôt il levait la tête, pour voir si l'occasion était favorable, se
rapprochait lentement en tournant sur lui-même et regardait
attentivement de tous les côtés. Arrivé au seuil de la porte, il se
relevait doucement, en regardant à la dérobée, le franchissait
d'un seul bond et fuyait si rapidement qu'on avait peine à le
suivre.

« Il poursuivait son but, avec la même persistance, quand il
prenait envie de manger du sucre ou des fruits, conservés dans
une armoire de la salle à manger ; il quittait alors brusquement
ses jeux, s'éloignait du réfectoire et ne revenait sur ses pas que
lorsqu'il se croyait hors de portée de la vue. A ce moment, il
courait droit dans la chambre, allait à l'armoire, l'ouvrait, plongeait une main, preste et sûre, dans le sucrier ou dans le plat aux
fruits (parfois même il refermait la porte de l'armoire sur lui) et
consommait à son aise ce qu'il avait pris ou l'emportait, en fuyant
à la hâte, quand il était découvert ; tout, dans ses agissements,
dénotait qu'il avait bien conscience de la faute qu'il commettait.
Il éprouvait un plaisir particulier, qu'on pourrait presque appeler
enfantin, à faire du bruit en frappant sur des objets creux ; rarement il laissait échapper l'occasion de tambouriner sur les
tonneaux, les plats ou les tôles lorsqu'on passait près de lui avec
des objets de ce genre. Il s'amusa très souvent à ce jeu pendant
notre retour sur le navire, où on le laissait également circuler
librement. Les bruits dont il ignorait la nature le contrariaient
à un haut degré. Ainsi le tonnerre ou la pluie tombant sur un
toit de feuillage et plus encore le son prolongé d'une trompette
ou d'un sifflet, l'effrayaient au point que sa digestion en était
toujours accélérée sympathiquement. Il était alors prudent de le
tenir éloigné de nous autant que possible. Lorsqu'il était pris
d'indispositions légères, on employait une semblable musique
avec un succès aussi complet que celui qu'on obtient, dans
d'autres cas, en employant des purgatifs (*Die Loango-Expedition*,
Abth. II, p. 150-154). »

Mes observations personnelles ne me permettent d'ajouter que
fort peu de chose à cette peinture si remarquable et si conforme à
la vérité. Ce singe, on le sait, a grandi admirablement dans
l'aquarium de Berlin. Il perdit peu à peu la peau épaisse et
crevassée, qui recouvrait certains points de son corps, principalement les extrémités, et qui était galeuse suivant l'opinion de feu
le vétérinaire Gerlach. Cette peau s'exfolia, devint noir foncé et
lisse et se recouvrit de nouveau de jeunes poils. Cet animal
couchait le plus souvent dans un lit avec son gardien Viereck, et

se couvrait fort bien. Il mangeait, à table avec cet homme, la nourriture simple et substantielle, préparée par la femme de celui-ci. Parfois on lui donnait des fruits et plusieurs fois même on lui procura des bananes. Je l'ai toujours vu se conduire convenablement, quand il prenait ses repas ou quand il buvait, etc. Il circulait souvent en toute liberté, dans un bureau de l'aquarium, au directeur duquel il obéissait sans difficulté aussi bien qu'à son gardien. La plupart du temps l'animal était de bonne humeur; il aimait beaucoup à folâtrer, bien qu'il le fît un peu maladroitement; quand il saisissait quelqu'un, c'était toujours avec une certaine brusquerie. Parfois aussi il donnait des preuves du tranchant de ses dents. Dans sa pétulance, il cherchait souvent à ravir aux personnes qui le visitaient certains objets qui excitaient sa curiosité, tels que garnitures de chapeaux, dentelles, etc. Somme toute, c'était une créature propre, gaie, d'un bon caractère et dont le regard et la physionomie avaient quelque chose d'humain. Il eut, jusqu'à sa mort, les bonnes grâces de ceux qui l'entouraient.

Au commencement de 1876 ce singe s'était rétabli en Afrique d'un malaria et plus tard, comme le prouva l'autopsie, de plusieurs autres maladies. Il mourut, en novembre 1877, de la phtisie galopante (1).

Le Gorille qui vit actuellement dans l'aquarium de Berlin est également une créature drôle et aimable.

II. — LE CHIMPANZÉ. — MAFUCA.

Les *Chimpanzés* observés jusqu'à ce jour en captivité étaient toujours, en pleine santé, des animaux vifs et amusants, généralement doués d'un bon naturel. En 1740, Buffon en posséda un, âgé d'environ deux ans. Ce singe marchait toujours debout, même en portant des choses lourdes; c'est ce que peuvent également d'autres singes, quand on les dresse à cet effet. Ce Chimpanzé avait l'air triste et sérieux; ses mouvements étaient mesurés. Il était doux, patient et obéissait au premier mot ou au moindre signe. Il donnait le bras aux gens, se promenait gravement avec

(1) G. Broesike, dans *Sitzungsber. der Gesellsch. Naturforschender Freunde zu Berlin,* 18 déc. 1877.

eux, s'asseyait à table, comme un homme, déployait sa serviette, s'en essuyait les lèvres, se servait de la cuiller et de la fourchette ; il se servait lui-même sa boisson dans un verre, le choquait quand il y était invité, allait prendre une tasse et une soucoupe ; y mettait du sucre, y versait du thé, le laissait refroidir avant de boire et faisait tout cela fort bien, sans que cependant cela parût lui convenir beaucoup. Il mangeait d'ailleurs de tous les mets habituels de l'homme ; mais il préférait les fruits. Le vin ne lui était pas aussi agréable que le lait, le thé et les liqueurs douces. Il ne faisait de mal à personne, s'approchait des gens et se laissait volontiers caresser. Il éprouvait une telle inclination pour une dame que, dès que quelqu'un s'en approchait, il saisissait un bâton et ne cessait de frapper que lorsque Buffon lui faisait comprendre que sa conduite lui déplaisait.

Le Dr Traill, de Liverpool, reçut également du Gabon un Chimpanzé femelle, qui, arrivé sur le navire, tendit la main à quelques matelots et demeura en bons termes avec tout l'équipage, à l'exception d'un jeune mousse. Lorsque les matelots prenaient leur repas, le singe était toujours présent et mendiait sa part. Quand il se mettait en colère, il aboyait à peu près comme un chien ; une fois il se mit à crier comme un enfant capricieux et en même temps il se gratta violemment. Dans les régions chaudes il se montrait gai et vif ; mais plus le vaisseau se rapprochait des latitudes septentrionales, plus il devenait paresseux ; il aimait à s'envelopper dans une couverture chaude. La station verticale paraissait l'incommoder et, dans cette attitude, il appuyait les mains sur les cuisses. Il avait beaucoup de force dans les mains et pouvait, suspendu à une corde, se balancer une heure entière sans interruption. Il apprit peu à peu à aimer le vin ; un jour il en déroba une bouteille et la déboucha avec les dents. Il aimait le café et les sucreries. Il mangeait avec une cuiller, buvait dans un verre et imitait bien les manières de l'homme. Les métaux brillants l'attiraient ; il paraissait aimer les vêtements et se coiffait souvent d'un chapeau. Il était malpropre et d'un naturel timide.

D'après la relation du capitaine Grandpré, un Chimpanzé femelle, transporté sur son navire, chauffait le four à cuire et prenait grand soin d'empêcher les charbons ardents de tomber sur le plancher ; il remarquait parfaitement le moment où le four avait atteint la température nécessaire et prévenait alors immédiatement le boulanger. Ce singe remplissait toutes les fonctions d'un matelot ; il tournait le cabestan, ferlait les voiles et les attachait. Il supporta patiemment les mauvais traitements du premier pilote, qui était un homme brutal. Il levait les mains, en suppliant, pour se garantir des coups que cet homme lui porta un jour. Mais à partir du moment où il fut ainsi maltraité, il refusa toute nourriture et mourut, cinq jours après, de faim et de chagrin.

Un Chimpanzé, élevé par Brosse, tomba malade et fut saigné deux fois. Lorsqu'il se trouva de nouveau indisposé, il tendit le bras comme pour demander qu'on le saignât de nouveau.

Quand on lit attentivement ces relations, qui ont fait le tour de différents ouvrages anciens d'histoire naturelle, on arrive à se demander ce qu'il faut en croire et ce qu'il faut en rejeter. Car dans ces descriptions, maintes particularités semblent bien un peu exagérées. Le Dr Hermes, directeur de l'aquarium de Berlin, conteste l'allégation, faite d'autre part, que le Chimpanzé femelle, nommé Molly, qui vécut longtemps dans cet établissement, se soit versé lui-même du vin, dans une soirée, et ait choqué le verre avec ses voisins (1).

Les observations recueillies, en 1835, par Broderip au Jardin zoologique de Londres, sur un Chimpanzé mâle de la Gambie, paraissent au contraire très simples et très fidèles. Cet animal, vêtu d'une jaquette, se tenait souvent et volontiers sur les genoux d'une vieille gardienne. Quand il n'avait rien à faire, il s'occupait de ses orteils, avec les airs que prennent les enfants quand ils s'amusent ainsi. Il prenait sans crainte la main de Broderip ; mordait la bague de celui-ci, mais sans jamais la tordre. Il mettait tous les corps artificiels entre ses dents, pour en reconnaître la nature. Il se cramponnait à la robe de sa gardienne, lorsque celle-ci se disposait à le quitter. Il jouait avec Broderip comme un enfant. Quand on apportait dans la chambre un python enfermé dans un panier, le singe avait une frayeur terrible. Il n'osait prendre une pomme, placée sur le couvercle du panier qui cachait le serpent. Mais dès qu'on emportait celui-ci, il mangeait la pomme et reprenait son humeur joyeuse. Il prenait plaisir à s'asseoir sur une escarpolette, aux cordes de laquelle il se maintenait des deux mains. Il dormait généralement assis, un peu incliné en avant et les bras repliés sous le corps ; parfois il se cachait le visage dans ses mains. Assez souvent cependant il dormait couché sur le ventre, les pieds étendus et la tête posée sur ses bras.

Le Chimpanzé mâle qui vécut en 1876 dans l'aquarium de Berlin se distingua par une grande vivacité. Il avait pris en amitié un

_____

(1) *Verhandlungen der berliner anthropologischen Gesellschaft*, vom. 18. Mars 1876, p. 93.

jeune Orang femelle, qui était son compagnon de captivité. Cette amitié se manifestait par des jeux dans lesquels ils s'agaçaient mutuellement et s'embrassaient fréquemment avec tendresse. Le jeune Orang, une bonne et flegmatique créature, se prêtait à tous les caprices du Chimpanzé. Celui-ci faisait preuve d'une grande intelligence. A cause d'une grande réparation de la cage qu'habitait ce singe, le Dʳ Hermes, directeur de l'Institut, de qui nous tenons ces renseignements, fut obligé de garder le Chimpanzé pendant quelques semaines, dans son bureau autour de lui et de ses employés. L'animal s'habitua bientôt à son nouvel entourage et entretint surtout de bons rapports avec le petit Hermès, âgé de deux ans. Dès que cet enfant entrait au bureau, le Chimpanzé courait à lui, l'entourait de ses bras et l'embrassait, le prenait par la main et l'entraînait sur un canapé pour jouer avec lui. Le petit garçon ne traitait pas toujours bien le singe, lui enfonçait la main dans la bouche, lui tirait les oreilles ou se couchait sur lui ; mais jamais il n'est arrivé que le Chimpanzé lui ait manqué de respect. Il traitait tout autrement les garçons de six à dix ans. Lorsqu'une bande de collégiens venait au bureau, il courait au-devant d'eux, allait de l'un à l'autre, secouant celui-ci, mordant la jambe de celui-là ; il saisissait de la main droite le veston d'un troisième et, se soulevant, lui appliquait de la main gauche un soufflet retentissant ; en un mot, il leur jouait les tours les plus insensés. On eût dit qu'il se démenait comme il convenait, dans cette société turbulente. — Un jour que le Dʳ Hermes donna un petit coup sur la tête à son fils âgé de neuf ans, qui avait mal calculé un problème, le Chimpanzé, assis à côté d'eux sur la table, appliqua un vigoureux soufflet à cet enfant. Lorsqu'une personne regardait ou excitait le singe et que Hermès la montrait du doigt en disant : « Ne tolère pas cela! » il poussait son O ! O!, se précipitait sur la personne désignée pour la battre, la mordre ou exercer sa méchanceté de quelque autre manière. De même qu'il traitait différemment les hommes suivant leur âge, de même il faisait pour les animaux. Il était plein de tendresse et d'égard pour de jeunes chiens et de jeunes singes, tandis qu'il traitait les animaux plus âgés avec la même rudesse que les jeunes écoliers. Lorsqu'il voyait Hermes occupé à écrire, il prenait souvent aussi une plume, la plongeait dans l'encrier et traçait des traits sur le papier. Il montrait un talent particulier dans le nettoyage des vitres de l'aquarium. Il était bien amusant à voir, quand il pliait le linge, humectait la vitre avec ses lèvres et se mettait à frotter énergiquement en courant de côté et d'autre.

Mafuca était une créature singulière, non seulement par sa

conformation extérieure, mais aussi par son caractère. Tantôt
elle se tenait assise silencieuse et plongée dans une morne apathie,
ne jetant que rarement un regard brillant et féroce sur les spectateurs; tantôt elle s'amusait à des tours de force très hardis ou
bien rageait et se démenait dans sa cage comme une bête fauve
surexcitée. Elle engageait l'index de la main droite dans la bonde
d'un tonneau pesant 30 livres, grimpait sur le perchoir et, arrivée
à une hauteur d'environ deux mètres, elle lâchait le tonneau, qui
tombait avec fracas. Ce singe secouait les barreaux de sa cage
avec tant de force que les spectateurs en étaient effrayés et
inquiets. Il aimait à s'amuser avec de vieux chapeaux de haute
forme, qu'il se mettait sur la tête et qu'il enfonçait jusque sur le
cou, lorsque le fond en était complètement arraché. Lorsque des
visiteurs pénétraient dans le compartiment précédant directement
sa cage, Mafuca cherchait à les tracasser de toutes les manières, à
leur déchirer les habits, etc. Elle n'obéissait guère qu'à M. A.
Schopf, directeur du Jardin zoologique de Dresde. Quand elle
était de bonne humeur, elle s'asseyait sur ses genoux et jetait ses
bras musculeux autour de son cou en l'embrassant. Malgré cela
Schopf se méfiait toujours des malices de Mafuca, qui le laissait
rarement repartir de bonne volonté. Elle témoignait bien de
l'inclination pour son gardien, mais ne lui obéissait pas toujours.
Souvent on était obligé d'user du fouet, même pendant les repas.
Mafuca se servait d'une cuiller, mais un peu gauchement. Elle
savait verser le liquide d'un grand vase dans un plus petit, sans
en répandre. Elle prenait du thé le matin, du cacao le soir et dans
l'intervalle des aliments divers, des fruits, des sucreries, du vin
rouge avec de l'eau et du sucre, etc. Pendant longtemps elle supporta près d'elle un beau Cercopithèque; mais elle le tracassait
tellement qu'on fut obligé de construire au petit singe un refuge,
dans lequel Mafuca ne pouvait le suivre. Pendant un violent orage,
elle fut effrayée et troublée par les éclairs et le tonnerre à tel
point qu'elle saisit, par la queue, son compagnon de jeux, qui
reposait près d'elle, et l'abattit lourdement sur le sol. Elle poursuivait avec une cruauté inouïe les souris, qui s'égaraient dans sa
cage. Elle avait une grande peur des serpents, ce qui est assez rare
chez les Chimpanzés en général. Lorsqu'on l'avait laissée seule
pendant longtemps, elle essayait d'ouvrir la serrure de sa cage.
Elle y réussit un jour et déroba la clef, suspendue contre un mur,
la cacha dans le creux de l'aisselle et retourna tranquillement dans
la cage. Elle ouvrait très aisément la serrure à l'aide de cette
clef. Elle apprit fort bien à se servir d'une percerette. Elle ôtait
les bottes à son gardien, se les mettait, grimpait ensuite en quel-

que lieu élevé et les jetait à la tête de cet homme, quand il les lui
réclamait. Elle savait tordre le linge mouillé et se servir d'un
mouchoir pour se moucher. Lorsqu'elle tomba malade, elle devint
apathique ; elle regardait fixement devant elle, sans prêter aucune
attention à ce qui se passait autour d'elle. Quelques instants avant
de mourir de la phtisie, elle jeta ses bras autour du cou de
Schopf qui était venu la visiter, le regarda tranquillement, l'em-
brassa trois fois, lui tendit encore une fois la main et trépassa (1).

Les derniers moments de beaucoup de singes anthropoïdes ont
eu leur côté tragique et émouvant !

III. — LES ORANGS.

C'est encore à Wallace que nous devons des renseignements
très intéressants sur la vie des *jeunes Orangs* en captivité. Près
de Simunjon, à Bornéo, ce naturaliste tua, d'un coup de feu, une
grande femelle de cette espèce, qui avait un petit haut d'un pied
environ. Quand notre chasseur l'emporta, ce petit singe lui saisit
la barbe si solidement que Wallace eut beaucoup de peine à se
dégager, car l'animal recourbe habituellement en crochet la
dernière phalange des doigts. Ce petit n'avait encore aucune dent,
mais, quelques jours plus tard, on vit percer deux incisives à la
mâchoire inférieure. Malheureusement on n'avait pas de lait ni
aucun animal qui pût allaiter le petit singe. Wallace se vit donc
forcé de lui donner de l'eau de riz, à l'aide d'un flacon dont le
bouchon était traversé par le tuyau d'une plume d'oiseau ; après
quelques essais, le singe apprit très bien à téter de cette manière.
On y introduisit ensuite du sucre et du lait de coco pour faire un
mélange plus nourrissant. Lorsque notre naturaliste mettait son
doigt dans la bouche de l'animal, celui-ci le suçait avidement,
mais bientôt il le laissait tout découragé et se mettait à crier
comme le fait un enfant en pareille circonstance. Quand on l'embrassait et qu'on le caressait, il était tranquille et content, mais,
dès qu'on le couchait, il ne cessait de crier et, pendant les
premières nuits, il fut très remuant et très bruyant. Wallace
disposa en berceau une petite caisse avec une natte moelleuse,
qu'on changeait et qu'on lavait tous les jours. Le singe aimait
beaucoup les ablutions. Dès qu'il était sale, il se mettait à crier
et ne cessait que lorsque son maître le menait à la fontaine. Là il

(1) Voy. aussi C. Nissle in *Zeitschrift für Ethnologie*, 1876, p. 56, 57.

se calmait immédiatement, quoiqu'il se débattît un peu au premier
jet d'eau froide et qu'il fît des grimaces très comiques quand l'eau
découlait sur sa tête. Il était enchanté quand on l'essuyait et qu'on
le frottait pour le sécher. Lorsque Wallace lui brossait le poil, il
paraissait parfaitement heureux et restait couché silencieux, les
bras et les jambes étendus, pendant qu'on passait la brosse sur
les longs poils du dos et des bras. Les premiers jours, il se cramponnait avec désespoir, à l'aide des quatre mains, à tout ce qu'il
trouvait à proximité et Wallace était sans cesse obligé de prendre
garde à sa barbe. Quand l'inquiétude le prenait, il gesticulait avec
les mains et cherchait à saisir un objet quelconque; lorsqu'il
réussissait à prendre un bâton ou un linge avec deux ou trois
mains, il semblait tout heureux. A défaut d'autre chose, il
empoignait souvent ses propres pieds et, au bout de quelque
temps, il avait pris l'habitude de croiser les bras et de saisir de
chaque main les longs poils implantés sur l'épaule opposée. La
force de son poignet ne tarda pas à diminuer et Wallace dut
s'ingénier à trouver le moyen de l'exercer et de fortifier ses
membres. Dans ce but il fabriqua une échelle courte à trois ou
quatre échelons, à laquelle il le suspendait pendant un quart
d'heure. D'abord cet exercice parut lui convenir, mais il n'arrivait
pas à prendre une position commode à l'aide des quatre mains et,
après les avoir changées de place plusieurs fois, il lâchait une
main après l'autre et tombait finalement sur le sol. Souvent, lorsqu'il n'était plus suspendu qu'aux deux mains, il en lâchait une,
la croisait vers l'épaule opposée pour saisir son propre poil et
comme cet objet lui paraissait beaucoup plus agréable que l'échelon,
il lâchait également l'autre main et tombait à terre. Il croisait alors
les bras, s'étendait tout content sur le dos, sans paraître jamais
incommodé par ces chutes fréquentes. Wallace, voyant que le
petit singe aimait beaucoup les poils, s'efforça de lui confec-
tionner une mère artificielle, en serrant avec une ficelle un mor-
ceau de peau de buffle, qu'il suspendit à un pied du sol. D'abord
cela sembla convenir admirablement au singe, qui pouvait ainsi
gigotter avec ses jambes et qui trouvait toujours sous la main un
peu de poil, auquel il se cramponnait avec la plus grande
opiniâtreté. Wallace crut donc avoir mis le comble au bonheur
du jeune orphelin. En effet, celui-ci parut parfaitement heureux
pendant quelque temps, jusqu'à ce que, se souvenant de sa mère
qu'il avait perdue, il essaya de téter. Il se hissa alors jusque vers
le haut de la peau de buffle et chercha partout l'endroit convenable;
mais comme il ne prenait que des poils et de la laine à pleine
bouche, il devint très chagrin, se mit à jeter de grands cris et,

après deux ou trois nouvelles tentatives, il y renonça complètement. Un jour, un peu de laine pénétra dans son 'gosier ; on crut
qu'il allait étouffer, mais, après plusieurs accès de toux, il respira
de nouveau librement ; Wallace dut mettre en pièces la mère
artificielle et renoncer à ce dernier espoir de distraire la petite
créature.

Au bout d'une semaine Wallace commença à le faire manger
avec une cuiller. Il lui donna du biscuit trempé, mélangé avec un
peu d'œuf et de sucre et, de temps en temps, des pommes de terre
sucrées. Il mangeait volontiers ces aliments et faisait des grimaces
comiques pour exprimer son contentement ou son déplaisir sur
ce qu'on lui avait fait prendre. Le petit être se léchait les lèvres,
resserrait la bouche et roulait les yeux avec une expression de
satisfaction extrême, lorsqu'il avait une bouchée qui lui convenait
particulièrement. Lorsque, au contraire, il ne trouvait pas sa
nourriture assez douce et assez savoureuse, il tournait un instant
la bouchée à l'aide de la langue, comme s'il cherchait à y trouver
quelque saveur agréable, et puis la crachait tout entière. Si on lui
redonnait du même aliment, il criait et se débattait violemment,
tout comme un petit enfant en colère.

Trois semaines après la capture de cet Orang, Wallace lui donna
pour compagnon un Macaque (*Macacus cynomolgus*) également
jeune. Les deux animaux furent aussitôt les meilleurs amis ; aucun
d'eux n'avait la moindre peur de l'autre. Le petit Macaque
s'asseyait, sans aucun ménagement, sur le corps et même sur le
visage de l'autre. Lorsque Wallace donnait à manger à l'Orang, le
petit singe avait l'habitude de s'asseoir auprès d'eux, pour
ramasser ce qui tombait et saisir quelquefois même la cuiller au
passage ; dès que Wallace avait fini, le Macaque léchait ce qui
restait adhérent aux lèvres de l'Orang et lui ouvrait ensuite la
bouche pour voir s'il y restait quelque chose. Puis il se couchait
sur le corps de la pauvre bête, comme sur un coussin fort
commode. Le petit Orang supportait toutes ces insultes avec une
patience sans exemple ; trop heureux d'avoir auprès de lui quelque chose de chaud, qu'il pût serrer tendrement dans ses bras.
Mais parfois il se vengeait ; car lorsque le Macaque voulait s'en
aller, l'Orang le retenait tant qu'il pouvait, par la peau du dos ou
de la tête ou par la queue, et ce n'est qu'après des bonds, souvent
répétés, que le petit singe arrivait à se dégager.

Wallace appelle l'attention sur les manières différentes de ces
deux animaux, entre lesquels il ne pouvait y avoir une grande
différence d'âge. Toutes les observations, faites jusqu'à ce jour,
montrent que de très jeunes anthropoïdes sont, autant que des

enfants du même âge, incapables de se tirer d'affaire eux-mêmes ; tandis que, au contraire, de jeunes singes des autres genres acquièrent de bonne heure, comme d'autres mammifères jeunes, par exemple les chats, les chiens, etc., une vivacité et une autonomie plus grandes.

Au bout d'un mois environ de captivité, l'Orang se poussait en avant à l'aide des pieds, lorsqu'on le mettait par terre, ou bien il exécutait des culbutes et avançait ainsi péniblement. Lorsqu'il était dans sa caisse, il se dressait verticalement contre les parois de celle-ci et il lui arriva même une ou deux fois de tomber ainsi hors de son berceau. Le laissait-on malpropre ou affamé, ou le négligeait-on de quelque autre manière, il se mettait à crier et à tousser comme un singe adulte, jusqu'à ce qu'on s'occupât de lui. Quand il n'y avait personne à la maison ou qu'on ne prenait pas garde à ses cris, il se calmait au bout de quelque temps ; mais, dès qu'il entendait un bruit de pas, il recommençait de plus belle.

Au bout de cinq semaines, ses deux incisives supérieures percèrent ; mais, pendant tout ce temps, il n'avait nullement grandi ; sa taille et son poids étaient les mêmes qu'au début de sa captivité. Cela doit être attribué certainement au manque de lait et d'autres aliments substantiels. Le lait de coco lui procura une diarrhée, qui fut combattue avec succès par l'huile de ricin. Une ou deux semaines après, il tomba malade et présenta tous les symptômes de la fièvre intermittente. Au bout d'une huitaine de jours, il mourut de cette maladie (1).

En 1837, le Jardin zoologique de Londres reçut un Orang âgé d'environ trois ou quatre ans. Ce singe était généralement paresseux et paisible. Parfois cependant il avait des accès de bonne humeur et cherchait à jouer avec ceux qui l'entouraient. Quand il était en colère, il attaquait même les personnes étrangères à l'établissement. Habituellement il se tenait assis, les jambes reployées sous le corps, sur une chaise basse devant le feu, et s'enveloppait d'une couverture de laine. Lorsque les girafes du jardin tendaient vers lui leur long cou par-dessus les barreaux de sa cage, il ne manifestait aucune crainte et cherchait, au contraire, à saisir le museau de ces grands habitants des steppes. Cet Orang répondait à l'appel de son nom et se conformait aux ordres de son gardien. Souvent il visitait les poches de celui-ci, dans l'espoir d'y trouver quelques friandises. Lorsqu'il était séparé de son gardien par les barreaux de la cage, il se montrait très

(1) *Der malayische Archipel*, I, 59, 64.

mécontent. Un jour qu'on le mit dans un réduit, fermé avec des
tiges de bambou reliées par des fils de fer, il écarta ceux-ci et
passa par l'ouverture ainsi pratiquée, de sorte qu'il fallut conso-
lider ce grillage. La jaquette et le pantalon à la cosaque lui don-
naient un aspect très drôle. Lorsqu'il avait envie d'une friandise,
qu'on lui présentait, il regardait tantôt celle-ci, tantôt son gardien,
et projetait ses lèvres en forme de trompe conique. Pour boire, il
prenait le verre avec la main, le portait à ses lèvres et aspirait le
liquide avec une mine grave. Je rappellerai à cette occasion que
les singes anthropoïdes, en buvant de cette manière, ont l'habitude
de prendre le vase d'une main et de le soutenir en y appuyant le
côté dorsal des doigts de l'autre main. Quand l'Orang en question
n'obtenait pas ce qu'il convoitait, il se jetait à terre, hurlait et
criait jusqu'à ce qu'il obtînt satisfaction. Parfois il avait de véritables accès de fureur et une fois il chercha à démolir le treillis
de sa cage à coups de chaise. Ne pouvant y réussir, il manifesta
sa colère par des cris violents et ne se calma qu'au retour de son
gardien.

L'Orang amené, en 1827, à Calcutta, par Montgomery, était
moins flegmatique que ne le sont d'habitude les animaux captifs
de cette espèce. Il s'amusait et luttait volontiers avec les porteurs
et, lorsque ceux-ci se baissaient jusqu'à lui, il les saisissait aux
cheveux, etc. Il essayait de récurer son pot en zinc avec une
grande toile, dont il jetait un coin sur l'épaule, imitant en cela les
domestiques de la maison. Il aimait surtout le lait, le thé, le vin
et les fruits de pandanus. Il examinait avec curiosité tout ce qu'il
pouvait atteindre, d'abord avec les doigts, puis il portait l'objet à
ses lèvres, et finalement entre ses dents. Il arrachait souvent d'un
coup de dent les pans d'habit des visiteurs. Les mouvements
comiques, exécutés avec un sérieux solennel, faisaient rire même
les graves habitants du pays. Un jour, qu'il avait bu du thé et
qu'on lui remit de l'eau dans la tasse vide, il répandit ce liquide
par terre, se jeta plusieurs fois sur le dos, se mit à crier et à se
frapper la poitrine et le ventre avec les deux mains. Il était mala-
droit et chancelait en marchant debout. En allant à quatre pattes,
il s'appuyait parfois sur les mains et progressait en lançant les
pieds en avant. Lorsqu'en marchant debout, il perdait l'équilibre, il
se laissait choir sur la tête et faisait plusieurs culbutes. Quand on
le détachait de sa chaîne, il entrait dans la maison et cherchait à
prendre part au déjeuner de son maître. Malgré sa curiosité naturelle il ne montrait aucune émotion, quand il contemplait dans un
miroir sa physionomie mélancolique.

Le grand Orang mâle, tenu en 1876 dans l'aquarium de Berlin, était un gaillard maussade qui, s'accroupissant et regardant de dessous sa couverture, ressemblait à un vieux Bédouin. Son gardien ne pouvait guère se fier à lui que lorsqu'il lui apportait une orange. Lorsqu'il approchait de la cage sans rien apporter, le singe se précipitait vers lui en grinçant des dents. La faim seule le tirait de son repos. Il se dérangeait alors de la position accroupie qu'il avait habituellement et engloutissait la pâture qu'on lui tendait avec précaution par la porte entrouverte. Si on ne lui donnait pas sur-le-champ ce qu'on lui avait présenté, il enrageait et se roulait à terre. Une fois rassasié, il jouait avec des brins de paille, avec une corde ou avec sa couverture. Pour lui donner de la paille fraîche, on lui présentait une orange afin de l'attirer jusqu'au sommet de son perchoir, et pendant qu'il pelait ce fruit et en suçait le jus, on procédait au changement de sa litière. Jamais il n'oubliait de secouer et d'arranger sa paille, le soir, avant de se coucher, ni de s'envelopper dans sa couverture de laine.

L'éminent peintre Gabriel Max a représenté l'attitude résignée d'un Orang *malade* avec une vérité saisissante.

IV. — LES GIBBONS.

Les *Gibbons*, également, ont été souvent observés en captivité. Les descripteurs ne savent en général pas dire grand'chose d'intéressant du Siamang, qui est paresseux et indifférent. Les autres espèces, à peu d'exceptions près, se montrent flegmatiques, timides et d'un naturel très doux. Elles ne craignent presque jamais la société de l'homme. En un mois à peine, Harlan put apprivoiser un houlock, et si bien que ce singe tenait le docteur par la main, appuyait l'autre sur le sol et se promenait ainsi avec son maître. Il venait quand celui-ci l'appelait, s'asseyait près de lui sur une chaise, prenait part au déjeuner et enlevait un œuf ou une cuisse de poulet si proprement de la table, que jamais il ne tachait la nappe. Il mangeait du riz bouilli, du pain trempé dans du lait, des bananes, des oranges, du café, du thé, du chocolat, du lait, etc. Habituellement il buvait en trempant simplement les doigts dans son verre et en les léchant ensuite ; mais il pouvait également boire comme l'homme. Il parcourait la maison, à la recherche des araignées et des insectes ; il saisissait au vol, de la main droite, ceux qui pas-

saient à sa proximité. Ce singe était bien familier. Quand Harlan
venait le trouver de bon matin, cet animal le saluait en poussant,
pendant plusieurs minutes, des cris de joie, presque analogues à
un aboiement. Quand son maître l'appelait de loin, il répondait
par le même cri. Il se laissait volontiers peigner, brosser et cajoler.
Deux autres Houlocks, que Harlan posséda, se comportèrent de la
même manière.

L'*Hylobates albimanus* de l'aquarium de Berlin, dont j'ai parlé
plus haut, était une créature très paisible, d'après la relation du
docteur Hermès, qui s'accorde avec mes propres observations. Il
ne cherchait parfois à mordre que lorsqu'on voulait lui faire faire
quelque chose contre son gré, surtout quand on le tirait de son lit
chaud. Mais une fois qu'on le tenait par la main ou qu'on l'avait pris
sur son bras, il ne songeait plus à se venger. Bien moins alerte
qu'un Chimpanzé, qui était son voisin, il était aussi beaucoup moins
que celui-ci disposé à jouer, bien qu'il aimât la compagnie des enfants, dont il observait tous les mouvements avec attention. Son
adresse était merveilleuse. Au dîner et au souper, il était presque
toujours assis sur la table entièrement encombrée et courait dans
tous les sens, pour aller de l'un à l'autre, sans jamais toucher ou
renverser le moindre objet. Sa nourriture consistait principalement
en pain blanc, lait, cacao sucré, fruits et sardines fumées de Kiel,
pour lesquelles, de même que pour les raisins doux, il avait, chose
curieuse, une préférence bien marquée. Avant de boire, il goûtait
le liquide avec précaution en y portant le bout de la langue, pour
voir s'il n'était pas trop chaud; puis il le humait complètement,
mais sans prendre la tasse ou le verre à la main, comme fait le
Chimpanzé. Les aliments froids ou humides lui répugnaient. On
ne pouvait que difficilement le décider à entamer une poire pelée,
tandis qu'il en mangeait volontiers quand on la lui donnait par
morceaux. Les raisins étaient son mets favori. Lorsqu'il avait
faim, il faisait entendre, en les voyant, des sons mélodieux comparables au chant du ramier. Il poussait aussi ces hou, hou assez
souvent, pour exprimer sa joie, sa surprise ou sa curiosité, ou
encore quand il était invité à imiter ces sons. C'est de cette façon
qu'il saluait Hermès, lorsque celui-ci s'approchait de son lit. Il
aimait par-dessus tout à se tenir sur les bras des dames, auprès
desquelles il restait sans bouger, tant qu'on le tolérait, en passant
ses longs bras autour de leur cou. Lorsqu'on l'emmenait alors, il
criait comme un petit enfant. Si Mme Hermès quittait la chambre,
il la suivait en courant et, lorsqu'il l'avait rejointe, il cherchait à
grimper le long de sa robe; si alors elle lui prenait la main il marchait tranquillement à côté d'elle. Ce Gibbon avait sur les autres

anthropoïdes l'avantage d'être excessivement propre. L'endroit
qu'il avait choisi pour faire ses besoins la première fois, lui servit
toujours dans la suite pour le même usage ; jamais il ne lui arriva
de salir le lit ou la chambre. Comme il n'avait aucune espèce
d'odeur, il faut convenir que c'était un compagnon tout à fait
agréable. Un des enfants du docteur Hermès partageait régulièrement son lit avec l'animal, sans que jamais celui-ci lui causât le
moindre dérangement ou le moindre désagrément. Il aimait à se
suspendre à une corde, sur laquelle il s'élevait rapidement et
adroitement en mettant une main devant l'autre.

Un *Hylobates funereus* vécut à Paris, pendant une année
environ. Son intelligence était, à vrai dire, très développée, mais
moins cependant que celle des autres anthropoïdes. Il connaissait
son gardien et toutes les personnes qui le visitaient souvent ; il
aimait les caresses, mais n'avait d'inclination particulière pour
personne, pas même pour son gardien.

En 1840 on posséda dans la même ville un *Hylobates agilis*,
dans la cage duquel on lâcha un oiseau vivant, à ce que rapporte
Martin. Le singe étudia son vol, fit un long saut à une branche
distante, saisit l'oiseau d'une main à son passage et de l'autre
atteignit la branche, cette double visée à l'oiseau et à la branche
étant aussi sûrement atteinte que si un seul but avait occupé son
attention. Après avoir enlevé la tête de l'oiseau d'un coup de
dent, il lui arracha les plumes et puis le rejeta.

Un autre spécimen (femelle) de l'*H. agilis* attaqua un jour à
l'improviste son gardien, se rua sur lui, l'égratigna de ses quatre
mains, le mordit à la poitrine et ce fut encore un bonheur pour
cet homme que le singe avait perdu ses canines peu de temps
auparavant. On dit que ce même animal avait déjà tué un homme
à Macao.

Les anthropoïdes en captivité sont sujets à la carie dentaire et
à la carie des maxillaires, aux catarrhes bronchique et intestinal
chroniques ou aigus, à la pneumonie, à la phtisie pulmonaire,
à l'hépatite, à la néphrite, à l'hydropéricardite, aux parasites
dermiques et intestinaux, etc. Ces animaux malades se compor-
tent, à peu de chose près, comme l'homme dans les mêmes
circonstances, ainsi que beaucoup d'observateurs l'ont constaté.
Bock observa entre autres, à Sumatra, un vieil Orang mâle
atteint de phtisie, qui restait couché la plus grande partie de la
journée, enveloppé dans une couverture de lit et qui était, à
chaque instant, ébranlé par une toux effrayante (1).

---

(1) *Unter den Kannibalen auf Borneo*, p. 31.

D'ailleurs, des traces de carie observées sur des crânes de Gorilles et de Chimpanzés tués en liberté, montrent que la carie des dents et des maxillaires peut également atteindre ces animaux dans leur état de nature. Ils ont également parfois dans ce cas des parasites dermiques et intestinaux.

LIVRE VI

LA PLACE DES ANTHROPOIDES DANS LA NATURE

L'*Histoire généalogique* des singes ne peut être suivie actuellement avec quelque certitude que jusqu'à l'époque miocène. La prétendue connexion des singes et des pachydermes, exposée par plusieurs zoologistes, n'est pas encore confirmée suffisamment pour que nous puissions ici la prendre en considération. Dans le miocène de la Grèce, du Wurtemberg et des monts Sewaliks, contreforts de l'Himalaya, on a découvert des restes de Semnopithèques. Une de ces espèces fossiles (*Semnop. subhimalayanus*) semble avoir sa place bien déterminée dans la classification. Mais le *Mesopithecus Pentelici* (p. 115) de l'Attique, dont on possède un si grand nombre d'ossements, est devenu l'objet de discussions contradictoires. En effet, Gaudry et Beyrich se montrèrent d'abord disposés à rattacher cet animal exclusivement aux Semnopithèques, mais, plus tard, le premier de ces savants s'est ravisé et a soutenu que ce singe avait la tête et les dents d'un Semnopithèque avec des membres conformés comme ceux d'un Macaque. D'après cela le *Mesopithecus* serait une forme simienne des plus intéressantes, répondant bien à son nom scientifique (1). La séparation des deux genres de singes cités plus haut (*Semnopithecus* et *Macacus*) n'a dû par conséquent avoir lieu qu'assez tard. Le *Pliopithecus* des marnes d'eau douce de Sansan (p. 94) est rattaché aux Gibbons par Gaudry et d'autres auteurs. Lartet et Quenstedt pensent que, par les cinq tubercules de sa dernière molaire (Gaudry, l. c., fig. 308), ce singe se rapproche du Magot

---

(1) *Enchainements du monde animal*, p. 235.

(*Inuus*) qui est son plus proche voisin au sud. Kœllner admet comme vraisemblable sa parenté avec les Semnopithèques. Le *Dryopithecus Fontanii*, mentionné à la page 93, a très nettement le caractère anthropoïde, ainsi que je le remarque sur un moulage en plâtre acquis par Frič de Prague ; cependant le peu de matériaux que nous possédons ne permet pas de décider sûrement la position systématique exacte de cet animal éteint. La conformation de ses molaires a beaucoup d'analogie avec celle des molaires humaines, comme nous l'avons déjà dit à la page 93. Quenstedt même, toujours si prudent, est d'avis que les dents de singes, provenant de la seconde couche à mammifères du dépôt sidero-lithique des Alpes de Souabe, ont une conformation très humaine et doivent avoir appartenu à des animaux qui avaient une ressemblance très grande avec l'homme. Des restes fossiles (*Colobus grandœvus*) analogues aux colobes de l'Afrique ont été découverts à Steinheim (1). Le *Macacus priscus*, de la vallée de l'Arno, semble avoir des affinités avec les Macaques africains (2). Le *Macacus pliocenus* d'Owen, trouvé dans le comté d'Essex, se rapproche du *Macacus sinicus*. En Amérique aussi, on observa des singes fossiles. Le *Protopithecus*, qui est voisin des Alouates (*Mycetes*), était un animal très grand. Un autre espèce fossile (*Laopithecus*), trouvée dans l'Amérique méridionale, était, dit-on, très voisine de l'homme. Ce dernier fait est d'autant plus remarquable qu'on a l'habitude, et avec de justes raisons, d'admettre une évolution distincte pour les singes de l'ancien monde et pour ceux du nouveau monde.

Les genres Hapale (*Hapale*), Ouistiti (*Jacchus*), Sagouin (*Callithrix*), Alouate (*Mycetes*) et Sajou (*Cebus*), actuellement représentés dans l'Amérique tropicale, existaient déjà sur le nouveau continent à l'époque du diluvium. Il semble donc que, depuis la période diluvienne, il n'y ait plus eu d'évolution générique des singes. Il n'en est pas de même pour l'évolution spécifique. Celle-ci paraît s'être effectuée tardivement dans certains cas. C'est ce qu'on peut conclure, par exemple, des particularités corporelles des Gorilles et des Chimpanzés, qui, avec bien des différences, présentent néanmoins beaucoup de ressemblances. Les formes simiennes décrites dans le livre IV, et qui paraissent intermédiaires entre le Gorille et le Chimpanzé, éveillent l'idée qu'on a affaire à des réversions d'une forme à une autre. Les nombreuses variétés créées parmi les anthropoïdes

---

(1) Fraas in *Wärtembergisches Jahresheft*, 1870, XXVI, pl. 4, fig. 1.
(2) Forsyth, *Atti della societa italiana di scienze natur.*, XIV, 1872.

amènent à conclure à une persistance du processus de séparation dans cette famille de singes, et l'influence de l'isolement suffirait peut-être pour amener peu à peu une transformation des variétés en espèces plus constantes.

Les caractères corporels extérieurs, les conditions de structure anatomique et une intelligence plus développée placent les singes anthropoïdes, non seulement à la tête du monde simien actuel, mais leur donnent un rang encore plus élevé, qui les rapproche davantage du genre humain. Après ce que j'ai dit dans les livres II et III, je voudrais voir disparaître l'ordre des quadrumanes et conserver à sa place l'ordre linnéen des *Primates* pour les singes et les hommes en général. Les hommes, je les comprendrais, sous le nom d'*Erecti*, avec les singes anthropoïdes ou *Antropomorpha*, dans la sous-famille des *Primarii*. Pour les singes (*Simiina*), je maintiendrais la division commode en singes à cloisons nasale étroite (*Catarrhina*) et singes à cloison nasale large (*Platyrrhina*). Les lémuriens (*Prosimii*) forment un ordre distinct de mammifères. D'après ces données, je recommanderais d'établir le schéma suivant pour la classification :

I. MAMMIFÈRES *(Mammalia)*

A. *Monadelphia* Blainv. (*Placentalia* Owen).

    1er ordre : *Primates* Linné.

        1re famille : *Primarii*.

            1re sous-famille : *Erecti (Homo sapiens)*

            2e sous-famille : *Anthropomorpha* Linné.

                a. *Dasypoga*, c.-à-d. antropomorphes sans callosités fessières.

                    1er genre : *Troglodytes*. E. Geoffr.

                        Espèces : Le gorille (*Troglodytes gorilla* Savage et Wyman).

                        Le chimpanzé (*Tr.niger*. E. Geoffr.)

                    Les autres espèces sont *encore peu* connues.

                  2e genre : *Pithecus* E. Geoffr.

                    Espèce : Orang-Outan (*Pithecus Satyrus* E. Geoff.)

                b. *Tylopoga*, c.-à-d. anthropomorphes à callosités fessières.

                  3e genre : *Hylobates* Illig.

                    Espèces : Voy. p. 35 et sq.

        2e famille : Singes proprement dits (*Simiina*).

            1re sous-famille : *Catharrina*.

                Genres : *Semnopithecus*, *Colobus*, *Cercopithecus*, *Inuus*, *Macacus*, *Cynocephalus*.

            2e sous-famille : *Platyrrhina*.

                Genres : *Mycetes, Lagothrix, Ateles, Cebus, Pithecia, Nyctipithecus, Callithrix, Chrysothrix, Hapale.*

II. — PARENTÉ PHYSIQUE DE L'HOMME ET DES SINGES ANTHROPOÏDES.

La proposition de Huxley : qu'il y a plus de différences entre les singes les plus inférieurs et les singes les plus élevés qu'il n'y en a entre ceux-ci et l'homme, conserve encore aujourd'hui, après *mes* observations, toute sa valeur. On ne saurait nier que les points culminants du règne animal ne touchent de très près à ceux de la création en général.

Nous avons essayé d'exposer dans le livre III les arguments en faveur du pithécomorphisme de l'homme ; les derniers chapitres nous apprennent d'autre part mainte circonstance qui met en lumière l'anthropomorphisme des singes anthropoïdes. C'est avant tout la conformation extérieure du corps, qui invite aux comparaisons. Dans la forme extérieure, on retrouve plusieurs caractères qui aident à franchir l'abîme qui semble exister entre l'homme et les singes ; cela est évident, même pour l'intelligence la plus naïve. La tête et la forme générale du corps, surtout chez les mâles jeunes et chez les femelles du Gorille, du Chimpanzé, de l'Orang et même des Gibbons, si nous faisons abstraction de la longueur démesurée de leurs membres antérieurs, nous ont offert beaucoup de ressemblance avec celle de l'homme. Il en est ainsi également, même dans certains organes en particulier, par exemple dans l'oreille. Pour modèles des oreilles simiennes représentées dans le livre II, ainsi que pour celle du gorille, j'ai choisi *à dessein* les exemplaires qui précisément présentaient le plus faible degré d'anthropomorphisme, et cependant on ne saurait méconnaître qu'elles ont une certaine ressemblance avec l'oreille humaine. Nous avons fait plus haut la remarque que le mâle adulte d'une espèce quelconque de singes anthropoïdes ressemble, à mesure qu'il vieillit, de moins en moins à l'homme. Mais, chez aucune espèce, cela n'est aussi caractéristique que chez le Gorille. La tête des anthropoïdes de ce sexe et de cet âge, leurs puissantes crêtes crâniennes, leur formidable denture surtout offrent des différences frappantes. C'est là un fait très important, car, dans le genre humain, c'est d'ordinaire l'homme adulte qui représente presque toujours le type humain. En ce qui concerne les membres, on peut bien constater entre l'homme et les singes anthropoïdes des différences dans le bras et la main, mais elles sont moins évidentes que dans les membres inférieurs. En effet, le pied prenant des singes reste toujours quelque chose de par-

ticulier, qui se distingue considérablement du pied humain,
dispose pour la marche ; de plus l'aptitude à saisir, qu'ont les
orteils de beaucoup d'hommes (liv. III), ne peut être comparée
directement à celle du pied des singes, dont le gros orteil conserve la mobilité d'un pouce. Haeckel remarque que des enfants
nouveau-nés, de nos propres races, saisissent assez fortement
avec le gros orteil et peuvent ainsi tenir, aussi solidement qu'avec
la main, une cuiller qu'on leur présente (1). Mais cette aptitude à
saisir est incomplète et subordonnée relativement à celle du pied
des singes anthropoïdes qui est complexe et bien développée. La
marche debout, possible seulement dans certaines conditions et
pendant un temps très limité, n'est pas le privilège des seuls
anthropoïdes puisque nous pouvons, par l'éducation, donner cet
avantage aux autres singes, à des chiens, des porcs, des chevaux,
etc. Beaucoup de singes du nouveau monde, tels que les Sakis,
les Atèles, et certains lémuriens, les ours, plusieurs ichneumons,
pangolins et rongeurs (2) peuvent même franchir de grandes distances en station verticale et cela tout comme les singes anthro-
phoïdes, c'est-à-dire sans avoir besoin d'être éduqués préalablement pour cet exercice. D'ailleurs, la conformation même des
anthropoïdes est faite plutôt pour la marche à quatre pattes et
pour l'existence sur les arbres. La proéminence du coccyx, analogue à un rudiment de queue, chez les anthropoïdes (fig. 63), a
été également observée, comme on sait, chez quelques êtres
humains. On dit même que ce caractère est héréditaire. chez
diverses peuplades extra-européennes , tels que les Niam-Niams
de l'Afrique centrale et certains Malais du sud de l'Inde. Mais ce
fait n'est pas encore suffisamment vérifié et n'a pas toujours été
confirmé par l'observation.

Nous avons déjà dit que la silhouette du nègre se prêtait
particulièrement à la comparaison de l'homme et des singes
anthropoïdes. Les hommes de couleur eux-mêmes le comprennent,
quand ils prétendent, comme le font par exemple les races
nigritiennes, que les grands singes sont les maudits de leur
propre race, des hommes poilus et muets, etc. Mais on ne doit
pas oublier que, dans la vie religieuse des races incultes,
l'anthropomorphisme joue d'ordinaire un rôle prépondérant ;
qu'il devient plus facile à des hommes non civilisés de se croire
plus voisins de l'animal, qu'à des individus civilisés, qui repoussent
une telle origine avec orgueil et fierté. Ajoutons à cela que les

(1) *Anthropogenie* (Leipzig, 1874) p. 482.
(2) Nous faisons complètement abstraction des gerboises et des mériones.

hommes civilisés se heurtent tout d'abord à la laideur prover-
biale des singes et pour ce seul motif rejettent avec dégoût
toute idée d'une parenté réelle avec ces êtres. A cette occasion,
il est bon de se rappeler que la beauté du corps, et surtout du
visage, n'est très souvent pas le partage de l'homme. N'y a-t-il
pas, dans toutes les nations, des individus dont la laideur ne le
cède guère à celle d'un anthropoïde quelconque et souvent même
surpasse de beaucoup celle-ci ? Les peuples de l'antiquité classique,
les races germanique, romane et slave, les Circasiens, les
Iraniens, les Arméniens, les Tartares, les Turcs, les Sémites,
les Berbers (Imoschash), les Bedjas, certains habitants de l'Inde,
certains Polynésiens, certains Indiens de l'Amérique et Nigritiens
peuvent se flatter d'une élégance corporelle, qui est le partage
de la plupart d'entre eux ; mais celle-ci devient de plus en plus
rare chez les autres peuples du globe terrestre, chez les Mongols,
la plupart des Nigritiens et des Papous, chez les Guaranis et les
Malais. Nous avons déjà vu plus haut (p. 66) que, par les
caractères extérieurs, purement physiques, certaines races
humaines inférieures se rapprochent incontestablement du type
simien.

III. — COMPARAISON MORALE DES ANTHROPOÏDES AVEC L'HOMME.

Guidés par des raisons purement *psychiques*, beaucoup d'hommes répugnent à admettre une parenté entre l'homme et les
singes, parce que, suivant eux, l'assiette mentale du premier
n'est rattachée, par aucun lien intermédiaire, à celle des singes
anthropoïdes, qui leur semble trop peu développée. Mais, en
cela, il ne faut pas oublier que les manifestations vitales de
certains hommes inférieurs ne se distinguent souvent que fort
peu de celles des singes anthropoïdes. Je rappelle, à ce propos,
ce que je disais, à la page 67, des indigènes australiens, dont
les instincts brutaux sont faits pour éveiller toute notre attention, lorsque nous entreprenons de semblables comparaisons.
Une horde de Botocudos, comme celles que le prince Maximilien
de Neuwied a observées dans le bassin du Rio Belmonte (1), un
village de Miranhas sur le Youpoura supérieur, tel que Martius (2)

(1) *Reise nach Brasilien* (Octav-Ausgabe. Frankfurt. a. M. 1821), II, 177.
(2) *Beiträge zur Ethnographie und Sprachenkunde Amerikas*, etc. (Leipzig
1867), I, 534.

l'a décrit, doivent laisser à l'observateur l'impression d'un abrutissement épouvantable. Cette impression serait encore plus forte si l'on pouvait voir un camp de huttes des Obongos ou des Dokos. On a observé que le sauvage le plus abruti était capable d'être miséricordieux et fidèle à ses semblables. Quand, par exemple, quelques-uns des Fuégiens, exhibés en Europe pendant l'hiver de 1881-82, tombèrent malades, ils furent soignés par leur entourage sauvage, avec une certaine affection et une certaine tendresse bien manifestes. On connaît des exemples du même genre dans d'autres contrées. Mais les anthropoïdes aussi soignent et défendent les membres de leur famille (Voy. liv. V), se témoignent de l'attachement et de la fidélité réciproques, comme on l'a constaté chez différents Orangs-Outans qui vivaient ensemble dans la même cage. L'affection pour les petits, assez souvent même l'amour conjugal le plus prononcé existent d'ailleurs chez un nombre relativement très grand d'animaux. Les peuples sauvages et civilisés commettent fréquemment, on le sait, les cruautés les plus indicibles les uns envers les autres, et c'est à tort qu'on qualifie ces actes d'inhumains ; car ces cruautés, ces boucheries, ces brigandages sont très souvent les conséquences d'une logique inflexible du caractère des peuples ; ce sont malheureusement bien des actes *humains*, car le monde animal ne nous offre rien de semblable. Il serait, par exemple, très injuste de comparer un bourreau sanguinaire du temps de la Terreur avec un tigre qui, poussé par le besoin naturel de se nourrir, égorge quelques mammifères, etc. Les atrocités des procès de sorcières, les meurtres en masses des nègres de la Guinée, les sacrifices des Konds, les Mériah, le dépècement d'hommes vivants chez les Battas, ne sauraient être mis en parallèle avec les manifestations vitales des animaux féroces. Mais, avant tout, il n'y a absolument rien de comparable à cela chez les anthropoïdes, qui sont paisibles et ne jouent jamais le rôle d'ennemis dangereux pour l'économie humaine et animale. Sous ce rapport le singe anthropoïde est bien supérieur à beaucoup d'hommes.

Je suis convaincu qu'il existe un abîme considérable entre ces derniers et les singes, en ce que le genre humain est éducable et a su s'élever à la plus haute culture intellectuelle, tandis qu'on n'a jamais pu donner aux anthropoïdes les plus intelligents qu'une sorte d'éducation mécanique. La méchanceté des singes anthropoïdes, augmentant avec l'âge, vient toujours imposer une limite aux résultats d'une telle éducation. Les anthropoïdes peuvent bien être dressés à devenir des sujets intéressants dans les ménageries, mais pas au point de devenir, comme nos animaux domestiques les plus ordinaires, des auxiliaires utiles dans notre domaine économique. Pour moi, je considère que toutes les races humaines sont susceptibles de perfectionnement, mais à des degrés très différents. Je ne crois pas qu'on puisse donner, sans plus de façon, à certains Australiens du Queensland, une instruction qui en fasse des gens comparables aux meilleurs esprits de notre nation par exemple. Mais aussi combien de siècles a-t-il fallu avant que nous ayons pu nous élever à un niveau si infiniment supérieur à celui des Papous! Malgré cela, on a constaté que des sauvages, même entièrement incultes, ont pu devenir des membres très utiles de la société humaine. Quels changements se sont opérés, par exemple, dans l'espace de quatre-vingts ans, chez les insulaires de Sandwich, les Taïtiens, les Maoris! Quand, de nos jours, des ambassadeurs de la reine de Madagascar savent se présenter dans les salons de la haute société berlinoise avec une tournure cavalière, nous sommes forcés de reconnaître, sans nous perdre dans des raisonnements faits pour nous désenchanter, que c'est là un fait d'une haute portée.

On a souvent observé que des nègres africains, des Indiens, etc., développaient, dans leur jeunesse, une grande aptitude intellectuelle, croissaient rapidement en sagesse et en perfection, mais demeuraient stationnaires à un certain âge, sans pouvoir continuer de progresser dans la même mesure et retombaient souvent de nouveau, comme les singes avançant en âge, dans leur sauvagerie primitive. Nous accordons cela. Mais qu'on veuille bien aussi tenir compte que de semblables essais d'éducation ont échoué le plus souvent à cause d'une méthode pédagogique défectueuse. On amollit en effet ces jeunes enfants de la nature, on s'exagère leurs capacités enfantines, on surcharge leur esprit, on empêche le développement proportionné de l'intelligence et du corps, on les rend orgueilleux et l'on s'étonne ensuite quand, à mesure que leur conscience augmente, on voit s'établir dans ces têtes, non mûres, un degré plus ou moins grand de manies des grandeurs. Mais lorsqu'un sauvage civilisé, éduqué à grand' peine, retombe plus tard dans son état de nature ou que, devenu l'ennemi de ses bienfaiteurs, voleur de grands chemins, rebelle, etc., il trouve une mort violente, il montrera néanmoins dans les derniers moments de sa vie des dispositions et des états d'esprit qui rappelleront une époque meilleure. Nous en trouvons des exemples dans quelques Maoris civilisés, qui plus tard ont passé dans le parti des tribus rebelles et ont su donner à leurs compatriotes incultes une organisation plus puissante, pour résister à la domination anglaise. Arminius, le chef des Chérusques, a-t-il agi différemment lorsqu'il mena au combat les paysans barbares de la Westphalie pour les affranchir de la tutelle de Rome, qui était très civilisée à cette époque ? Dans la conduite de ces hommes, qui retournent à leur condition primitive, il y aura toujours quelque chose de bien supérieur à la méchanceté d'un vieux Chimpanzé ou d'un vieil Orang grogneur.

D'ailleurs, les tentatives d'instruire les enfants de la nature n'ont pas toujours échoué d'une manière absolue. Le grand chef indien Tekumseh, les présidents Benito Juarez et Ramon Castilla, le nègre Toussaint Louverture, le roi des Howas, Radama Ier, les chefs polynésiens, Kamehameha Ier, Pomaré II, Georges et Kokabau donnent une idée approximative de ce que peuvent devenir de semblables êtres, dans un concours de circonstances favorables. Le fils d'un Indien d'Oaxaca, le président du Pérou, qui avait une volonté de fer et appartenait à une famille indigente d'Arrieros, le président d'Haïti, autrefois conducteur de voitures, dans une plantation, n'étaient pas plus civilisés que les Malgaches et les Polynésiens, élevés par les soins et sous l'influence des missionnaires européens.

On sait que, dans les premiers temps de leur existence, toutes les nations ont été obligées de traverser certains états barbares de leur évolution. Nos peuples les plus civilisés n'en ont pas été quittes ; pour tous l'âge de la pierre a été une période de transition nécessaire. Ce n'est qu'avec l'usage des métaux que s'est développée graduellement une époque de civilisation plus avancée. Bien qu'aujourd'hui nous soyons arrivés à ne plus considérer les âges de la pierre et des métaux comme des périodes nettement distinctes l'une de l'autre, il n'en est pas moins certain que le temps où des outils en pierre et celui où des outils en bronze et en fer furent surtout en usage servent à caractériser *grosso modo* des époques réelles dans l'histoire de la civilisation. Ainsi que nous le savons, l'âge de la pierre même a eu ses phases de développement. Dans les premiers temps de cet âge, les outils grossièrement taillés, non travaillés, ont dû servir à la race humaine, vivant alors, sans demeure fixe, dans des cavernes, des crevasses du sol et sous le couvert, peu confortable, des arbres, pour abattre les animaux à la chasse, décortiquer les arbres, apprêter les peaux, les cordes et les fibres végétales, dépecer le gibier, briser les os renfermant de la moelle, etc. Lorsque, plus tard, on se mit à travailler ces outils, à les polir et à leur donner une forme plus jolie, on vit aussi la condition de l'homme s'améliorer progressivement.

Nous ne pouvons nous représenter les états physique et psychique des premiers hommes de l'âge de la pierre que comme ceux de sauvages excessivement barbares, mais qui néanmoins possédaient le don de se créer d'eux-mêmes des conditions d'existence meilleures.

En 1868, le colonel Laussedat présenta à l'Académie des sciences la mâchoire inférieure d'un rhinocéros provenant du miocène de Billy (Allier). Sur cette mâchoire on voyait une entaille qui, de l'avis de plusieurs naturalistes, devait provenir de main d'homme. L'abbé Delaunay trouva dans le miocène de Pouancé (Maine-et-Loire) une côte d'halitherium avec des entailles, qui semblait également avoir subi l'action de l'homme. Garrigou a exprimé l'opinion que certains ossements, provenant de Sansan, avaient été brisés par une main humaine. Dücker émit un avis analogue sur les fossiles de Pikermi. Ces idées rencontrèrent une vive résistance. Beaucoup de ces entailles ont en effet été reconnues comme des traces de dents de carnivores, de rongeurs, etc. L'abbé Bourgeois a trouvé dans le miocène de Thenay, près de Pont-Levoy (Loir-et-Cher) des silex, dont il attribue la confection à un être d'une intelligence supérieure à celle des animaux de l'époque actuelle. L'opinion de Bourgeois fut partagée par des anthropologistes éminents, tels que Vibraye, Worsaac, Mortillet, de Quatrefages et Hamy. Gaudry ne met pas en doute l'exactitude des rapports stratigraphiques, indiqués à Thenay par un géologue aussi habile que Bourgeois. Pour le célèbre descripteur de la faune quaternaire la question se réduit à savoir si les silex de Thenay sont taillés artificiellement ou non. Ces silex se trouvent dans une couche de cailloux roulés de même nature qu'eux. En en voyant un grand nombre, mélangés pêle-mêle, peu de personnes seulement seraient capables de distinguer sûrement un silex taillé artificiellement d'un silex non taillé. Cependant la présence supposée de silex taillés, à l'époque miocène, a besoin d'être confirmée. L'époque du miocène moyen remonte à une date très reculée : à la faune des calcaires de la Beauce et des faluns, succéda celle du miocène supérieur d'Eppelsheim, de Pikermi, du Mont Léberon, qui est différente. A celle-ci succéda la faune pliocène inférieure de Montpellier, puis la faune pliocène de Perrier, Solilhac et Coupet. Vint ensuite celle du forest bed de Cromer, puis celle du boulder-clay. Cette dernière, à en juger d'après les gisements du Norfolk, eut une existence très longue. La faune du boulder-clay fut suivie de celles du diluvium, de l'âge du renne et de la faune du monde actuel.

Quelle que soit l'opinion qu'on ait sur ces nombreux changements ; qu'on les considère comme le résultat de créations déterminées et indépendantes les unes des autres, ou comme le résultat de transformations lentes, aucun géologue ne doutera de l'immense période de temps qu'exigea la formation de ces dépôts. Dans le miocène moyen, il n'existe aucune espèce de mammifère, qui corresponde à une espèce vivant actuellement. En se plaçant au point de vue de la paléontologie pure, il sera difficile d'admettre que les êtres qui ont taillé les silex de Thenay aient pu ne pas se modifier au milieu de cette variation générale. Si l'on arrivait, conclut Gaudry, à prouver que les silex recueillis par Bourgeois dans le calcaire de Beauce sont réellement taillés, il n'hésiterait pas à reconnaître dans le *Dryopithecus* l'auteur de ces productions (1).

IV. — L'ANCÈTRE COMMUN DE L'HOMME ET DES ANTHROPOÏDES.

Le *Dryopithecus*, ce *prétendu* tailleur de silex, est malheureusement encore fort peu connu et décrit seulement d'après quelques fragments d'os ; grâce à son anthropomorphisme qu'on dit très prononcé, il est devenu l'objet d'une hypothèse intéressante ; mais en attendant ce n'est qu'une hypothèse. Jusqu'à ce jour aucun anthropoïde ne s'est montré capable de façonner des pierres et d'autres objets de ce genre pour son propre usage économique. En général, les champions, même les plus fanatiques, de la théorie de la descendance acquièrent de plus en plus la conviction que l'homme ne peut descendre d'aucune des espèces anthropoïdes actuellement vivantes. On peut bien constater une parenté corporelle, très proche à certains égards, entre les hommes et les singes anthropoïdes, mais il est impossible de prouver que les premiers descendent directement des derniers. On arrive à cette conclusion en examinant les conditions du développement corporel des grands singes, qui ne ressemblent beaucoup à l'homme que dans le jeune âge et qui, en vieillissant, perdent de nouveau de plus en plus ce caractère. De plus, je crois que cela ressort également de l'impossibilité absolue où nous sommes de développer, au-delà d'un certain degré, les facultés intellectuelles de nos singes anthropoïdes, dont l'intelligence est, à la vérité, supérieure à celle des autres mammifères

(1) *Les enchaînements du monde animal,* p. 240.

et même des autres singes, mais bien inférieure à l'intelligence
humaine (plus perfectible). Dans le cours de leur évolution
corporelle, les anthropoïdes, je suis forcé de le répéter sans
cesse, s'éloignent de plus en plus de l'organisation humaine.
C. Vogt dit fort bien : « Si, conformément aux principes de la
théorie de l'évolution préconisée de nos jours, nous consultons
l'histoire du développement, nous nous trouvons en face de ce
fait important que l'enfant simien est, sous tous les rapports,
plus voisin de l'enfant humain que le singe adulte ne l'est de
l'homme adulte. Les différences qui existent au début, entre les
êtres jeunes des deux types, sont beaucoup plus faibles que
celles qui existent entre les adultes ; cette assertion, depuis
longtemps exprimée dans mes *Leçons sur l'homme*, a reçu
une confirmation éclatante par les recherches récentes faites
sur de jeunes anthropomorphes, morts dans les jardins zoologiques de l'Europe. Plus l'être avance en âge, plus aussi s'accusen
les différences caractéristiques dans la conformation des mâchoires, des crêtes crâniennes, etc. L'homme et le singe se
développent, à partir de l'état embryonnaire et du premier âge,
dans une direction divergente et même presque opposée, pour
arriver au type définitif de leur genre ; néanmoins les singes
adultes mêmes conservent encore, dans toute leur organisation,
des traits qui correspondent à ceux de l'enfant humain (1). »
« Autant l'*homo sapiens*, dit Quenstedt, est supérieur à tout
animal par l'intelligence, autant la différence corporelle qui le
sépare du singe est insignifiante, et le théâtre de la terre n'est
nullement encore exploité au point que ces liens, déjà par eux-
mêmes si étroits, ne puissent avec le temps être resserrés encore
davantage (2). »

Dans ces paroles se révèle l'opinion que j'ai déjà exprimée
plus haut et qui, de nos jours, se répand de plus en plus, à
savoir que l'homme ne peut descendre ni de l'un des singes
fossiles découverts jusqu'à ce jour, ni d'aucun des singes actuels.
« Les deux types descendraient plutôt d'une forme fondamentale
commune qui, dans la constitution enfantine, est encore plus
fortement exprimée, parce que le premier âge est moins éloigné
de cette forme. » (Vogt).

Naturellement cet ancêtre supposé de notre espèce est encore
parfaitement hypothétique et toutes les tentatives faites jusqu'à
présent pour nous en tracer une image, même approximative,
ne sont que jeux d'imagination sans aucune signification.

(1) *Die Säugethiere in Wort und Bild*, p. 49.
(2) *Handbuch der Petrefacten kunde* (3. Aufl., Tübingen, 1882) I, 38.

Darwin arrive à conclure que l'homme descend d'une forme
moins parfaitement organisée que lui : « Les bases sur lesquelles
repose cette conclusion sont inébranlables, car la similitude
étroite qui existe entre l'homme et les animaux inférieurs pendant
le développement embryonnaire, ainsi que dans d'innombrables
points de structure et de constitution, points tantôt importants,
tantôt insignifiants ; — les rudiments que l'homme conserve et
les réversions anormales auxquelles il est accidentellement sujet,
— sont des faits qu'on ne peut plus contester. Ces faits, bien
que connus depuis longtemps, ne nous enseignaient rien, jusqu'à
une époque toute récente, relativement à l'origine de l'homme.
Aujourd'hui, éclairés que nous sommes par nos connaissances sur
l'ensemble du monde organique, on ne peut plus se méprendre
sur leur signification. Le grand principe de l'évolution ressort
clairement de la comparaison de ces groupes de faits avec
d'autres, tels que les affinités mutuelles des membres d'un
même groupe, leur distribution géographique dans les temps
passés et présents et leur succession géologique. Il est incroyable
que de tous ces faits réunis sortît un enseignement faux. Le sauvage croit que les phénomènes de la nature n'ont aucun rapport
les uns avec les autres, mais celui qui ne se contente pas de
cette explication ne peut croire plus longtemps que l'homme
soit le produit d'un acte séparé de création. Il est forcé d'admettre que l'étroite ressemblance qui existe entre l'embryon humain
et celui d'un chien par exemple, — que la conformation de son
crâne, de ses membres et de toute sa charpente, sur le même
plan que celle des autres mammifères, quels que puissent être
les usages de ces différentes parties, — que la réapparition acci-
dentelle de diverses structures, comme celle de plusieurs muscles distincts que l'homme ne possède pas normalement, mais qui
sont communs à tous les quadrumanes — qu'une foule de faits
analogues, — que tout enfin mène de la manière la plus claire à
la conclusion que l'homme descend, ainsi que d'autres mammifères, d'un *ancêtre commun* (1). »

« En remontant le plus haut possible la généalogie du sous-
règne des vertébrés, dit ailleurs le grand naturaliste anglais,
nous trouvons que les premiers ancêtres de ceux-ci ont probablement consisté en un groupe d'animaux marins, ressemblant
aux larves des Ascidiens existants. Ces animaux ont produit
probablement un groupe de poissons à l'organisation aussi inférieure que celle de l'Amphioxus ; ce groupe a dû à son tour pro-

_____

(1) *La descendance de l'homme*, II., 419.

duire les Ganoïdes, le Lepidosiren, poissons qui sont certainement peu inférieurs aux amphibiens. Nous avons vu que les oiseaux et les reptiles furent autrefois étroitement réunis ; et qu'aujourd'hui les monotrèmes rattachent faiblement les mammifères aux reptiles. Mais personne ne saurait dire actuellement par quelle ligne de descendance les trois classes les plus élevées et les plus voisines, mammifères, oiseaux et reptiles, dérivent de l'une des deux classes vertébrées inférieures, amphibiens et poissons. On se figure aisément chez les mammifères les degrés qui ont conduit des monotrèmes anciens aux anciens marsupiaux et de ceux-ci aux premiers ancêtres des mammifères placentaires. On arrive ainsi aux Lémuridés, qu'un faible intervalle seulement sépare des Simiadés. Les Simiadés se sont alors séparés en deux grands troncs, les singes du nouveau monde et ceux de l'ancien monde ; et c'est de ces derniers qu'à une époque reculée, a procédé l'homme, la merveille et la gloire de l'univers (1). »

Laissons pour le moment de côté cette longue généalogie de l'homme, dans les diverses phases de laquelle il nous est défendu de pénétrer, à cause de l'état trop imparfait de nos connaissances. En ce qui concerne les Lémuriens, dont l'affinité avec les singes et les hommes a été fréquemment soutenue de nos jours, je me range parmi ceux qui, avec Vogt, pensent que dans cet ordre à formes variées (et qui probablement procède de plusieurs formes différentes, de masurpiaux peut-être, comme plusieurs traits de leur organisation l'indiquent) quelques-unes de celles-ci appartiennent aux mammifères tertiaires les plus anciens que nous connaissions. « Pour conclure, il résulte de ces faits qu'il est absolument impossible de prouver une relation étroite entre les Lémuriens et les singes et par suite entre eux et l'homme. A l'exception des pouces opposables, qui, on le sait, constituent un caractère propre à beaucoup d'animaux, les Lémuriens n'ont aucun trait anatomique commun avec les singes. La dentition, qui est le caractère le plus stable, les place à côté des insectivores ; vouloir les introduire dans la série ancestrale de l'homme, c'est insulter à tous les principes de l'investigation scientifique. »

L'ancêtre commun du singe et de l'homme, cet être purement hypothétique, reste donc encore à chercher et cela est la tâche de la paléontologie. Cette science, à laquelle est réservé un grand avenir, réussira-t-elle jamais dans cette tâche ? C'est une question à part. Cependant, en présence des découvertes paléontologiques si grandioses, qui ont signalé notre époque, en présence de la

(1) L. c., 1, 234.

découverte de ces Odontornithes, Aétosaures, Rhamphorhynques, Holoptyches, etc., il est permis de ne pas désespérer de la possibilité de découvrir un terme de liaison réel entre l'homme et les autres mammifères. Ce côté purement spéculatif des recherches, cette manière purement scientifique de traiter la question de la descendance, qui aujourd'hui non seulement ne se contente pas des principes contestables, mais qui de plus a confiance dans les efforts assidus de l'avenir, ne peut inquiéter personne à quelque confession religieuse, à quelque parti politique qu'il appartienne. Mais, quand on aura réussi à trouver, dans quelque couche géologique, le type supposé primitif, la science aura néanmoins encore à vaincre des difficultés très grandes ; elle devra expliquer le développement de la raison et du langage, ainsi que le perfectionnement spontané de la raison humaine en général. Devons-nous dès maintenant, sans aller plus loin, renoncer à la probabilité que nous avons de faire quelques découvertes nouvelles dans cette voie ? Ce serait imposer à notre penchant pour l'investigation scientifique une contrainte indigne des conquêtes faites jusqu'à ce jour par l'esprit humain. Poursuivons donc notre tâche avec ardeur !

Nous apprenons tous les jours en ethnologie que des races humaines, séparées par de très grandes distances et à l'unité nationale antérieure desquelles on ne saurait songer, ont fait des découvertes techniques tout à fait identiques, qu'elles ont observé les mêmes mœurs, les mêmes usages et les mêmes idées religieuses. Cela autorise bien à conclure à l'unité physique et psychique du genre humain, qui peut se démembrer en races, en variétés, mais non pas en espèces distinctes. Certains caractères de la forme primitive (hypothétique) pourront aussi se transmettre aux descendants, qui obéissent à une évolution spéciale de nature variable, et les réversions à la constitution animale n'ont rien d'étrange, même chez le terme le plus élevé de l'évolution organique, qui est l'homme. Ces réversions ne sont pas empêchées par l'évolution intellectuelle de l'homme. Les théromorphies, comme celles que nous avons appris à connaître dans le liv. III (apophyse frontale de l'écaille temporale, crête transversale de l'occipital, oreille pointue, etc.), peuvent se répartir également entre les races humaines inférieures et supérieures ; tout comme on observe parfois, chez les races primitives aussi bien que chez les races les plus perfectionnées du cheval, des retours aux formes fossiles (doigt supplémentaire, sabot fendu, etc.). Ce n'est pas le développement corporel, mais le développement intellectuel de l'humanité, qui progresse uniformément et sans faire de sauts.

Sous le rapport physique, des avantages et des imperfections
peuvent exister chez un nombre donné de Nigritiens et de
Papous et manquer chez un nombre égal d'Européens, et l'inverse peut également exister. Mais sous le rapport intellectuel,
nous serons toujours forcés de placer les Nigritiens et les Papous
au-dessous des Européens. Bien que des avantages physiques,
dus à une civilisation plus avancée, à des ménagements plus
grands, à une alimentation meilleure, à un genre de vie mieux
réglé et parfois aussi à une sélection influencée souvent par des
considérations esthétiques, soient plus répandus en général chez
les peuples européens que chez d'autres, il n'en est pas moins
vrai que la réapparition de ces cas de théromorphie, qui demeurent sans influence sur l'évolution corporelle des individus, n'é-
prouve de limitation naturelle ni chez les unes, ni chez les autres
de ces races. Au reste, je ne veux pas clore ces considérations
sans citer textuellement les belles paroles qui terminent le livre
de Darwin sur la descendance de l'homme : « L'homme, dit
Darwin, est bien excusable d'éprouver quelque fierté de ce qu'il
s'est élevé, quoique ce ne soit pas par ses propres efforts, au sommet de l'échelle organique ; et le fait qu'il s'y est ainsi élevé, au lieu
d'y avoir été placé primitivement, peut lui faire espérer une
destinée plus haute dans un avenir éloigné. Mais nous n'avons
pas à nous occuper ici ni d'espérances, ni de craintes, mais seulement de la vérité dans les limites où notre raison nous permet de
la découvrir. J'ai accumulé les preuves aussi bien que j'ai pu. Or,
il me semble que nous devons reconnaitre que l'homme, malgré
toutes ses nobles qualités, les sympathies qu'il éprouve pour les
plus grossiers de ses semblables, la bienveillance qu'il étend non
seulement à ses semblables, mais encore aux êtres vivants
les plus humbles, malgré l'intelligence divine qui lui a permis de
pénétrer les mouvements et la constitution du système solaire,—
malgré toutes ces facultés d'un ordre si éminent, — nous devons
reconnaitre, dis-je, que l'homme conserve encore dans son organisation corporelle le cachet indélébile de son origine inférieure (1). »

(1) l. c. II, 440.

TABLE DES FIGURES

TABLE DES MATIÈRES

9642. — Tours, Imp. E. ARRAULT et Cie, rue de la Préfecture, 6.

ANCIENNE LIBRAIRIE GERMER BAILLIÈRE ET Cie
FÉLIX ALCAN, ÉDITEUR

CATALOGUE

DES

LIVRES DE FONDS

(PHILOSOPHIE — HISTOIRE)

TABLE DES MATIÈRES

On peut se procurer tous les ouvrages qui se trouvent dans ce Catalogue par l'intermédiaire des libraires de France et de l'Étranger.

On peut également les recevoir *franco* par la poste, sans augmentation des prix désignés, en joignant à la demande des TIMBRES-POSTE FRANÇAIS ou un MANDAT sur Paris.

PARIS

108, BOULEVARD SAINT-

Au coin de la rue Hau

OCTOBRE

Les titres précédés d'un *astérisque* sont recommandés par le Ministère de l'Instruction publique pour les Bibliothèques et pour les distributions de prix des Lycées et Collèges.

BIBLIOTHÈQUE DE PHILOSOPHIE CONTEMPORAINE

Volumes in-12 à 2 fr. 50

Cartonnés...... 3 francs. — Reliés..... 4 francs.

H. Taine.

LE POSITIVISME ANGLAIS, étude sur Stuart Mill. 2e édit.

L'IDÉALISME ANGLAIS, étude sur Carlyle.

* PHILOSOPHIE DE L'ART DANS LES PAYS-BAS. 2e édit.

* PHILOSOPHIE DE L'ART EN GRÈCE. 2e édit.

Paul Janet.

* LE MATÉRIALISME CONTEMP. 4e éd.

* LA CRISE PHILOSOPHIQUE. Taine, Renan, Vacherot, Littré.

* PHILOSOPHIE DE LA RÉVOLUTION FRANÇAISE.

* LE SAINT-SIMONISME.

* DIEU, L'HOMME ET LA BÉATITUDE. (Œuvre *inédite* de Spinoza.)

LES ORIGINES DU SOCIALISME CONTEMPORAIN.

Odysse Barot.

PHILOSOPHIE DE L'HISTOIRE.

Alaux.

PHILOSOPHIE DE M. COUSIN.

Ad. Franck.

* PHILOS. DU DROIT PÉNAL. 2e édit.

DES RAPPORTS DE LA RELIGION ET DE L'ÉTAT. 2e édit.

LA PHILOSOPHIE MYSTIQUE EN FRANCE AU XVIIIe SIÈCLE.

Charles de Rémusat.

* PHILOSOPHIE RELIGIEUSE.

Charles Lévêque.

* LE SPIRITUALISME DANS L'ART.

* LA SCIENCE DE L'INVISIBLE.

Émile Saisset.

* L'AME ET LA VIE, suivi d'une étude sur l'Esthétique franç.

* CRITIQUE ET HISTOIRE DE LA PHILOSOPHIE (frag. et disc.).

Auguste Laugel.

* L'OPTIQUE ET LES ARTS.

* LES PROBLÈMES DE LA NATURE.

* LES PROBLÈMES DE LA VIE.

* LES PROBLÈMES DE L'AME.

Challemel-Lacour.

* LA PHILOSOPHIE INDIVIDUALISTE.

Albert Lemoine.

* LE VITALISME ET L'ANIMISME.

* DE LA PHYSIONOMIE ET DE LA PAROLE.

* L'HABITUDE ET L'INSTINCT.

Milsand.

* L'ESTHÉTIQUE ANGLAISE.

A. Véra.

PHILOSOPHIE HEGÉLIENNE.

Beaussire.

* ANTÉCÉDENTS DE L'HEGÉLIANISME DANS LA PHILOS. FRANÇAISE.

Bost.

LE PROTESTANTISME LIBÉRAL.

Ed. Auber.

PHILOSOPHIE DE LA MÉDECINE.

Leblais.

MATÉRIALISME ET SPIRITUALISME.

Schœbel.

PHILOSOPHIE DE LA RAISON PURE.

Ath. Coquerel fils.

PREMIÈRES TRANSFORMATIONS HISTORIQUES DU CHRISTIANISME.

LA CONSCIENCE ET LA FOI.

HISTOIRE DU CREDO.

Jules Levallois.

DÉISME ET CHRISTIANISME.

Camille Selden.

LA MUSIQUE EN ALLEMAGNE.

Fontanès.

LE CHRISTIANISME MODERNE.

Stuart Mill.

* AUGUSTE COMTE ET LA PHILOSOPHIE POSITIVE. 2e édition.

L'UTILITARISME.

Mariano.

LA PHILOSOPHIE CONTEMPORAINE EN ITALIE.

Saigey.

LA PHYSIQUE MODERNE. 2e tirage.

E. Faivre.

DE LA VARIABILITÉ DES ESPÈCES.

Ernest Bersot.

* LIBRE PHILOSOPHIE.

ERMAIN, 108
uille.

85

A. Réville.
HISTOIRE DU DOGME DE LA DIVINITÉ DE JÉSUS-CHRIST.

W. de Fonvielle.
L'ASTRONOMIE MODERNE.

C. Coignet.
LA MORALE INDÉPENDANTE.

Et. Vacherot.
* LA SCIENCE ET LA CONSCIENCE.

E. Boutmy.
* PHILOSOPHIE DE L'ARCHITECTURE. EN GRÈCE.

Herbert Spencer.
* CLASSIFICATION DES SCIENCES. 2e édit.
L'INDIVIDU CONTRE L'ÉTAT.

Gauckler.
LE BEAU ET SON HISTOIRE.

Bertauld.
* L'ORDRE SOCIAL ET L'ORDRE MORAL.
DE LA PHILOSOPHIE SOCIALE.

Th. Ribot.
LA PHILOSOPHIE DE SCHOPEN-HAUER. 2e édit.
* LES MALADIES DE LA MÉMOIRE. 3e édit.
LES MALADIES DE LA VOLONTÉ. 3e édit.
LES MALADIES DE LA PERSONNALITÉ.

Hartmann.
LA RELIGION DE L'AVENIR. 2e édit.
LE DARWINISME. 3e édit.

H. Lotze.
* PSYCHOLOGIE PHYSIOLOGIQUE. 2e édit.

Schopenhauer.
* LE LIBRE ARBITRE. 3e édit.
* LE FONDEMENT DE LA MORALE. 2e édit.
PENSÉES ET FRAGMENTS. 5e édit.

Liard.
* LES LOGICIENS ANGLAIS CONTEMPORAINS. 2e édit.

Marion.
* J. LOCKE. Sa vie, son œuvre.

O. Schmidt.
LES SCIENCES NATURELLES ET LA PHILOSOPHIE DE L'INCONSCIENT.

Haeckel.
LES PREUVES DU TRANSFORMISME.
* PSYCHOLOGIE CELLULAIRE.

Pi y Margall.
LES NATIONALITÉS.

Barthélemy Saint-Hilaire.
* DE LA MÉTAPHYSIQUE.

A. Espinas.
* PHILOSOPHIE EXPÉR. EN ITALIE.

P. Siciliani.
PSYCHOGÉNIE MODERNE.

Leopardi.
OPUSCULES ET PENSÉES.

A. Lévy.
MORCEAUX CHOISIS DES PHILOSOPHES ALLEMANDS.

Roisel.
DE LA SUBSTANCE.

Zeller.
CHRISTIAN BAUR ET L'ÉCOLE DE TUBINGUE.

Stricker.
DU LANGAGE ET DE LA MUSIQUE.

Coste.
LES CONDITIONS SOCIALES DU BONHEUR ET DE LA FORCE. 3e édit.

A. Binet.
LE RAISONNEMENT INCONSCIENT.

Les volumes suivants de la collection in-12 sont épuisés; il en reste quelques exemplaires sur papier vélin, cartonnés, tranche supérieure dorée :

* GARNIER. **De la Morale dans l'antiquité.** 1 vol. 5 fr.
* LAUGEL. **La voix, l'oreille et la musique.** 1 vol. 5 fr.
* H. TAINE. **De l'Idéal dans l'art.** 1 vol. 5 fr.
* H. TAINE. **Philosophie de l'art en Italie.** 1 vol. 5 fr.
* H. TAINE. **Philosophie de l'art.** 1 vol. 5 fr.
TISSANDIER. **Des sciences occultes et du spiritisme.** 1 vol. 5 fr.

ÉDITIONS ÉTRANGÈRES

Éditions anglaises.

AUGUSTE LAUGEL. The United States during the war. In-8. 7 shill. 6 p.
ALBERT RÉVILLE. History of the doctrine of the deity of Jesus-Christ. 3 sh. 6 p.
H. TAINE. Italy (Naples et Rome). 7 sh. 6 p.
H. TAINE. The Philosophy of art. 3 sh.

PAUL JANET. The Materialism of present day. 1 vol. in-18, rel. 3 shill.

Éditions allemandes.

JULES BARNI. Napoléon I. In-18. 3 m.
PAUL JANET. Der Materialismus unsere Zeit. 1 vol. in-18. 3 m.
H. TAINE. Philosophie der Kunst. 1 vol. in-18. 3 m.

BIBLIOTHÈQUE DE PHILOSOPHIE CONTEMPORAINE

Volumes in-8.

Brochés à 5 fr., 7 fr. 50 et 10 fr.; cart., 1 fr. en plus par vol.; reliure, 2 fr.

JULES BARNI.
* **La Morale dans la démocratie.** 1 vol. 2ᵉ édit., précédée d'une Introduction, par D. Nolen. 5 fr.

AGASSIZ.
* **De l'Espèce et des Classifications.** 1 vol. 5 fr.

STUART MILL.
* **La Philosophie de Hamilton.** 1 fort vol. 10 fr.
* **Mes mémoires.** Histoire de ma vie et de mes idées. Traduit de l'anglais par M. E. Cazelles. 1 vol. 5 fr.
* **Système de logique** déductive et inductive. Traduit de l'anglais par M. Louis Peisse. 2 vol. 20 fr.
* **Essais sur la Religion.** 1 vol. 2ᵉ édit. 1884. 5 fr.

DE QUATREFAGES.
* **Ch. Darwin et ses précurseurs français.** 1 vol. 5 fr.

HERBERT SPENCER.
* **Les premiers Principes.** Traduit par M. Cazelles. 1 fort vol. 10 fr.
Principes de biologie. Traduit par M. Cazelles. 2 vol. 20 fr.
* **Principes de psychologie.** Traduit par MM. Ribot et Espinas. 2 vol. 20 fr.
* **Principes de sociologie :**
  Tome I. Traduit par M. Cazelles. 1 vol. 1878. 10 fr.
  Tome II. Trad. par MM. Cazelles et Gerschel. 1 v. in-8. 1879. 7 fr. 50
  Tome III. Traduit par M. Cazelles. 1 vol. 1883. 15 fr.
* **Essais sur le progrès.** Traduit par M. Burdeau. 1 vol. 7 fr. 50
Essais de politique. Traduit par M. Burdeau. 1 vol. 2ᵉ édit. 7 fr. 50
Essais scientifiques. Traduit par M. Burdeau. 1 vol. 7 fr. 50
* **De l'Éducation physique, intellectuelle et morale.** 1 volume. 5ᵉ édition. 5 fr.
* **Introduction à la science sociale.** 1 vol. 7ᵉ édit. 6 fr.
* **Les Bases de la morale évolutionniste.** 1 vol. 2ᵉ édit. 6 fr.
* **Classification des sciences.** 1 vol. in-18. 2ᵉ édit. 2 fr. 50
L'Individu contre l'État. Traduit par M. Gerschel. 1885. 1 vol. in-18. 2 fr. 50
Descriptive Sociology, or Groupes of sociological facts, FRENCH compiled by JAMES COLLIER. 1 vol. in-folio. 50 fr.

AUGUSTE LAUGEL.
Les Problèmes (Problèmes de la nature, problèmes de la vie, problèmes de l'âme). 1 fort vol. 7 fr. 50

EMILE SAIGEY.
* **Les Sciences au XVIIIᵉ siècle.** La physique de Voltaire. 1 vol. 5 fr.

PAUL JANET.
* **Histoire de la science politique** dans ses rapports avec la morale. 3ᵉ édition. 2 vol. (*Sous presse.*)
* **Les Causes finales.** 1 vol. 2ᵉ édition. 10 fr.

TH. RIBOT.
L'Hérédité psychologique. 1 vol. 2ᵉ édition. 7 fr. 50
* **La Psychologie anglaise contemporaine.** 1 v. 3ᵉ édit. 7 fr. 50
* **La Psychologie allemande contemporaine.** 1 v. 2ᵉ édit. 7 fr. 50

ALF. FOUILLÉE.
* **La Liberté et le Déterminisme.** 1 vol. 2ᵉ édition. 1884. 7 fr. 50
Critique des systèmes de morale contemporains. 1 vol. 7 fr. 50

DE LAVELEYE.
* **De la Propriété et de ses formes primitives.** 1 vol. 3ᵉ édit. 1882. 7 fr. 50

BAIN (ALEX.).

* **La Logique Inductive et déductive.** Traduit de l'anglais par
M. Compayré. 2 vol. 2e édit. 20 fr.

* **Les Sens et l'Intelligence.** 1 vol. Traduit par M. Cazelles. 10 fr.

* **L'Esprit et le Corps.** 1 vol. 4e édit. 6 fr.

* **La Science de l'Éducation.** 1 vol. 4e édit. 6 fr.

Les Émotions et la Volonté. Trad. par M. Le Monnier. 1 vol. 10 fr.

MATTHEW ARNOLD.

La Crise religieuse. 1 vol. 7 fr. 50

BARDOUX.

* **Les Légistes, leur Influence sur la société française.** 1 vol. 5 fr.

HARTMANN (E. DE).

* **La philosophie de l'inconscient**, trad. par M. D. Nolen, avec Préface de l'auteur pour l'édition française. 2 vol. 2e édit. (*Sous presse.*)

ESPINAS (ALF.).

Des Sociétés animales. 1 vol. in-8. 2e édit. 7 fr. 50

FLINT.

* **La Philosophie de l'histoire en France.** Traduit de l'anglais par
M. Ludovic Carrau. 1 vol. 7 fr. 50

* **La Philosophie de l'histoire en Allemagne.** Traduit de l'anglais
par M. Ludovic Carrau. 1 vol. 7 fr. 50

LIARD.

* **La Science positive et la Métaphysique.** 1 v. 2e éd. 1883. 7 fr. 50

Descartes. 1 vol. 5 fr.

GUYAU.

* **La Morale anglaise contemporaine.** 1 vol. 2e édit. 1885. 7 fr. 50

Les Problèmes de l'esthétique contemporaine. 1884. 1 vol. 5 fr.

Esquisse d'une morale sans obligation ni sanction 1884. 1 v. 5 fr.

HUXLEY.

* **Hume, sa vie, sa philosophie.** Traduit de l'anglais et précédé
d'une introduction par M. G. Compayré. 1 vol. 5 fr.

E. NAVILLE.

La Logique de l'hypothèse. 1 vol. 5 fr.

La Physique moderne. 1 vol. 5 fr.

VACHEROT (ET.).

Essais de philosophie critique. 1 vol. 7 fr. 50

La Religion. 1 vol. 7 fr. 50

MARION (H.).

De la Solidarité morale. Essai de psychologie appliquée. 1 vol.
2e édition. 1883. 5 fr.

COLSENET (ED.).

La vie inconsciente de l'esprit. 1 vol. 2e édit. (*Sous presse.*)

SCHOPENHAUER.

Aphorismes sur la sagesse dans la vie. Trad. par Cantacuzène. 5 fr.

De la quadruple Racine du principe de la raison suffisante,
suivi d'une *Histoire de la doctrine de l'idéal et du réel,* traduit par
M. Cantacuzène. 5 fr.

BERTRAND (A.).

L'Aperception du corps humain par la conscience. 1 vol. 5 fr.

JAMES SULLY

Le Pessimisme. Traduit par MM Bertrand et Gérard. 1 vol. 7 fr. 50

BUCHNER.

Nature et science. 1 vol. 2e édition. Traduit par M. Lauth. 7 fr. 50

EGGER (V.).

La Parole intérieure. 1 vol. 5 fr.

LOUIS FERRI.

La Psychologie de l'association, depuis Hobbes jusqu'à nos jours.
1 vol. 7 fr. 50

MAUDSLEY.

La Pathologie de l'esprit. 1 vol. Trad. par M. Germont. 10 fr.

SEAILLES.

Essai sur le génie dans l'art. 1 vol. 1883.   5 fr.

CH. RICHET.

L'Homme et l'Intelligence, fragments de psychologie et de physiologie. 1 vol. 1884.   10 fr.

PREYER.

Éléments de physiologie. Trad. de l'allem. par M. J. Soury. 1884. 5 fr.

L'âme de l'enfant. Étude de psychologie et de physiologie, traduit de l'allemand par H. de Varigny. 1 vol. in-8. (*Sous presse.*)

E. BEAUSSIRE

Les Principes de la morale. 1 vol. in-8. 1885.   5 fr.

WUNDT.

Éléments de psychologie physiologique, traduits de l'allemand par M. le docteur Rouvier. 2 vol. avec figures. 1885.   20 fr.

AD. FRANCK.

La philosophie du droit civil. 1 vol. in-8.   5 fr.

R. CLAY.

L'alternative, traduit de l'anglais par M. Burdeau. 1 vol. in-8.   10 fr.

COLLECTION HISTORIQUE DES GRANDS PHILOSOPHES

PHILOSOPHIE ANCIENNE

ARISTOTE (Œuvres d'), traduction de M. BARTHÉLEMY SAINT-HILAIRE.

— **Psychologie** (Opuscules), trad. en français et accompagnée de notes. 1 vol. in-8............ **10 fr.**

— **Rhétorique,** traduite en français et accompagnée de notes. 1870, 2 vol. in-8............. **16 fr.**

— **Politique,** 1868, 1 v. in-8. 10 fr.

— **Traité du ciel,** 1866 ; traduit en français pour la première fois. 1 fort vol. grand in-8..... **10 fr.**

— **La métaphysique d'Aristote.** 3 vol. in-8, 1879........ **30 fr.**

— **Traité de la production et de la destruction des choses,** trad. en français et accomp. de notes perpétuelles. 1866. 1 v. gr. in-8. 10 fr.

— **De la logique d'Aristote,** par M. BARTHÉLEMY SAINT-HILAIRE. 2 vol. in-8.............. **10 fr.**

* SOCRATE. **La philosophie de Socrate,** par M. Alf. FOUILLÉE. 2 vol. in-8................. **16 fr.**

* PLATON. **La philosophie de Platon,** par M. Alfred FOUILLÉE. 2 vol. in-8................. **16 fr.**

* PLATON. **Études sur la Dialectique dans Platon et dans Hegel,** par M. Paul JANET. 1 vol. in-8................. **6 fr.**

* ÉPICURE. **La Morale d'Épicure** et ses rapports avec les doctrines contemporaines, par M. GUYAU. 1 vol. in-8. 3ᵉ édit.... **7 fr. 50**

* ÉCOLE D'ALEXANDRIE. **Histoire de l'École d'Alexandrie,** par M. BARTHÉLEMY SAINT-HILAIRE. 1 v. in-8................. **6 fr.**

MARC-AURÈLE. **Pensées de Marc-Aurèle,** traduites et annotées par M. BARTHÉLEMY SAINT-HILAIRE. 1 vol. in-18................. **4 fr. 50**

BÉNARD. **La philosophie ancienne,** histoire de ses systèmes. Première partie : *La Philosophie et la sagesse orientales.* — *La Philosophie grecque avant Socrate.* — *Socrate et les socratiques.* — *Etudes sur les sophistes grecs.* 1 vol. in-8. 1885.   **9 fr.**

* FABRE (Joseph). **Histoire de la philosophie, antiquité et moyen âge.** 1 vol. in-18....... **3 50**

OGEREAU. **Essai sur le système philosophique des Stoïciens.** 1 vol. in-8. 1885.   **5 fr.**

PHILOSOPHIE MODERNE

* LEIBNIZ. **Œuvres philosophiques,** avec introduction et notes par M. Paul JANET. 2 vol. in-8. **16 fr.**

LEIBNIZ. **Leibniz et Pierre le Grand,** par FOUCHER DE CAREIL. In-8................. **2 fr.**

LEIBNIZ. **Leibniz, Descartes et Spinoza**, par FOUCHER DE CAREIL. 1 vol. in-8............. 4 fr.

— **Leibniz et les deux Sophie**, par FOUCHER DE CAUEIL. 1 vol. in-8................. 2 fr.

DESCARTES, par Louis LIARD. 1 vol. in-8................. 5 fr.

— **Essai sur l'esthétique de Descartes**, par KRANTZ. 1 v. in-8. 6 fr.

* SPINOZA. **Dieu, l'homme et la béatitude**, trad. et précédé d'une introduction par M. P. JANET. 1 vol. in-18............... 2 fr. 50

— **Benedicti de Spinoza opera** quotquot reperta sunt, recognoverunt J. Van Vloten et J.-P.-N. Land, édition publiée par la commission de la statue de Spinoza. 2 forts vol. in-8 sur papier de Hollande. 45 fr.

* LOCKE. **Sa vie et ses œuvres**, par M. MARION. 1 vol. in-18. 2 fr. 50

* MALEBRANCHE. **La philosophie de Malebranche**, par M. OLLÉ-LAPRUNE. 2 vol. in-8...... 16 fr.

* VOLTAIRE. **Les sciences au XVIIIe siècle.** Voltaire physicien, par M. Em. SAIGEY. 1 vol. in-8. 5fr.

FRANCK (Ad.). **La philosophie mystique en France au XVIIIe siècle.** 1 vol. in-18... 2 fr. 50

* DAMIRON. **Mémoires pour servir à l'histoire de la philosophie au XVIIIe siècle.** 3 vol. in-8. 15 fr.

* MAINE DE BIRAN. **Essai sur sa philosophie**, suivi de fragments inédits, par JULES GÉRARD. 1 fort vol. in-8. 1876........ 10 fr

PHILOSOPHIE ÉCOSSAISE

* DUGALD STEWART. **Éléments de la philosophie de l'esprit humain**, traduits de l'anglais par L. PEISSE. 3 vol. in-12... 9 fr.

* HAMILTON. **La philosophie de Hamilton**, par J. STUART MILL. 1 vol. in-8............ 10 fr.

* BERKELEY. **Sa vie et ses œuvres**, par PENJON. 1 v. in-8. 1878. 7 fr. 50

* HUME. **Sa vie et sa philosophie**, par Th. HUXLEY, trad. de l'anglais par G. COMPAYRÉ. 1 vol. in-8. 5 fr.

PHILOSOPHIE ALLEMANDE

KANT. **Critique de la raison pure**, trad. par M. TISSOT. 2 v. in-8. 16 fr.

— Même ouvrage, traduction par M. Jules BARNI. 2 vol. in-8. . 16 fr.

* — **Éclaircissements sur la critique de la raison pure**, trad. par J. TISSOT. 1 volume in-8... 6 fr.

* — **Eléments métaphysiques de la doctrine du droit** (*Première partie de la métaphysique des mœurs*), suivi d'un Essai philosophique sur la paix perpétuelle, traduction par M. Jules BARNI. 1 vol. in-8.................. 8 fr.

— **Principes métaphysiques de la morale**, augmentés des *fondements de la métaphysique des mœurs*, traduct. par M. TISSOT. 1 v. in-8. 8 fr.

— Même ouvrage, traduction par M. Jules BARNI. 1 vol. in-8... 8 fr.

* — **La logique**, traduction par M. TISSOT. 1 vol. in-8..... 4 fr.

* KANT. **Mélanges de logique**, traduction par M. TISSOT. 1 v. in-8. 6 fr.

* — **Prolégomènes à toute métaphysique future** qui se présentera comme science, traduction de M. TISSOT. 1 vol. in-8... 6 fr.

* KANT. **Anthropologie**, suivie de divers fragments relatifs aux rapports du physique et du moral de l'homme, et du commerce des esprits d'un monde à l'autre, traduction par M. TISSOT. 1 vol. in-8..... 6 fr.

* FICHTE. **Méthode pour arriver à la vie bienheureuse**, traduit par Fr. BOUILLIER. In-8.... 8 fr.

— **Destination du savant et de l'homme de lettres**, traduit par M. NICOLAS. 1 vol. in-8. 3 fr.

* — **Doctrines de la science.** Principes fondamentaux de la science de la connaissance. In-8.. 9 fr.

SCHELLING. **Bruno** ou du principe divin, trad. par Cl. HUSSON. 1 vol. in-8................ 3 fr. 50

— **Écrits philosophiques** et morceaux propres à donner une idée de son système, trad. par Ch. BÉNARD. 1 vol. in-8........ 9 fr.

* HEGEL. **Logique.** 2e édit. 2 vol. in-8.................. 14 fr.

* — **Philosophie de la nature.** 3 vol. in-8............ 25 fr.

* HEGEL. **Philosophie de l'esprit.**
2 vol. in-8 .... 18 fr.
* — **Philosophie de la religion.**
Tomes I et II .... 20 fr
— **Essais de philosophie hége-
lienne,** par A. VÉRA. 1 vol. 2 fr. 50
— **La Poétique,** trad. par Ch. BÉ-
NARD. Extraits de Schiller, Gœthe
Jean, Paul, etc., et sur divers sujets
relatifs à la poésie. 2 v. in-8. 12 fr.
— **Esthétique.** 2 vol. in-8, traduit
par M. BÉNARD .... 16 fr.
— **Antécédents de l'Hégé-
lianisme dans la philosophie
française,** par BEAUSSIRE. 1 vol.
in-18 .... 2 fr. 50

* HEGEL. **La dialectique dans
Hegel et dans Platon,** par Paul
JANET. 1 vol. in-8 ...... 6 fr.
HUMBOLDT (G. de). **Essai sur les
limites de l'action de l'État.**
1 vol. in-18 .... 3 fr. 50
— * **La philosophie individualiste,**
étude sur G. de HUMBOLDT, par
CHALLEMEL-LACOUR. 1 vol. 2 fr. 50
* STAHL. **Le Vitalisme et l'Ani-
misme de Stahl,** par Albert
LEMOINE. 1 vol. in-18.... 2 fr. 50
LESSING. **Le Christianisme mo-
derne.** Étude sur Lessing, par
FONTANÈS. 1 vol. in-18 .. 2 fr. 50

PHILOSOPHIE ALLEMANDE CONTEMPORAINE

L. BUCHNER. **Nature et science.**
1 vol. in-8. 2ᵉ édit ...... 7 fr. 50
— * **Le Matérialisme contemporain,** par M. P. JANET. 4ᵉ édit.
1 vol. in-18 .... 2 fr. 50
CHRISTIAN BAUR et l'École de
Tubingue, par Ed. ZELLER. 1 vol.
in-18 .... 2 fr. 50
HARTMANN (E. de). **La Religion de
l'avenir.** 1 vol. in-18 .. 2 fr. 50
— **Le Darwinisme,** ce qu'il y a de
vrai et de faux dans cette doctrine,
traduit par M. G. GUÉROULT. 1 vol.
in-18, 3ᵉ édition .... 2 fr. 50
HAECKEL. **Les preuves du transformisme,** trad. par M. J. SOURY.
1 vol. in-18 .... 2 fr. 50
— **Essais de psychologie cellulaire,** traduit par M. J. SOURY.
1 vol. in-18 .... 2 fr. 50
O. SCHMIDT. **Les sciences naturelles et la philosophie de
l'inconscient.** 1 v. in-18. 2 fr. 50
LOTZE (H.). **Principes généraux
de psychologie physiologique,**
trad. par M. PENJON. 1 v. in-18. 2 f. 50
PREYER. **Éléments de physiologie.** 1 vol. in-8 .... 5 fr.

SCHOPENHAUER. **Essai sur le libre
arbitre.** 1 vol. in-18... 2 fr. 50
— **Le fondement de la morale,**
traduit par M. BURDEAU. 1 vol.
in-18 .... 2 fr. 50
— **Essais et fragments,** traduit
et précédé d'une vie de Schopenhauer, par M. BOURDEAU. 1 vol.
in-18 .... 2 fr. 50
— **Aphorismes sur la sagesse
dans la vie.** In-8 .... 5 fr.
— **De la quadruple racine du
principe de la raison suffisante.** 1 vol. in-8 ...... 5 fr.
— **Schopenhauer et les origines
de sa métaphysique,** par L. Du-
CROS. 1 vol. in-8 .... 3 fr. 50
RIBOT (Th.). **La psychologie allemande contemporaine** (Her-
bart, Beneke, Lotze, Fechner,
Wundt, etc.). 1 vol. in-8. 7 fr. 50
STRICKER. **Le langage et la musique,** traduit de l'allemand par
SCHWIEDLAND. 1 vol. in-18. 2 fr. 50
WUNDT. **Psychologie physiologique.** 2 vol. in-8 avec fig. 20 fr.

PHILOSOPHIE ANGLAISE CONTEMPORAINE

STUART MILL *. **La philosophie de
Hamilton.** 1 fort vol. in-8. 10 fr.
— * **Mes Mémoires.** Histoire de ma
vie et de mes idées. 1 v. in-8. 5 fr.
— * **Système de logique déduc-
tive et inductive.** 2 v. in-8. 20 fr.
— **Essais sur la Religion.** 1 vol.
in-8. 2ᵉ édit .... 5 fr.

STUART MILL *. **Auguste Comte
et la philosophie positive.** In-18.
2 fr. 50
— **L'Utilitarisme,** traduit par M. LE
MONNIER. In-18 .... 2 fr. 50
HERBERT SPENCER *. **Les premiers Principes.** 1 fort volume
in-8 .... 10 fr.

HERBERT SPENCER *. **Principes de biologie.** 2 forts vol. in-8. 20 fr.
— * **Principes de psychologie.** 2 vol. in-8........... 20 fr.
— * **Introduction à la Science sociale.** 1 v. in-8 cart. 6ᵉ édit. 6 fr.
— * **Principes de sociologie.** 3 vol. in-8 .... 32 fr. 50
— * **Classification des Sciences.** 1 vol. in-18, 2ᵉ édition. 2 fr. 50
— * **De l'éducation intellectuelle, morale et physique.** 1 vol. in-8, 4ᵉ édition .... 5 fr.
— * **Essais sur le progrès.** 1 vol. in-8................ 7 fr. 50
— **Essais de politique.** 1 vol. in-8.............. 7 fr. 50
— **Essais scientifiques.** 1 vol. in-8.............. 7 fr. 50
— * **Les bases de la morale évolutionniste.** In-8......... 6 fr.
— **L'individu contre l'État.** 1 vol in-18,............... 2 fr. 50
BAIN *. **Des sens et de l'intelligence.** 1 vol. in-8.... 10 fr.
— * **La logique inductive et déductive.** 2 vol. in-8.... 20 fr.
— * **L'esprit et le corps.** 1 vol. in-8, cartonné, 2ᵉ édition.. 6 fr.
— * **La science de l'éducation.** In-8 .... 6 fr.
— **Les émotions et la volonté.** 1 vol. in-8............ 10 fr.
DARWIN *. **Ch. Darwin et ses précurseurs français**, par M. de QUATREFAGES. 1 vol. in-8.. 5 fr.
DARWIN *. **Descendance et Darwinisme,** par Oscar SCHMIDT. In-8, cart. 4ᵉ édit. .... 6 fr.
— **Le Darwinisme,** par E. DE HARTMANN. 1 vol. in-18..... 2 fr. 50
— **Les récifs de corail,** structure et distribution, par Ch. DARWIN. 1 vol. in-8............. 8 fr.

FERRIER. **Les fonctions du cerveau.** 1 vol. in-8...... 10 fr.
CHARLTON BASTIAN. **Le cerveau,** organe de la pensée chez l'homme et les animaux. 2 vol. in-8. 12 fr.
CARLYLE. **L'idéalisme anglais,** étude sur Carlyle, par H. TAINE. 1 vol. in-18.......... 2 fr. 50
BAGEHOT *. **Lois scientifiques du développement des nations.** 1 vol. in-8, 3ᵉ édit....... 6 fr.
DRAPER. **Les conflits de la science et de la religion.** 1 vol in-8. 6 fr.
RUSKIN (JOHN) *. **L'esthétique anglaise,** étude sur J. Ruskin, par MILSAND. 1 vol. in-18 . . 2 fr. 50
MATTHEW ARNOLD. **La crise religieuse.** 1 vol in-8.... 7 fr 50
MAUDSLEY *. **Le crime et la folie.** 1 vol. in-8. 5ᵉ édit........ 6 fr.
— **La pathologie de l'esprit.** 1 vol. in-8............. 10 fr.
FLINT *. **La philosophie de l'histoire en France et en Allemagne.** 2 vol. in-8..... 15 fr.
RIBOT (Th.). **La psychologie anglaise contemporaine** (James Mill, Stuart Mill, Herbert Spencer, A. Bain, G. Lewes, S. Bailey, J.-D. Morell, J. Murphy), 2ᵉ éd. 1 vol. in-8............... 7 fr. 50
LIARD *. **Les logiciens anglais contemporains** (Herschell, Whewell, Stuart Mill, G. Bentham, Hamilton, de Morgan, Beele, Stanley Jevons). 1 vol. in-18. 2ᵉ édit... 2 fr. 50
GUYAU *. **La morale anglaise contemporaine.** 1 vol. in-8. 7 fr. 50
HUXLEY *. **Hume, sa vie, sa philosophie.** 1 vol. in-8...... 5 fr.
JAMES SULLY. **Le pessimisme.** 1 vol. in-8.......... 7 fr. 50
— **Les illusions des sens et de l'esprit.** 1 vol. in-8...... 6 fr.

PHILOSOPHIE ITALIENNE CONTEMPORAINE

SICILIANI. **Prolégomènes à la psychogénie moderne,** trad. par A. HERZEN. 1 vol. in-18. 2 fr. 50
ESPINAS *. **La philosophie expérimentale en Italie,** origines, état actuel. 1 vol. in-18. 2 fr. 50
MARIANO. **La philosophie contemporaine en Italie,** essais de philos. hégélienne. In-18. 2 fr. 50
FERRI (Louis). **Essai sur l'histoire de la philosophie en Italie au** XIXᵉ siècle. 2 vol. in-8. 12 fr.
— **La philosophie de l'association depuis Hobbes jusqu'à nos jours.** 1 vol. in-8. 7 fr. 50
MINGHETTI. **L'État et l'Église.** 1 vol. in-8................. 5 fr.
LEOPARDI. **Opuscules et pensées.** 1 vol in-18......... 2 fr. 50
MANTEGAZZA. **La physionomie et l'expression des sentiments.** 1 vol. in-8............. 6 fr.

BIBLIOTHÈQUE D'HISTOIRE CONTEMPORAINE

Vol. in-18 à 3 fr. 50. — Vol. in-8 à 5 et 7 fr.

Cartonnage, 50 centimes, reliure, 1 fr. 50 en plus par volume in-18.
Cart., 1 franc, reliure, 2 francs en plus par volume in-8.

EUROPE

SYBEL (H. de). **Histoire de l'Europe pendant la Révolution française,** traduit de l'allemand par Mlle Dosquet. 4 vol. in-8.   28 fr.
    Chaque volume séparément.   7 fr.

DEBIDOUR. **Histoire diplomatique de l'Europe depuis 1815 jusqu'à nos jours.** 1 vol. in-8. (*Sous presse.*)

FRANCE

* CARLYLE. **Histoire de la Révolution française.** Traduit de l'anglais. 3 vol. in-12 ; chaque volume.   3 fr. 50

* CARNOT (H.). **La Révolution française,** résumé historique. 1 vol. in-12. Nouvelle édit.   3 fr. 50

ROCHAU (De). **Histoire de la Restauration.** 1 vol. in-18, traduit de l'allemand.   3 fr. 50

* LOUIS BLANC. **Histoire de dix ans.** 5 vol. in-8.   25 fr.
    Chaque volume séparément.   5 fr.
— 25 pl. en taill-douce. Illustrations pour l'*Histoire de dix ans.*   6 fr.

* ÉLIAS REGNAULT. **Histoire de huit ans** (1840-1848). 3 vol. in-8, 15 fr. — Chaque volume séparément.   5 fr.
— 14 pl. en taille-douce. Illustrations pour l'*Histoire de huit ans.*   4 fr.

* TAXILE DELORD. **Histoire du second empire** (1848-1870). 6 vol. in-8, 42 fr. — Chaque volume séparément.   7 fr.

* BOERT. **La Guerre de 1870-1871,** d'après le colonel fédéral suisse Rustow. 1 vol. in-18.   3 fr. 50

* GAFFAREL (P.). **Les Colonies françaises.** 1 vol. in-8. 3e éd. 5 fr.

* LAUGEL (A.). **La France politique et sociale.** 1 vol. in-8.   5 fr.

* WAHL. **L'Algérie.** 1 vol. in-8.   5 fr.

ANGLETERRE

* SIR CORNEWAL LEWIS. **Histoire gouvernementale de l'Angleterre depuis 1770 jusqu'à 1830.** 1 vol. in-8.   7 fr.

* REYNALD (H.). **Histoire de l'Angleterre** depuis la reine Anne jusqu'à nos jours. 1 vol. in-12, 2e édit.   3 fr. 50

* THACKERAY. **Les Quatre George.** Traduit de l'anglais par Lefoyer. 1 vol. in-12.   3 fr. 50

BAGEHOT (W.). **Lombart-street.** Le marché financier en Angleterre. 1 vol. in-12.   3 fr. 50

* LAUGEL (Aug.). **Lord Palmerston et lord Russel.** 1 v. in-12. 3 fr. 50

* GLADSTONE (E. W.). **Questions constitutionnelles** (1873-1878).
— Le Prince-époux. — Le droit électoral. Traduit de l'anglais, et précédé d'une Introduction par Albert Gigot. 1 vol. in-8.   5 fr.

ALLEMAGNE

* VÉRON (Eug.). **Histoire de la Prusse,** depuis la mort de Frédéric II jusqu'à la bataille de Sadowa. 1 vol. in-12. 3e édit.   3 fr. 50

* VÉRON (Eug.). **Histoire de l'Allemagne,** depuis la bataille de Sadowa jusqu'à nos jours. 1 vol. in-12. 2e édit.   3 fr. 50

BOURLOTON. **L'Allemagne contemporaine.** In-18.   3 fr. 50

AUTRICHE-HONGRIE

* ASSELINE (L.). **Histoire de l'Autriche**, depuis la mort de Marie-
Thérèse jusqu'à nos jours. 1 vol. in-12. 2ᵉ édit.　　3 fr. 50

SAYOUS (Ed.). **Histoire des Hongrois** et de leur littérature politique,
de 1790 à 1815. 1 vol. in-18.　　3 fr. 50

BARNI (Jules). **Napoléon Iᵉʳ et son historien M. Thiers.** 1 vol.
in-12.　　3 fr. 50

ESPAGNE

* REYNALD (H.). **Histoire de l'Espagne** depuis la mort de Charles III
jusqu'à nos jours. 1 vol. in-12.　　3 fr. 50

RUSSIE

* HERBERT BARRY. **La Russie contemporaine.** 1 v. in-12. 3 fr. 50

CREHANGE (M.). **Histoire contemporaine de la Russie.** 1 volume
in-12.　　3 fr. 50

SUISSE

* DIXON (H.). **La Suisse contemporaine.** 1 vol. in-12.　　3 fr. 50

* DAENDLIKER. **Histoire du peuple suisse.** Traduit de l'allemand
par Mᵐᵉ Jules FAVRE, et précédé d'une Introduction de M. Jules
FAVRE. 1 vol. in-12.　　5 fr.

ITALIE

SORIN (E.). **Histoire contemporaine de l'Italie.** 1 vol. in-18.
　　(*Sous presse.*)

AMÉRIQUE

* DEBERLE (Alf.). **Histoire de l'Amérique du Sud**, depuis sa conquête jusqu'à nos jours. 1 vol. in-12. 2ᵉ édit.　　3 fr. 50

* LAUGEL (Aug.). **Les États-Unis pendant la guerre.** 1861-1864.
Souvenirs personnels. 1 vol. in-12.　　3 fr. 50

---

* DESPOIS (Eug.). **Le Vandalisme révolutionnaire.** Fondations lit-
téraires, scientifiques et artistiques de la Convention. 2ᵉ édition, 1885,
précédée d'une notice sur l'auteur par M. Charles BIGOT. 1 vol.
in-12.　　3 fr. 50

* BARNI (Jules). **Histoire des idées morales et politiques en
France au dix-huitième siècle.** 2 vol. in-12. Chaque volume.　　3 fr. 50

* BARNI (Jules). **Les Moralistes français au dix-huitième siècle.**
1 vol. in-12 faisant suite aux deux précédents.　　3 fr. 50

BARNI (Jules). **Napoléon Iᵉʳ et son historien M. Thiers.** 1 vol.
in-18.　　3 fr. 58

BEAUSSIRE (Émile). **La Guerre étrangère et la Guerre civile.**
1 vol. in-12.　　3 fr. 50

* DUVERGIER DE HAURANNE. **La République conservatrice.** 1 vol.
in-18.　　3 fr. 50

* CLAMAGERAN (J.). **La France républicaine.** 1 vol. in-12. 3 fr. 50

LAVELEYE (E. de). **Le Socialisme contemporain.** 1 vol. in-12.
4ᵉ édit.　　3 fr. 50

MARCELLIN PELLET. **Variétés révolutionnaires.** 1 vol. in-12,
précédé d'une Préface de A. RANC. 1885.　　3 fr. 50

BIBLIOTHÈQUE HISTORIQUE ET POLITIQUE

Volumes in-8.

* ALBANY DE FONBLANQUE. **L'Angleterre, son gouvernement, ses institutions.** Traduit de l'anglais sur la 14e édition par M. F. C. DREYFUS, avec Introduction par M. H. BRISSON. 1 vol.   5 fr.

BENLOEW. **Les Lois de l'Histoire.** 1 vol.   5 fr.

* DESCHANEL (E.). **Le Peuple et la Bourgeoisie.** 1 vol.   5 fr.

DU CASSE. **Les Rois frères de Napoléon Ier.** 1 vol.   10 fr.

MINGHETTI. **L'État et l'Église.** 1 vol.   5 fr

LOUIS BLANC. **Discours politiques** (1848-1881). 1 vol.   7 fr. 50

PHILIPPSON. **La Contre-révolution religieuse au XVIe siècle.** 1 vol.   10 fr.

HENRARD (P.). **Henri IV et la princesse de Condé.** 1 volume in-8.   6 fr.

DREYFUS (F. C.). **La France, son gouvernement, ses institutions.** 1 vol. (*Sous presse.*)

RECUEIL DES INSTRUCTIONS

DONNÉES

AUX AMBASSADEURS ET MINISTRES DE FRANCE

DEPUIS LES TRAITÉS DE WESTPHALIE JUSQU'A LA RÉVOLUTION FRANÇAISE

Publié sous les auspices de la Commission des archives diplomatiques au Ministère des affaires étrangères.

Beaux volumes in-8 cavalier, imprimés sur papier de Hollande :

I. **AUTRICHE** avec Introduction et notes, par Albert SOREL...   20 fr.

II. **SUÈDE** avec Introduction et notes, par A. GEFFROY, membre de l'Institut..   20 fr.

La publication se continuera par les volumes suivants :

ANGLETERRE, par M. A. Baschet.
PRUSSE, par M. E. Lavisse.
RUSSIE, par M. A. Rambaud.
TURQUIE, par M. Girard de Rialle.
ROME, par M. Hanotaux.
HOLLANDE, par M. H. Maze.
ESPAGNE, par M. Morel Fatio.
DANEMARK, par M. Geffroy.

SAVOIE ET MANTOUE, par M. Armingaud.
NAPLES ET PARME, par M. J. Reinach.
PORTUGAL, par le vicomte de Caix de Saint-Aymour.
VENISE, par M. Jean Kaulek.
POLOGNE, par M. Louis Farges.

INVENTAIRE ANALYTIQUE

DES ARCHIVES DU MINISTÈRE DES AFFAIRES ÉTRANGÈRES

Publié sous les auspices de la Commission des archives diplomatiques

I. — **Correspondance politique de MM. de CASTILLON et de MARILLAC, ambassadeurs de France en Angleterre (1538-1540),** par M. JEAN KAULEK, avec la collaboration de MM. Louis Farges et Germain Lefèvre-Pontalis 1 beau volume in-8 raisin sur papier fort.....................   **16** francs.

Le même, sur papier de Hollande............   **20** —

Volumes en préparation :

Suisse. PAPIERS DE BARTHÉLEMY, vol. I, année 1792, par M. J. KAULEK.

Angleterre, 1546-1549. AMBASSADE DE M. DE SELVE.

PUBLICATIONS HISTORIQUES ILLUSTRÉES

HISTOIRE ILLUSTRÉE DU SECOND EMPIRE, par Taxile DELORD.
6 vol. in-8 colombier.

Chaque vol. broché, 8 fr. — Cart. doré, tr. dorées.　　11 fr. 50

L'ouvrage est complet. On peut se procurer les livraisons de 8 pages
au prix de 10 centimes.

HISTOIRE POPULAIRE DE LA FRANCE, depuis les origines
jusqu'en 1815. — Nouvelle édition. — 4 vol. in-8 colombier.

Chaque vol., avec gravures, broché, 7 fr. 50 — Cart. doré,
tranches dorées................................ 11 fr.

L'ouvrage est complet. Chaque livraison de 8 pages se vend séparément 15 centimes.

ANTHROPOLOGIE ET ETHNOLOGIE

EVANS (John). **Les âges de la pierre.** Grand in-8, avec 467 figures
dans le texte. 15 fr. — En demi-reliure.　　18 fr.

EVANS (John). **L'âge du bronze.** Grand in-8, avec 540 figures dans
le texte, broché, 15 fr. — En demi-reliure.　　18 fr.

GIRARD DE RIALLE. **Les peuples de l'Afrique et de l'Amérique.**
1 vol. in-18.　　60 cent.

HARTMANN (R.). **Les peuples de l'Afrique.** 1 vol. in-8, avec
figures.　　6 fr.

HARTMANN (R.). **Les singes anthropomorphes.** 1 vol. in-8 avec
figures.　　6 fr.

JOLY (N.). **L'homme avant les métaux.** 1 vol. in-8 avec 150 figures
dans le texte et un frontispice. 4ᵉ édit.　　6 fr.

LUBBOCK (Sir John). **Les origines de la civilisation.** État primitif
de l'homme et mœurs des sauvages modernes. 1877. 1 vol. gr. in-8,
avec figures et planches hors texte. Trad. de l'anglais par M. Ed. BAR-
BIER. 2ᵉ édit. 1877, 15 fr. — Relié en demi-maroquin, avec tranches dorées.　　18 fr.

PIÉTREMENT. **Les chevaux dans les temps préhistoriques et
historiques.** 1 fort vol. gr. in-8.　　15 fr.

DE QUATREFAGES. **L'espèce humaine.** 1 vol. in-8. 6ᵉ édit.　　6 fr.

WHITNEY. **La vie du langage.** 1 vol. in-8. 3ᵉ édit.　　6 fr.

ZABOROWSKI. **L'anthropologie,** son histoire, sa place, ses résultats.
1 brochure in-8.　　1 fr. 25

CARETTE (le colonel). **Études sur les temps antéhistoriques.**
Première étude : *Le langage.* 1 vol. in-8. 1878.　　8 fr.

CELSE. **Éléments d'anthropologie.** Notions de l'homme comme
organisme vivant, et classification des sciences anthropologiques fondamentales. Tome I. 1 vol. in-8.　　5 fr.

REVUE PHILOSOPHIQUE
DE LA FRANCE ET DE L'ÉTRANGER
Dirigée par TH. RIBOT
Agrégé de philosophie, Docteur ès lettres

(10e *année*, 1885.)

La REVUE PHILOSOPHIQUE paraît tous les mois, par livraisons de 6 ou 7 feuilles grand in-8, et forme ainsi à la fin de chaque année deux forts volumes d'environ 680 pages chacun.

CHAQUE NUMÉRO DE LA *REVUE* CONTIENT :

1° Plusieurs articles de fond; 2° des analyses et comptes rendus des nouveaux ouvrages philosophiques français et étrangers; 3° un compte rendu aussi complet que possible des *publications périodiques* de l'étranger pour tout ce qui concerne la philosophie; 4° des notes, documents, observations, pouvant servir de matériaux ou donner lieu à des vues nouvelles.

Prix d'abonnement :

Un an, pour Paris, 30 fr. — Pour les départements et l'étranger, 33 fr.
La livraison..................... 3 fr.

Les années écoulées se vendent séparément, 30 francs, et par livraisons de 3 francs.

REVUE HISTORIQUE
Dirigée par G. MONOD
Maitre de conférences à l'École normale, directeur à l'Ecole de Hautes-Études.

(10e *année*, 1885.)

La REVUE HISTORIQUE paraît tous les deux mois, par livraisons grand in-8 de 15 ou 16 feuilles, de manière à former à la fin de l'année trois beaux volumes de 500 pages chacun.

CHAQUE LIVRAISON CONTIENT :

I. Plusieurs *articles de fond*, comprenant chacun, s'il est possible, un travail complet. — II. Des *Mélanges et Variétés*, composés de documents inédits d'une étendue restreinte et de courtes notices sur des points d'histoire curieux ou mal connus. — III. Un *Bulletin historique* de la France et de l'étranger, fournissant des renseignements aussi complets que possible sur tout ce qui touche aux études historiques. — IV. Une *analyse des publications périodiques* de la France et de l'étranger, au point de vue des études historiques. — V. Des *Comptes rendus critiques* des livres d'histoire nouveaux.

Prix d'abonnement :

Un an, pour Paris, 30 fr. — Pour les départements et l'étranger, 33 fr.
La livraison.................. 6 fr.

Les années écoulées se vendent séparément 30 francs, et par fascicules de 6 francs. Les fascicules de la 1re année se vendent 9 francs.

Table des matières contenues dans les cinq premières années de la Revue historique (1876 à 1880), par CHARLES BÉMONT. 1 vol. in-8, 3 fr. (pour les abonnés de la *Revue*, 1 fr. 50).

BIBLIOTHÈQUE SCIENTIFIQUE INTERNATIONALE

Publiée sous la direction de M. Émile ALGLAVE

La *Bibliothèque scientifique internationale* est une œuvre dirigée par les auteurs mêmes, en vue des intérêts de la science, pour la populariser sous toutes ses formes, et faire connaître immédiatement dans le monde entier les idées originales, les directions nouvelles, les découvertes importantes qui se font chaque jour dans tous les pays. Chaque savant expose les idées qu'il a introduites dans la science, et condense pour ainsi dire ses doctrines les plus originales.

On peut ainsi, sans quitter la France, assister et participer au mouvement des esprits en Angleterre, en Allemagne, en Amérique, en Italie, tout aussi bien que les savants mêmes de chacun de ces pays.

La *Bibliothèque scientifique internationale* ne comprend pas seulement des ouvrages consacrés aux sciences physiques et naturelles, elle aborde aussi les sciences morales, comme la philosophie, l'histoire, la politique et l'économie sociale, la haute législation, etc.; mais les livres traitant des sujets de ce genre se rattachent encore aux sciences naturelles, en leur empruntant les méthodes d'observation et d'expérience qui les ont rendues si fécondes depuis deux siècles.

Cette collection paraît à la fois en français, en anglais, en allemand et en italien : à Paris, chez Félix Alcan ; à Londres, chez C. Kegan, Paul et Cie ; à New-York, chez Appleton ; à Leipzig, chez Brockhaus ; et à Milan, chez Dumolard frères.

LISTE DES OUVRAGES PAR ORDRE D'APPARITION

VOLUMES IN-8, CARTONNÉS A L'ANGLAISE, A 6 FRANCS.

Les mêmes en demi-reliure veau, avec coins, tranche supér. dorée, non rognés .... 10 francs.

* 1. J. TYNDALL. **Les glaciers et les transformations de l'eau**, avec figures. 1 vol. in-8. 4e édition.   6 fr.

* 2. BAGEHOT. **Lois scientifiques du développement des nations** dans leurs rapports avec les principes de la sélection naturelle et de l'hérédité. 1 vol. in-8. 5e édition.   6 fr.

* 3. MAREY. **La machine animale**, locomotion terrestre et aérienne, avec de nombreuses fig. 1 vol. in-8. 4e édition.   6 fr.

 4. BAIN. **L'esprit et le corps.** 1 vol. in-8. 4e édition.   6 fr.

* 5. PETTIGREW. **La locomotion chez les animaux**, marche, natation. 1 vol. in-8, avec figures.   6 fr.

* 6. HERBERT SPENCER. **La science sociale.** 1 v. in-8. 8e éd. 6 fr.

* 7. SCHMIDT (O.). **La descendance de l'homme et le darwinisme.** 1 vol. in-8, avec fig. 5e édition.   6 fr.

* 8. MAUDSLEY. **Le crime et la folie.** 1 vol. in-8. 5e édit.   6 fr.

42. JAMES SULLY. **Les illusions des sens et de l'esprit.** 1 vol. in-8 avec figures. 6 fr.
43. YOUNG. **Le Soleil.** 1 vol. in-8, avec figures. 6 fr.
44. De CANDOLLE. **L'origine des plantes cultivées.** 2e édition. 1 vol. in-8. 6 fr.
45-46. SIR JOHN LUBBOCK. **Fourmis, Abeilles et Guêpes.** Études expérimentales sur l'organisation et les mœurs des sociétés d'insectes hyménoptères. 2 vol. in-8 avec 65 figures dans le texte, et 13 planches hors texte, dont 5 coloriées. 12 fr.
47. PERRIER (Edm.). **La philosophie zoologique avant Darwin.** 1 vol. in-8 avec fig. 2e édit. 6 fr.
48. STALLO. **La matière et la physique moderne.** 1 vol. in-8, précédé d'une Introduction par FRIEDEL. 6 fr.
49. MANTEGAZZA. **La physionomie et l'expression des sentiments.** 1 vol. in-8 avec huit planches hors texte. 6 fr.
50. DE MEYER. **Les organes de la parole et leur emploi pour la formation des sons du langage.** 1 vol. in-8 avec 51 figures, traduit de l'allemand et précédé d'une Introduction par O. CLAVEAU. 6 fr.
51. DE LANESSAN. **Introduction à l'étude de la botanique** (le Sapin). 1 vol. in-8, avec 143 figures dans le texte. 6 fr.
52-53. DE SAPORTA et MARION. **L'évolution du règne végétal** (les Phanérogames). 2 vol. in-8, avec 136 figures. 12 fr.
54. HARTMANN (R.). **Les singes anthropomorphes.** 1 vol. in-8 avec figures dans le texte. 6 fr.

OUVRAGES SUR LE POINT DE PARAITRE :

SCHMIDT (O.). **Les mammifères dans les temps primitifs.** 1 vol. in-8 avec figures.
BERTHELOT. **La philosophie chimique.** 1 vol. in-8.
BINET et FÉRÉ. **Le magnétisme animal.** 1 vol. in-8 avec figures.
MORTILLET (de). **L'origine de l'homme.** 1 vol. in-8 avec figures.
OUSTALET (E.) **L'origine des animaux domestiques.** 1 vol. in-8 avec figures.
PERRIER (E.). **L'embryogénie générale.** 1 vol. in-8 avec figures.
BEAUNIS. **Les sensations internes.** 1 vol. in-8 avec figures.
CARTAILHAC. **La France préhistorique.** 1 vol. in-8 avec figures.
POUCHET (G.). **La vie du sang.** 1 vol., avec figures.
ROMANES **L'intelligence des animaux.** 2 vol., avec figures.
DURAND-CLAYE(A.). **L'hygiène des villes.** 1 vol. in-8 avec figures.

LISTE DES OUVRAGES
' DE LA

BIBLIOTHÈQUE SCIENTIFIQUE INTERNATIONALE

PAR ORDRE DE MATIÈRES

Chaque volume in-8, cartonné à l'anglaise.... 6 francs.
En demi-reliure veau avec coins, tranche supérieure dorée, non rogné........................ 10 fr.

SCIENCES SOCIALES

Introduction à la science sociale, par HERBERT SPENCER. 1 vol.
Les Bases de la morale évolutionniste, par HERBERT SPENCER. 1 vol.
Les Conflits de la science et de la religion, par DRAPER, professeur à l'Université de New-York. 1 vol.

Le Crime et la Folie, par H. MAUDSLEY, professeur de médecine légale à l'Université de Londres. 1 vol.

La Défense des États et des camps retranchés, par le général A. BRIALMONT, inspecteur général des fortifications et du corps du génie de Belgique. 1 vol. avec nombreuses figures dans le texte et 2 planches hors texte.

La Monnaie et le mécanisme de l'échange, par W. STANLEY JEVONS, prof. d'économie politique à l'Université de Londres. 1 vol.

La Sociologie, par DE ROBERTY. 1 vol.

La Science de l'éducation, par Alex. BAIN, professeur à l'Université d'Aberdeen (Écosse) 1 vol.

Lois scientifiques et développement des nations dans leurs rapports avec les principes de l'hérédité et de la sélection naturelle, par W. BAGEHOT. 1 vol.

La Vie du Langage, par D. WHITNEY, professeur de philologie comparée à Yale-College de Boston (États-Unis). 1 vol.

PHYSIOLOGIE

Les Illusions des Sens et de l'Esprit, par JAMES SULLY. 1 vol in-8.

La Locomotion chez les animaux (marche, natation et vol), suivie d'une étude sur l'*Histoire de la Navigation aérienne*, par J.-B. PETTIGREW, professeur au Collège royal de chirurgie d'Édimbourg (Écosse). 1 vol. avec 140 figures dans le texte.

Les Nerfs et les Muscles, par J. ROSENTHAL, professeur de physiologie à l'Université d'Erlangen (Bavière). 1 vol. avec 75 figures dans le texte.

La Machine animale, par E.-J. MAREY, membre de l'Institut, professeur au Collège de France. 1 vol. avec 117 figures dans le texte.

Les Sens, par BERNSTEIN, professeur de physiologie à l'Université de Halle (Prusse). 1 vol. avec 91 figures dans le texte.

Les organes de la parole, par H. DE MEYER, professeur à l'Université de Zurich, traduit de l'allemand et précédé d'une Introduction sur l'*Enseignement de la parole aux sourds-muets*, par O. CLAVEAU, inspecteur général des établissements de bienfaisance. 1 vol. avec 51 figures dans le texte.

La physionomie et l'expression des sentiments, par P. MANTEGAZZA, professeur au Muséum d'histoire naturelle de Florence. 1 vol. avec figures et 8 planches hors texte, d'après les dessins originaux d'Édouard Ximenès.

PHILOSOPHIE SCIENTIFIQUE

Le Cerveau et ses fonctions, par J. LUYS, membre de l'Académie de médecine, médecin de la Salpêtrière. 1 vol. avec figures.

Le Cerveau et la Pensée chez l'homme et les animaux, par CHARLTON BASTIAN, professeur à l'Université de Londres. 2 vol. avec 184 figures dans le texte.

Le Crime et la Folie, par H. MAUDSLEY, professeur à l'Université de Londres. 1 vol.

L'Esprit et le Corps, considérés au point de vue de leurs relations, suivi d'études sur les *Erreurs généralement répandues au sujet de l'Esprit*, par Alex. BAIN, prof. à l'Université d'Aberdeen (Écosse). 1 vol.

Théorie scientifique de la sensibilité : *le Plaisir et la Peine*, par Léon DUMONT. 1 vol.

La matière et la physique moderne, par STALLO ; précédé d'une préface par C. FRIEDEL, de l'Institut.

ANTHROPOLOGIE

L'Espèce humaine, par A. DE QUATREFAGES, membre de l'Institut, professeur d'anthropologie au Muséum d'histoire naturelle de Paris. 1 vol.

L'Homme avant les métaux, par N. JOLY, correspondant de l'Institut, professeur à la Faculté des sciences de Toulouse. 1 vol. avec 150 figures dans le texte et un frontispice.

Les peuples de l'Afrique, par R. HARTMANN, professeur à l'Université de Berlin. 1 vol. avec 93 figures dans le texte.

Les singes anthropomorphes, par R. HARTMANN. 1 vol. avec figures dans le texte.

ZOOLOGIE

Descendance et Darwinisme, par O. SCHMIDT, professeur à l'Université de Strasbourg. 1 vol. avec figures.

Fourmis, Abeilles, Guêpes, par sir JOHN LUBBOCK. 2 vol. in-8, avec figures dans le texte et 13 planches hors texte dont 5 coloriées.

L'Écrevisse, introduction à l'étude de la zoologie, par Th.-H. HUXLEY, membre de la Société royale de Londres et de l'Institut de France, professeur d'histoire naturelle à l'École royale des mines de Londres. 1 vol. avec 82 figures.

Les Commensaux et les Parasites dans le règne animal, par P.-J. VAN BENEDEN, professeur à l'Université de Louvain (Belgique). 1 vol. avec 83 figures dans le texte.

La philosophie zoologique avant Darwin, par EDMOND PERRIER, professeur au Muséum d'histoire naturelle de Paris. 1 vol.

BOTANIQUE — GÉOLOGIE

Les Champignons, par COOKE et BERKELEY. 1 vol. avec 110 figures.

L'Évolution du règne végétal, par G. DE SAPORTA, correspondant de l'Institut, et MARION, professeur à la Faculté des sciences de Marseille :
    I. *Les Cryptogames*. 1 vol. avec 85 figures dans le texte.
    II. *Les Phanérogames*. 2 vol. avec 136 figures dans le texte.

Les Volcans et les Tremblements de terre, par FUCHS, professeur à l'Université de Heidelberg. 1 vol. avec 36 figures et une carte en couleur.

Origine des Plantes cultivées, par A. DE CANDOLLE, correspondant de l'Institut. 1 vol.

Introduction à l'étude de la botanique (le Sapin), par J. DE LANESSAN, professeur agrégé à la Faculté de médecine de Paris. 1 vol. in-8 avec figures dans le texte.

CHIMIE

Les Fermentations, par P. Schutzenberger, membre de l'Académie de médecine, professeur de chimie au Collège de France. 1 vol.

La Synthèse chimique, par M. Berthelot, membre de l'Institut, professeur de chimie organique au Collège de France. 1 vol.

La Théorie atomique, par Ad. Wurtz, membre de l'Institut, professeur à la Faculté des sciences et à la Faculté de médecine de Paris. 1 vol.

ASTRONOMIE — MÉCANIQUE

Histoire de la Machine à vapeur, de la Locomotive et des Bateaux à vapeur, par R. Thurston, professeur de mécanique à l'Institut technique de Hoboken, près New-York, revue, annotée et augmentée d'une introduction par Hirsch, professeur de machines à vapeur à l'École des ponts et chaussées de Paris. 2 vol. avec 160 figures dans le texte et 16 planches tirées à part.

Les Étoiles, notions d'astronomie sidérale, par le P. A. Secchi, directeur de l'Observatoire du Collège Romain. 2 vol. avec 63 figures dans le texte et 16 planches en noir et en couleur.

Le Soleil, par C.-A. Young, professeur d'astronomie au collège de New-Jersey. 1 vol. in-8 avec 87 figures.

PHYSIQUE

La Conservation de l'énergie, par Balfour Stewart, professeur de physique au collège Owens de Manchester (Angleterre), suivi d'une étude sur *la Nature de la force,* par P. de Saint-Robert (de Turin). 1 vol. avec figures.

Les Glaciers et les Transformations de l'eau, par J. Tyndall, professeur de chimie à l'Institution royale de Londres, suivi d'une étude sur le même sujet par Helmholtz, professeur à l'Université de Berlin. 1 vol. avec nombreuses figures dans le texte et 8 planches tirées à part sur papier teinté.

La Photographie et la Chimie de la Lumière, par Vogel, professeur à l'Académie polytechnique de Berlin. 1 vol. avec 95 figures dans le texte et une planche en photoglyptie.

La matière et la physique moderne, par Stallo. 1 vol.

THÉORIE DES BEAUX-ARTS

Le Son et la Musique, par P. Blaserna, professeur à l'Université de Rome, suivi des *Causes physiologiques de l'harmonie musicale,* par H. Helmholtz, professeur à l'Université de Berlin. 1 vol. avec 41 figures.

Principes scientifiques des Beaux-Arts, par E. Brucke, professeur à l'Université de Vienne, suivi de *l'Optique et les Arts,* par Helmholtz, professeur à l'Université de Berlin. 1 vol. avec figures.

Théorie scientifique des Couleurs et leurs applications aux arts et à l'industrie, par O.-N. Rood, professeur de physique à Colombia-College de New-York (États-Unis). 1 vol. avec 130 figures dans le texte et une planche en couleurs.

PUBLICATIONS

HISTORIQUES, PHILOSOPHIQUES ET SCIENTIFIQUES

Qui ne se trouvent pas dans les Bibliothèques précédentes.

ALAUX. **La religion progressive.** 1 vol. in-18.　3 fr. 50
ALGLAVE. **Des Juridictions civiles chez les Romains.** 1 vol. in-8.　2 fr. 50
ARRÉAT. **Une éducation intellectuelle.** 1 vol. in-18. 2 fr. 50
ARRÉAT. **La morale dans le drame, l'épopée et le roman.** 1 vol. in-18. 1883.　2 fr. 50
BALFOUR STEWART et TAIT. **L'univers invisible.** 1 vol. in-8, traduit de l'anglais.　7 fr.
BARNI. Voy. KANT, pages 4, 7, 11 et 31.
BARNI. **Les martyrs de la libre pensée.** In-18. 2e éd. 3 fr. 50
BARNI. **Napoléon Ier.** 1 vol. in-8. édition populaire.　1 fr.
BARTHÉLEMY SAINT-HILAIRE. Voy. ARISTOTE, pages 3 et 6.
BAUTAIN. **La philosophie morale.** 2 vol. in-8.　12 fr.
BÉNARD (Ch.). **De la philosophie dans l'éducation classique.** 1862. 1 fort vol. in-8.　6 fr.
BÉNARD. Voy. page 6, et HÉGEL page 8.
BERTAUT. **J. Saurin,** et la prédication protestante jusqu'à la fin du règne de Louis XIV. 1 vol. in-8.　5 fr.
BERTAULD (P.-A.). **Introduction à la recherche des causes premières. — De la méthode.** 3 vol. in-18. Chaque volume　3 fr. 50
BLACKWELL (Dr Elisabeth). **Conseils aux parents,** sur l'éducation de leurs enfants au point de vue sexuel. In-18.　2 fr.
BLANQUI. **L'éternité par les astres.** 1872. In-8.　2 fr.
BLANQUI. **Critique sociale,** capital et travail. Fragments et notes. 2 vol. in-18. 1885.　7 fr.
BOUCHARDAT. **Le travail,** son influence sur la santé (conférences faites aux ouvriers). 1863. 1 vol. in-18.　2 fr. 50
BOUILLET (Ad.). **Les Bourgeois gentilshommes. — L'armée d'Henri V.** 1 vol. in-18.　3 fr. 50
BOUILLET (Ad.). **Types nouveaux.** 1 vol. in-18.　1 fr. 50
BOUILLET (Ad.). **L'arrière-ban de l'ordre moral.** 1 vol. in-18.　3 fr. 50
BOURBON DEL MONTE. **L'homme et les animaux.** In-8.　5 fr.
BOURDEAU (Louis). **Théorie des sciences,** plan de science intégrale. 2 vol. in-8. 1882.　20 fr.
BOURDEAU (Louis). **Les forces de l'industrie,** progrès de la puissance humaine. 1 vol. in-8. 1884.　5 fr.
BOURDEAU (Louis). **La conquête du monde animal.** 1 vol. in-8. 1885.　5 fr.
BOURDET (Eug.). **Principes d'éducation positive,** précédé d'une préface de M. Ch. ROBIN. 1 vol. in-18.　3 fr. 50
BOURDET. **Vocabulaire des principaux termes de la philosophie positive.** 1875. 1 vol. in-18.　3 fr. 50
BOURLOTON (Edg.) et ROBERT (Edmond). **La Commune et ses idées à travers l'histoire.** 1 vol. in-18　3 fr. 50
BROCHARD (V.). **De l'Erreur.** 1 vol. in-8. 1879.　3 fr 50
BUCHNER. **Essai biographique sur Léon Dumont.** 1 vol. in-18 (1884).　2 fr.
BUSQUET. **Représailles,** poésies. 1 vol. in-18.　3 fr.
CADET. **Hygiène, inhumation, crémation.** In-18.　2 fr.

CHASSERIAU (Jean). **Du principe autoritaire et du principe rationnel.** 1873. 1 vol. in-18. 3 fr. 50

CLAMAGERAN. **L'Algérie**, impressions de voyage. 3ᵉ édition. 1 vol. in-18. 1884. 3 fr. 50

CLOOD. **L'enfance du monde**, simple histoire de l'homme des premiers temps. In-12. 1 fr.

CONTA. **Théorie du fatalisme.** 1 vol. in-18. 1877. 4 fr.

CONTA. **Introduction à la métaphysique.** 1 vol. in-18. 3 fr.

COQUEREL (Charles). **Lettres d'un marin à sa famille.** 1870. 1 vol. in-18. 3 fr. 50

COQUEREL fils (Athanase). **Libres études** (religion, critique, histoire, beaux-arts). 1867. 1 vol. in-8. 5 fr.

CORLIEU (le docteur). **La mort des rois de France**, depuis François Iᵉʳ jusqu'à la Révolution française, études médicales et historiques. 1 vol. in-18. 3 fr. 50

CORTAMBERT (Louis). **La religion du progrès.** In-18. 3 fr. 50

COSTE (Adolphe). **Hygiène sociale contre le paupérisme** (prix de 5000 fr. au concours Pércire). 1 vol. in-8. 1882. 6 fr.

DANICOURT (Léon). **La patrie et la république.** In-18. 2 fr. 50

DANOVER. **De l'esprit moderne.** 1 vol. in-18. 1 fr. 50

DAURIAC. **Psychologie et pédagogie.** 1 br. in-8 1884. 1 fr.

DAVY. **Les conventionnels de l'Eure.** 2 forts vol. in-8. 18 fr.

DELBŒUF. **Psychophysique**, mesure des sensations de lumière et de fatigue; théorie générale de la sensibilité. In-18. 1883. 3 fr. 50

DELBŒUF. **Examen critique de la loi psychophysique**, sa base et sa signification. 1 vol. in-18. 1883. 3 fr. 50

DELBŒUF. **Le sommeil et les rêves**, considérés principalement dans leurs rapports avec les théories de la certitude et de la mémoire. 1 vol. in-18. 3 fr. 50

DESTREM (J.). **Les déportations du Consulat.** 1 br. in-8. 1 fr. 50

DOLLFUS (Ch.). **De la nature humaine.** 1868. 1 v. in-8. 5 fr.

DOLLFUS (Ch.). **Lettres philosophiques.** In-18. 3 fr.

DOLLFUS (Ch.). **Considérations sur l'histoire.** Le monde antique. 1872. 1 vol. in-8. 7 fr. 50

DOLLFUS (Ch.). **L'âme dans les phénomènes de conscience.** 1 vol. in-18. 1876. 3 fr.

DUBOST (Antonin). **Des conditions de gouvernement en France.** 1 vol. in-8. 1875. 7 fr. 50

DUCROS. **Schopenhauer et les origines de sa métaphysique**, ou les Origines de la transformation de la chose en soi, de Kant à Schopenhauer. 1 vol. in-8. 1883. 3 fr. 50

DUFAY. **Etudes sur la Destinée.** 1 vol. in-18, 1876. 3 fr.

DUMONT (Léon). **Le sentiment du gracieux.** 1 vol. in-8. 3 fr.

DUNAN. **Essai sur les formes à priori de la sensibilité.** 1 vol. in-8. 1884. 5 fr.

DUNAN. **Les arguments de Zénon d'Elée contre le mouvement.** 1 br. in-8. 1884. 3 fr. 50

DU POTET. **Manuel de l'étudiant magnétiseur.** Nouvelle édition. 1868. 1 vol. in-18. 3 fr. 50

DU POTET. **Traité complet de magnétisme**, cours en douze leçons. 1879, 4ᵉ édition. 1 vol. in-8 de 634 pages. 8 fr.

DURAND-DÉSORMEAUX. **Réflexions et pensées**, précédées d'une notice sur la vie, le caractère et les écrits de l'auteur, par Ch. Yriarte. 1 vol. in-8. 1884. 2 fr. 50

DURAND-DÉSORMEAUX. **Études philosophiques**, théorie de l'action, théorie de la connaissance. 2 vol. in-8. 1884. 15 fr.

DUTASTA. **Le Capitaine Vallé**, ou l'Armée sous la Restauration. 1 vol. in-18. 1883. 3 fr. 50

DUVAL-JOUVE. **Traité de Logique**, 1855. 1 vol. in-8. 6 fr.

DUVERGIER DE HAURANNE (Mme E.). **Histoire populaire de la Révolution française.** 1 vol. in-18. 3e édit. 3 fr. 50

Éléments de science sociale. Religion physique, sexuelle et naturelle. 1 vol. in-18. 4° édit. 1885. 3 fr 50

ÉLIPHAS LÉVI. **Dogme et rituel de la haute magie.** 1861. 2e édit., 2 vol. in-8, avec 24 fig. 18 fr.

ÉLIPHAS LÉVI. **Histoire de la magie.** In-8, avec fig. 12 fr.

ÉLIPHAS LÉVI. **Clef des grands mystères.** In-8. 12 fr.

ÉLIPHAS LÉVI. **La science des esprits.** In-8. 7 fr.

ESPINAS. **Idée générale de la pédagogie.** 1 br. in-8. 1884. 1 fr.

ESPINAS. **Du sommeil provoqué chez les hystériques.** Essai d'explication psychologique de sa cause et de ses effets. 1 brochure in-8. 1 fr.

ÉVELLIN. **Infini et quantité.** Étude sur le concept de l'infini dans la philosophie et dans les sciences. In-8. 2e édit. (*Sous presse.*)

FABRE (Joseph). **Histoire de la philosophie.** Première partie : Antiquité et moyen âge. 1 vol. in-12, 1877. 3 fr. 50

FAU. **Anatomie des formes du corps humain,** à l'usage des peintres et des sculpteurs. 1 atlas de 25 planches avec texte. 2e édition. Prix, fig. noires. 15 fr. ; fig. coloriées. 30 fr.

FAUCONNIER. **Protection et libre échange.** In-8. 2 fr.

FAUCONNIER. **La morale et la religion dans l'enseignement.** 1 vol. in-8. 1881. 75 c.

FAUCONNIER. **L'or et l'argent.** 1 brochure in-8. 2 fr. 50

FERBUS (N.). **La science positive du bonheur.** 1 v. in-18. 3 fr.

FERRIÈRE (Em.). **Les apôtres,** essai d'histoire religieuse, d'après la méthode des sciences naturelles. 1 vol. in-12. 4 fr. 50

FERRIÈRE. **L'âme est la fonction du cerveau.** 2 vol. in-18. 1883. 7 fr.

FERRIÈRE. **Le paganisme des Hébreux jusqu'à la captivité de Babylone.** 1 vol. in-18. 1884. 3 fr. 50

FERRON (de). **Institutions municipales et provinciales** dans les différents États de l'Europe. Comparaison. Réformes. 1 vol. in-8. 1883. 8 fr.

FERRON (de). **Théorie du progrès.** 2 vol. in-18. 7 fr.

FERRON. **De la division du pouvoir législatif en deux chambres,** histoire et théorie du Sénat. 1 vol. in-8. 8 fr.

FIAUX. **La femme, le mariage et le divorce,** étude de sociologie et de physiologie. 1 vol. in-18. 3 fr. 50

FONCIN. **Essai sur le ministère Turgot.** 1 fort vol. grand in-8. 8 fr.

FOX (W.-J.). **Des idées religieuses.** In-8. 1876. 3 fr.

FRIBOURG (E.). **Le paupérisme parisien.** 1 vol. in-12. 1 fr. 25

GALTIER-BOISSIÈRE. **Sématotechnie,** ou Nouveaux signes phonographiques. 1 vol. in-8 avec figures. 3 fr. 50

GASTINEAU. **Voltaire en exil.** 1 vol. in-18. 3 fr.

GAYTE (Claude). **Essai sur la croyance.** 1 vol. in-8. 3 fr.

GEFFROY. **Recueil des instructions données aux ministres et ambassadeurs de France en Suède,** depuis les traités de Westphalie jusqu'à la Révolution française. 1 fort vol. in-8 raisin sur papier de Hollande. 20 fr.

GILLIOT (Alph.). **Études sur les religions et institutions comparées.** 2 vol. in-12, tome Ier. 3 fr. — Tome II. 5 fr.

GOBLET D'ALVIELLA. **L'évolution religieuse** chez les Anglais, les Américains, les Indous, etc. 1 vol. in-8. 1883. 8 fr.

GRESLAND. **Le génie de l'homme,** libre philosophie. 1 fort vol. grand in-8. 1883. 7 fr.

GUILLAUME (de Moissey). **Nouveau traité des sensations.**
2 vol. in-8. 1876. 15 fr.

GUILLY. **La nature et la morale.** 1 vol. in-18. 2ᵉ éd. 2 fr. 50

GUYAU. **Vers d'un philosophe.** 1 vol. in-18. 3 fr. 50

HAYEM (Armand). **L'être social.** 1 vol. in-18. 2ᵉ édit. (1885).
3 fr. 50

HERZEN. **Récits et Nouvelles.** 1 vol. in-18. 3 fr. 50

HERZEN. **De l'autre rive.** 1 vol. in-18. 3 fr 50

HERZEN. **Lettres de France et d'Italie.** 1871. In-18. 3 fr. 50

HUXLEY **La physiographie**, introduction à l'étude de la nature,
traduit et adapté par M. G. Lamy. 1 vol. in-8 avec figures dans
le texte et 2 planches en couleurs, broché, 8 fr. — En demi-
reliure, tranches dorées. 11 fr.

ISSAURAT. **Moments perdus de Pierre-Jean.** In-18. 3 fr.

ISSAURAT. **Les alarmes d'un père de famille.** In-8. 1 fr.

JACOBY. **Études sur la sélection dans ses rapports avec
l'hérédité chez l'homme.** 1 vol. gr. in-8. 1881. 14 fr.

JANET (Paul). **Le médiateur plastique de Cudworth.** 1 vol.
in-8. 1 fr.

JEANMAIRE. **L'idée de la personnalité dans la psychologie
moderne.** 1 vol. in-8. 1883. 5 fr.

JOZON (Paul). **De l'écriture phonétique.** In-18. 3 fr. 50

JOYAU. **De l'invention dans les arts et dans les sciences.**
1 vol. in-8. 5 fr.

KAULEK (Jean). **Correspondance politique de MM. de Castillon et de Marillac,** ambassadeurs de France en Angleterre (1538-1542). 1 fort vol. gr. in-8. 16 fr.

KRANTZ (Emile). **Essai sur l'esthétique de Descartes,** rapports de la doctrine cartésienne avec la littérature classique du
xvıᵉ siècle. 1 vol. in-8. 1882. 6 fr.

LABORDE. **Les hommes et les actes de l'insurrection de
Paris** devant la psychologie morbide. 1 vol. in-18. 2 fr. 50

LACHELIER. **Le fondement de l'induction.** 1 vol. in-8. 3 fr. 50

LACOMBE. **Mes droits** 1869. 1 vol. in-12. 2 fr. 50

LAFONTAINE. **L'art de magnétiser** ou le Magnétisme vital,
considéré au point de vue théorique, pratique et thérapeutique.
5ᵉ édition. 1886. 1 vol. in-8. 5 fr.

LAGGROND. **L'Univers, la force et la vie.** 1 vol. in-8.
1884. 2 fr. 50

LA LANDELLE (de). **Alphabet phonétique.** In-18. 2 fr. 50

LANGLOIS. **L'homme et la Révolution.** 2 vol. in-18. 7 fr.

LA PERRE DE ROO. **La consanguinité et les effets de
l'hérédité.** 1 vol. in-8. 5 fr.

LAUSSEDAT. **La Suisse.** Études méd. et sociales. In-18. 3 fr. 50

LAVELEYE (Em. de). **De l'avenir des peuples catholiques.**
1 brochure in-8. 21ᵉ édit. 1876. 25 c.

LAVELEYE (Em. de). **Lettres sur l'Italie (1878-1879).** 1 vol.
in-18. 3 fr. 50

LAVELEYE (Em. de). **Nouvelles lettres d'Italie.** 1 vol. in-8.
1884. 3 fr.

LAVELEYE (Em. de). **L'Afrique centrale.** 1 vol. in-12. 3 fr.

LAVELEYE (Em. de) et HERBERT SPENCER. **L'état et l'individu, ou Darwinisme social et Christianisme.** 1 volume
in-8. 1885. 1 fr.

LAVERGNE (Bernard). **L'ultramontanisme et l'État.** 1 vol.
in-8. 1875. 1 fr. 50

LEDRU-ROLLIN. **Discours politiques et écrits divers.** 2 vol.
in-8 cavalier. 1879. 12 fr.

LEGOYT. **Le suicide.** 1 vol. in-8. 8 fr.

LELORRAIN. **De l'aliéné au point de vue de la respon**
sabilité pénale. 1 brochure in-8.   2 fr.

LEMER (Julien). **Dossier des Jésuites et des libertés de**
l'Église gallicane. 1 vol. in-18. 1877.   3 fr. 50

LITTRÉ. **De l'établissement de la troisième république.**
1 vol. gr. in-8. 1881.   9 fr.

LOURDEAU. **Le Sénat et la magistrature dans la démo-**
cratie française. 1 vol. in-18. 1879.   3 fr. 50

MAGY. **De la science et de la nature.** In-8.   6 fr.

MARAIS. **Garibaldi et l'armée des Vosges.** In-18.   1 fr. 50

MASSERON (I.). **Danger et nécessité du socialisme.** 1 vol.
in-18. 1883.   3 fr. 50

MAURICE (Fernand). **La politique extérieure de la Répu-**
blique française. 1 vol. in-12.   3 fr. 50

MAX MULLER. **Amour allemand.** 1 vol. in-18.   3 fr. 50

MAZZINI. **Lettres de Joseph Mazzini** à Daniel Stern (1864-
1872), avec une lettre autographiée.   3 fr. 50

MENIÉRE. **Cicéron médecin.** 1 vol. in-18.   4 fr. 50

MENIÉRE. **Les consultations de Mme de Sévigné**, étude
médico-littéraire. 1884. 1 vol. in-8.   3 fr.

MESMER. **Mémoires et aphorismes**, suivis des procédés de
d'Eslon. 1846. In-18.   2 fr. 50

MICHAUT (N.). **De l'imagination.** 1 vol. in-8.   5 fr.

MILSAND. **Les études classiques** et l'enseignement public.
1873. 1 vol. in-18.   3 fr. 50

MILSAND. **Le code et la liberté.** 1865. In-8.   2 fr.

MORIN (Miron). **De la séparation du temporel et du spiri-**
tuel. 1866. In-8.   3 fr. 50

MORIN (Miron). **Essais de critique religieuse.** 1 fort vol.
in-8. 1885.   5 fr.

MORIN. **Magnétisme et sciences occultes.** In-8.   6 fr.

MORIN (Frédéric). **Politique et philosophie.** In-18. 3 fr. 50

MUNARET **Le médecin des villes et des campagnes.**
4e édition. 1862. 1 vol. grand in-18.   4 fr. 50

NOEL (E.). **Mémoires d'un imbécile**, précédé d'une préface
de M. Littré. 1 vol. in-18. 3e édition. 1879.   3 fr. 50

OGER. **Les Bonaparte** et les frontières de la France. In-18. 50 c.

OGER. **La République.** 1871, brochure in-8.   50 c.

OLECHNOWICZ. **Histoire de la civilisation de l'humanité**,
d'après la méthode brahmanique. 1 vol. in-12.   3 fr. 50

OLLÉ-LAPRUNE. **La philosophie de Malebranche.** 2 vol. in-8.
                                                      16 fr.

PARIS (le colonel). **Le feu à Paris et en Amérique.** 1 vol.
in-18.   3 fr. 50

PARIS (comte de). **Les associations ouvrières en Angle-terre** (trades-unions). 1 vol. in-18. 7ᵉ édit. 1884.   1 fr.
Édition sur papier fort, 2 fr. 50. — Sur papier de Chine :
broché, 12 fr. — Rel. de luxe.   **20 fr.**

PELLETAN (Eugène). **La naissance d'une ville** (Royan).
1 vol. in-18, cart.   1 fr. 40

PELLETAN (Eug.). **Jarousseau, le pasteur du désert.** 1 vol.
in-18 (couronné par l'Académie française), toile tr. jasp. 2 fr. 50

PELLETAN (Eug.). **Élisée, voyage d'un homme à la recherche de lui-même.** 1 vol. in-18. 1867.   3 fr. 50

PELLETAN (Eug.). **Un roi philosophe, Frédéric le Grand.**
1 vol. in-18. 1878.   3 fr. 50

PELLETAN (Eug.). **Le monde marche** (la loi du progrès).
In-18.   3 fr. 50

PELLETAN (Eug.). **Droits de l'homme.** 1 vol. in-12, br. 3 fr. 50

PELLETAN (Eug.). **Profession de foi du XIXᵉ siècle.**
1 vol. in-12, broché.   3 fr. 50

PELLETAN (Eug.). **Dieu est-il mort ?** 1 vol. broché. 3 fr. 50

PELLETAN (Eug.). **La mère.** 1 vol. in-8, toile tr. dor. 4 fr. 25

PELLETAN (Eug.). **Les rois philosophes.** 1 vol. in-8, toile
tranches dorées.   4 fr. 25

PELLETAN (Eug.). **La nouvelle Babylone.** 1 vol., br. 3 fr. 50

PENJON. **Berkeley,** sa vie et ses œuvres. In-8. 1878. 7 fr. 50

PEREZ (Bernard). **L'éducation dès le berceau.** In-8.   5 fr.

PEREZ (Bernard). **La psychologie de l'enfant** (les trois pre-mières années). 2ᵉ édition entièrement refondue. 1 vol. in-12.   3 fr. 50

PEREZ (Bernard). **Thiery Tiedmann. — Mes deux chats.**
1 brochure in-12.   2 fr.

PEREZ (Bernard). **Jacotot et sa méthode d'émancipation intellectuelle.** 1 vol. in-18.   3 fr.

PETROZ (P.). **L'art et la critique en France** depuis 1822.
1 vol. in-18. 1875.   3 fr. 50

PETROZ. **Un critique d'art au XIXᵉ siècle.** 1 vol. in-18.
1884.   1 fr. 50

PHILBERT (Louis). **Le rire,** essai littéraire, moral et psycho-logique. 1 vol. in-8. 1883. (Ouvrage couronné par l'Académie française, prix Monthyon.)   7 fr. 50

POEY. **Le positivisme.** 1 fort vol. in-12. 1876   4 fr. 50

POEY. **M. Littré et Auguste Comte.** 1 vol. in-18. 3 fr. 50

POULLET. **La campagne de l'Est** (1870-1871). 1 vol. in-8
avec 2 cartes, et pièces justificatives. 1879.   7 fr.

QUINET (Edgar). **Œuvres complètes.** 28 volumes in-18.
Chaque volume . . . . 3 fr. 50
Chaque ouvrage se vend séparément :

* I. — Génie des Religions. — De l'Origine des Dieux (nou-velle édition).
* II. — Les Jésuites. — L'Ultramontanisme. — Introduction à l Philosophie de l'Humanité (nouvelle édition) avec Préface inédite. — Essai sur les Œuvres de Herder.
III. — Le Christianisme et la Révolution française. Examen de la vie de Jésus-Christ, par STRAUSS.

Suite des Œuvres de EDGAR QUINET.

* IV. — Les Révolutions d'Italie.

* V. — Marnix de Sainte-Aldegonde.

* VI. — Les Roumains. — Allemagne et Italie. — Mélanges.

VII. — Ahasverus.

VIII. — Prométhée. — Les Esclaves.

IX. — Mes Vacances en Espagne.

* X. — Histoire de mes idées.

XI. — L'Enseignement du Peuple. — La Croisade romaine. — L'État de siège. — Œuvres politiques, *avant l'exil.*

* XII-XIII-XIV. — La Révolution. 3 vol.

* XV. — Histoire de la Campagne de 1815.

XVI. — Napoléon (poème). *Epuisé.*

XVII-XVIII. — Merlin l'Enchanteur. 2 vol.

* XIX-XX. — Correspondance, *lettres à sa mère.* 2 vol.

* XXI-XXII. — La Création. 2 vol.

XXIII. — Le Livre de l'Exilé. — Œuvres politiques, *pendant l'exil.* — Le Panthéon. — Révolution religieuse au XIXᵉ siècle.

XXIV. — Le Siège de Paris et la Défense nationale. — Œuvres politiques, *après l'exil.*

XXV. — La République, conditions de régénération de la France.

* XXVI. — L'Esprit nouveau.

* XXVII. — La Grèce moderne. — Histoire de la poésie. — Épopées françaises du XXᵉ siècle.

XXVIII. — Vie et Mort du Génie grec.

Les tomes XI, XVII, XVIII, XIX et XX peuvent être fournis en format in-8 à 6 fr. le volume broché; reliure toile, 1 franc de plus par volume.

RÉGAMEY (Guillaume). **Anatomie des formes du cheval**, à l'usage des peintres et des sculpteurs. 6 planches en chromolithographie, publiées sous la direction de FÉLIX RÉGAMEY, avec texte par le Dr KUHFF.   8 fr.

RIBERT (Léonce). **Esprit de la Constitution** du 25 février 1875. 1 vol. in-18.   3 fr. 50

ROBERT (Edmond). **Les domestiques.** In-18. 1875. 3 fr 50

SECRÉTAN. **Philosophie de la liberté.** 2 vol. in-8. 10 fr.

SIEGFRIED (Jules). **La misère, son histoire, ses causes, ses remèdes.** 1 vol. grand in-18. 3ᵉ édition. 1879. 2 fr. 50

SIÈREBOIS. **Psychologie réaliste.** Étude sur les éléments réels de l'âme et de la pensée. 1876. 1 vol. in-18. 2 fr. 50

SMEE. **Mon jardin.** Géologie, botanique, histoire naturelle. 1 magnifique vol. gr. in-8, orné de 1300 gr. et 25 pl. hors texte. Broché. 15 fr. — Demi-rel., tranches dorées. 18 fr.

SOREL (Albert) **Le traité de Paris du 20 novembre 1815.** 1873. 1 vol. in-8.   4 fr. 50

SOREL (Albert). **Recueil des instructions données aux ambassadeurs et ministres de France, en Autriche,** depuis les traités de Westphalie jusqu'à la Révolution française. 1 fort vol. gr. in-8, sur papier de Hollande. 20 fr.

STUART MILL (J.). **La République de 1848,** traduit de l'anglais, avec préface par SADI CARNOT. 1 vol in-18. 3 fr. 50

TÉNOT (Eugène). **Paris et ses fortifications** (1870-1880). 1 vol. in-8. 5 fr.

TÉNOT (Eugène). **La frontière** (1870-1881). 1 fort vol. grand in-8. 1882. 8 fr.

THIERS (Édouard). **La puissance de l'armée par la réduction du service.** 1 vol. in-8. 1 fr. 50

THULIÉ. **La folie et la loi.** 1867. 2ᵉ édit. 1 vol. in-8. 3 fr. 50

THULIÉ. **La manie raisonnante du docteur Campagne.** 1870. Broch. in-8 de 132 pages. 2 fr.

TIBERGHIEN. **Les commandements de l'humanité.** In-18. 3 fr.

TIBERGHIEN. **Enseignement et philosophie.** In-18. 4 fr.

TIBERGHIEN. **Introduction à la philosophie.** In-18. 6 fr.

TIBERGHIEN. **La science de l'âme.** 1 v. in-12. 3ᵉ édit. 1879. 6 fr.

TIBERGHIEN. **Éléments de morale univ.** 1 v. in-12. 1879. 2 fr.

TISSANDIER. **Études de Théodicée.** 1869. In-8. 4 fr.

TISSOT. **Principes de morale.** In-8. 6 fr.

TISSOT. Voy. KANT, page 7.

TISSOT (J.). **Essai de philosophie naturelle.** Tome Iᵉʳ. 1 vol. in-8. 12 fr.

VACHEROT. **La science et la métaphysique.** 3 vol. in-18. 10 fr. 50

VACHEROT. Voyez pages 3 et 5.

VALLIER. **De l'intention morale.** 1 vol. in-8. 3 fr. 50

VAN DER REST. **Platon et Aristote.** In-8. 1876. 10 fr.

VALMONT (V.). **L'espion prussien,** roman anglais. In-18. 3 fr. 50

VÉRA. **Introduction à la philosophie de Hegel.** 1 vol. in-8, 2ᵉ édition. 6 fr. 50

VERNIAL. **Origine de l'homme,** d'après les lois de l'évolution naturelle. 1 vol. in-8. 3 fr.

VILLIAUMÉ. **La politique moderne.** 1873. In-8. 6 fr.

VOITURON (P.). **Le libéralisme et les idées religieuses.** 1 vol. in-12. 4 fr.

X***. **La France par rapport à l'Allemagne.** Étude de géographie militaire. 1 vol. in-8. 1884. 6 fr.

YUNG (EUGÈNE). **Henri IV, écrivain.** 1 vol. in-8. 1855. 5 fr.

ENSEIGNEMENT SECONDAIRE

I. — HISTOIRE — GÉOGRAPHIE
COURS COMPLET D'HISTOIRE
Publié sous la direction de

M. GABRIEL MONOD
Maître de conférences à l'École normale supérieure,
Directeur à l'École des Hautes-Études.

CLASSE DE NEUVIÈME. — **Récits et biographies historiques**, par MM. G. Dhombres, professeur agrégé d'histoire au lycée Henri IV, et G. Monod. 1 vol. in-12, cart.   3 fr.

On vend séparément :

Première partie : *Histoire ancienne, grecque et moderne*. 1 vol. in-12, cartonné.   1 fr.

Deuxième partie : *Histoire du moyen âge et histoire moderne*. 1 vol. in-12, cart.   2 fr.

CLASSE DE HUITIÈME. — **Histoire de France depuis les Origines jusqu'à Louis XI**, par P. Bondois, professeur agrégé d'histoire au lycée de Versailles, et G. Monod. 1 vol. in-12, cart., avec figures dans le texte et cartes.   2 fr.

CLASSE DE SEPTIÈME. — **Histoire de France depuis Louis XI jusqu'à nos jours**, par Bougier, professeur agrégé d'histoire au collège Rollin. 1 vol. in-12, cart., avec figures dans le texte et cartes.   2 fr.

CLASSE DE QUATRIÈME. — **Histoire romaine**, par MM. P. Guiraud, professeur à la Faculté des lettres de Toulouse, et Lacour-Gayet, professeur agrégé d'histoire au lycée Saint-Louis. 1 vol. in-18 avec 26 figures dans le texte, et 4 cartes coloriées hors texte.   4 fr. 50

Précis d'histoire des temps modernes, à l'usage des candidats à l'École spéciale militaire de Saint-Cyr et aux deux baccalauréats, par M. G. Dhombres, ancien élève de l'École normale supérieure, professeur agrégé d'histoire au collège Rollin. 1 vol. in-12 de 500 pages, broché.   4 fr. 50

Géographie économique, physique et politique de l'Europe, par Louis Bougier, ancien élève de l'École normale supérieure, professeur agrégé d'histoire au collège Rollin. (*Classe de troisième.*) 1 vol. in-12, broché.   3 fr. 50

Géographie de la France et de ses possessions coloniales, par Louis Bougier. (*Classe de rhétorique.*) 1 vol. in-12, broché.   3 fr. 50

Précis de géographie physique, politique et militaire, à l'usage des candidats aux écoles militaires et aux deux baccalauréats, par Louis Bougier. 1 vol. in-12, broché, de 820 pages.   7 fr.

II. — PHILOSOPHIE

DESCARTES. **Discours sur la méthode et première méditation**, avec notes, introduction et commentaires, par M. V. Brochard, professeur agrégé de philosophie au lycée Fontanes. 1 vol. in-12.   2 fr.

LEIBNIZ. **Monadologie**, avec notes, introduction et commentaires, par M. D. Nolen, recteur de l'Académie de Douai. 1 vol. in-12. 2 fr.

DESCARTES. **Les Principes de la philosophie**, livre 1, avec notes, par M. V. Brochard, professeur au lycée Fontanes. 1 vol. in-12, broché.   » »

MALEBRANCHE. **De la recherche de la vérité**, livre II (*de l'Imagination*), avec notes, par M. Pierre Janet, professeur au lycée du Havre. 1 vol. in-12, broché.   1 fr. 80

PASCAL. **De l'autorité en matière de philosophie; De l'esprit géométrique; Entretien avec M. Sacy**, avec notes, par M. Robert, doyen de la Faculté des lettres de Rennes. 1 vol. in-12. 1 fr.

LEIBNIZ. **Nouveaux essais sur l'entendement humain.** Avant-propos et livre I, avec notes, par M. Paul Janet, professeur à la Faculté de Paris. 1 vol. in-12. 1 fr.

CONDILLAC. **Traité des sensations**, livre I, avec notes, par M. Georges Lyon, professeur au lycée Henri IV. 1 vol. in-12. » »

XÉNOPHON. **Mémorables**, livre I, avec notes, par M. Penjon, professeur à la Faculté des lettres de Douai. 1 vol. in-12. » »

PLATON. **La République**, livre IV, avec notes, par M. Espinas, professeur à la Faculté des lettres de Bordeaux. 1 vol. in-12. » »

ARISTOTE. **Ethique à Nicomaque**, livre X, avec notes, par M. L. Carrau, maître de conférences à la Faculté de Paris. 1 vol. in-12. 1 fr. 25

EPICTÈTE. **Manuel**, avec notes, par M. Montargis, agrégé de l'Université. 1 vol. in-12. 1 fr.

LUCRÈCE. **De naturâ rerum**, livre V, avec notes, par M. G. Lyon, professeur au lycée Henri IV. 1 vol. in-12. » »

CICÉRON. **De naturâ Deorum**, livre II, avec notes, par M. Picavet, agrégé de l'Université. 1 vol. in-12. » »

CICÉRON. **De officiis**, livre I, avec notes, par M. Boirac, professeur au lycée Condorcet. 1 vol. in-12. 1 fr. 40

SÉNÈQUE. **Lettres à Lucilius** (les 16 premières), avec notes, par M. Dauriac, professeur à la Faculté des lettres de Montpellier. 1 vol. in-12. » »

Résumé de philosophie et analyse des auteurs, à l'usage des candidats au baccalauréat ès sciences, par MM. Thomas, professeur agrégé de philosophie au lycée de Tours, et Reynier, professeur agrégé de rhétorique au lycée de Toulon. 1 vol. in-18. 2 fr.

ENSEIGNEMENT PRIMAIRE ET POPULAIRE

GRAMMAIRE, LITTÉRATURE, HISTOIRE

Éléments de grammaire française de Lhomond, revus, corrigés et augmentés d'exercices, de questionnaires et de modèles d'analyse grammaticale, par M. Taratte, ancien directeur de l'École primaire supérieure de Metz, chevalier de la Légion d'honneur. 1 vol. in-12, cart. 97e édit. 70 cent.

Corrigé des exercices, contenus dans la *grammaire*. 1 vol. in-12, broché 60 cent.

Dictées grammaticales, ou complément des exercices contenus dans la *grammaire*, par M. Taratte. 1 vol. in-12, 4e édit. 1 fr. 25

Premiers éléments de littérature, par M. Taratte. 1 vol. in-12, 5e édition. 1 fr. 25

Traité d'analyse logique, suivi des principaux homonymes français, avec exercices, par M. Taratte. 1 vol. in-12, cart. 60 cent.

Lectures choisies pour les classes supérieures des écoles primaires, par Mme Colin, inspectrice des écoles de la Ville de Paris. 1 vol. in-12, cart. 1 fr. 50

Récits et biographies historiques, par MM. Dhombres, professeur agrégé d'histoire au lycée Henri IV, et G. Monod, maître de conférences à l'École normale supérieure.

Première partie : *Histoire ancienne, grecque et romaine*. 1 vol. in-12, cartonné. 1 fr.

Deuxième partie : *Histoire du moyen âge et histoire moderne*. 1 vol. in-12, cart. 1 fr. 50

BIBLIOTHÈQUE UTILE

86 VOLUMES PARUS

Le volume de 190 pages, broché, 60 centimes

Cartonné à l'anglaise ou cartonnage toile dorée, 1 fr.

Le titre de cette collection est justifié par les services qu'elle rend et la part pour laquelle elle contribue à l'instruction populaire.

Les noms dont ses volumes sont signés lui donnent d'ailleurs une autorité suffisante pour que personne ne dédaigne ses enseignements. Elle embrasse *l'histoire, la philosophie, le droit, les sciences, l'économie politique et les arts,* c'est-à-dire qu'elle traite toutes les questions qu'il est aujourd'hui indispensable de connaître. Son esprit est essentiellement démocratique ; le langage qu'elle parle est simple et à la portée de tous, mais il est aussi à la hauteur des sujets traités. La plupart de ces volumes sont adoptés pour les Bibliothèques par le *Ministère de l'Instruction publique, le Ministère de la guerre, la Ville de Paris, la Ligue de l'enseignement,* etc.

HISTOIRE DE FRANCE.

* **Les Mérovingiens**, par BUCHEZ, anc. présid. de l'Assemblée constituante.

* **Les Carlovingiens**, par BUCHEZ.

Les Luttes religieuses des premiers siècles, par J. BASTIDE, 4e édit.

Les Guerres de la Réforme, par J. BASTIDE. 4e édit.

La France au moyen âge, par F. MORIN.

* **Jeanne d'Arc**, par Fréd. LOCK.

Décadence de la monarchie française, par Eug. PELLETAN. 4e édit.

* **La Révolution française**, par CARNOT, sénateur (2 volumes).

* **La Défense nationale en 1792**, par P. GAFFAREL.

* **Napoléon Ier**, par Jules BARNI.

* **Histoire de la Restauration**, par Fréd. LOCK. 3e édit.

* **Histoire de la marine française**, par Alfr. DONEAUD. 2e édit.

* **Histoire de Louis-Philippe**, par Edgar ZEVORT. 2e édit.

Mœurs et Institutions de la France, par P. BONDOIS. 2 volumes.

Léon Gambetta, par J. REINACH.

PAYS ÉTRANGERS.

* **L'Espagne et le Portugal**, par E. RAYMOND. 2e édition.

Histoire de l'empire ottoman, par L. COLLAS. 2e édit.

* **Les Révolutions d'Angleterre**, par Eug. DESPOIS. 3e édit.

Histoire de la maison d'Autriche, par Ch. ROLLAND. 2e édit.

L'Europe contemporaine (1789-1879), par P. BONDOIS.

Histoire contemporaine de la Prusse, par Alfr. DONEAUD.

Histoire contemporaine de l'Italie, par Félix HENNEGUY.

Histoire contemporaine de l'Angleterre, par A. REGNARD.

HISTOIRE ANCIENNE.

La Grèce ancienne, par L. COMBES, conseiller municipal de Paris. 2e éd.

L'Asie occidentale et l'Égypte, par A. OTT. 2e édit.

L'Inde et la Chine, par A. OTT.

Histoire romaine, par CREIGHTON.

L'Antiquité romaine, par WILKINS (avec gravures).

GÉOGRAPHIE.

* **Torrents, fleuves et canaux de la France**, par H. BLERZY.

* **Les Colonies anglaises**, par le même.

Les Iles du Pacifique, par le capitaine de vaisseau JOUAN (avec 1 carte).

* **Les Peuples de l'Afrique et de l'Amérique**, par GIRARD DE RIALLE.

* **Les Peuples de l'Asie et de l'Europe**, par le même.

* **Géographie physique**, par GEIKIE, prof. à l'Univ. d'Edimbourg (avec fig.).

* **Continents et Océans**, par GROVE (avec figures).

Les frontières de la France, par P. GAFFAREL.

COSMOGRAPHIE.

* **Notions d'astronomie**, par L. CATALAN, prof. à l'Université de Liège. 4e édit.

* **Les Entretiens de Fontenelle sur la pluralité des mondes**, mis au courant de la science par BOILLOT.

* **Le Soleil et les Étoiles**, par le P. SECCHI, BRIOT, WOLF et DELAUNAY. 2e édit. (avec figures).

* **Les Phénomènes célestes**, par ZURCHER et MARGOLLÉ.

A travers le Ciel, par AMIGUES.

Origines et Fin des mondes, par Ch. RICHARD. 3e édit.

SCIENCES APPLIQUÉES.

* **Le Génie de la science et de l'industrie**, par B. GASTINEAU.

* **Causeries sur la mécanique**, par BROTHIER. 2e édit.

Médecine populaire, par le docteur TURCK. 4e édit.

Petit Dictionnaire des falsifications, avec moyens faciles pour les reconnaître, par DUFOUR.

Les mines de la France et de ses colonies, par P. MAIGNE.

La médecine des accidents, par le docteur BROQUÈRE.

La machine à vapeur, par H. GOSSIN, avec figures.

SCIENCES PHYSIQUES ET NATURELLES.

Télescope et Microscope, par ZURCHER et MARGOLLÉ.

* **Les Phénomènes de l'atmosphère**, par ZURCHER. 4e édit.

* **Histoire de l'air**, par Albert LÉVY.

* **Hygiène générale**, par le docteur L. CRUVEILHIER. 6e édit.

* **Histoire de la terre**, par le même.

* **Principaux faits de la chimie**, par SAMSON, prof. à l'Éc. d'Alfort. 5e édit.

Les Phénomènes de la mer, par E. MARGOLLÉ. 5e édit.

* **L'homme préhistorique**, par L. ZABOROWSKI. 2e édit.

* **Les grands Singes**, par le même.

Histoire de l'eau, par BOUANT.

* **Introduction à l'étude des sciences physiques**, par MORAND. 5e édit.

* **Le Darwinisme**, par E. FERRIÈRE.

* **Géologie**, par GEIKIE (avec fig.).

* **Les Migrations des animaux et le Pigeon voyageur**, par ZABOROWSKI.

* **Premières notions sur les sciences**, par Th. HUXLEY.

La Chasse et la Pêche des animaux marins, par le capitaine de vaisseau JOUAN.

Les Mondes disparus, par L. ZABOROWSKI (avec figures).

Zoologie générale, par H. BEAUREGARD, aide naturaliste au Muséum (avec figures).

PHILOSOPHIE.

La Vie éternelle, par ENFANTIN. 2e éd.

Voltaire et Rousseau, par Eug. NOEL. 3e édit.

* **Histoire populaire de la philosophie**, par L. BROTHIER. 3e édit.

* **La Philosophie zoologique**, par Victor MEUNIER. 2e édit.

* **L'Origine du langage**, par L. ZABOROWSKI.

Physiologie de l'esprit, par PAULHAN (avec figures).

L'Homme est-il libre? par RENARD.

La Philosophie positive, par le docteur ROBINET. 2e édit.

ENSEIGNEMENT. — ÉCONOMIE DOMESTIQUE.

* **De l'Éducation**, par Herbert Spencer.

La Statistique humaine de la France, par Jacques BERTILLON.

Le Journal, par HATIN.

De l'Enseignement professionnel, par CORBON, sénateur. 3e édit.

* **Les Délassements du travail**, par Maurice CRISTAL. 2e édit.

Le Budget du foyer, par H. LENEVEUX.

* **Paris municipal**, par le même.

* **Histoire du travail manuel en France**, par le même.

L'art et les artistes en France, par Laurent PICHAT, sénateur. 4e édit.

Économie politique, par STANLEY JEVONS. 3e édit.

* **Le Patriotisme à l'école**, par JOURDY, capitaine d'artillerie.

Histoire du libre échange en Angleterre, par MONGREDIEN.

DROIT.

* **La Loi civile en France**, par MORIN. 3e édit.

La Justice criminelle en France, par G. JOURDAN. 3e édit.

4557. — BOURLOTON. — Imprimeries réunies, A, rue Mignon, 2, Paris.